校企合作计算机精品教材

Web 开发工程师“零点起飞”系列图书

JSP Web 应用开发案例教程

主编　侯玉香　谭鸿健　郑　旋

内容提要

全书共分 12 章，内容涵盖：初识 JSP、JSP 开发基础、JSP 的基础语法、JSP 中的内置对象、JavaBean、Java Servlet 基础、JSP 中的文件操作、MySQL 数据库基础、JDBC 的介绍与使用、JSP 的 XML 操作、MVC 模式和开发企业网站。

本书可作为各类院校及计算机教育培训机构的专用教材，也可作为程序爱好者的参考用书。

图书在版编目（CIP）数据

JSP Web 应用开发案例教程 / 侯玉香，谭鸿健，郑旋主编. -- 上海 ：上海交通大学出版社，2017（2020 重印）
ISBN 978-7-313-17720-9

Ⅰ. ①J… Ⅱ. ①侯… ②谭… ③郑… Ⅲ. ①JAVA 语言—网页制作工具—教材 Ⅳ. ①TP312②TP393.092

中国版本图书馆 CIP 数据核字(2017)第 183252 号

JSP Web 应用开发案例教程
JSP Web YINGYONG KAIFA ANLI JIAOCHENG

主　　编：侯玉香　谭鸿健　郑　旋
出版发行：上海交通大学出版社　　地　　址：上海市番禺路 951 号
邮政编码：200030　　电　　话：021-64071208
印　　制：北京京华铭诚工贸有限公司　　经　　销：全国新华书店
开　　本：787mm×1092mm　1/16　　印　　张：19.25　　字　　数：350 千字
版　　次：2017 年 9 月第 1 版　　印　　次：2020 年 9 月第 5 次印刷
书　　号：ISBN 978-7-313-17720-9
定　　价：58.00 元

JSP 全名为 Java Server Pages，中文名为 java 服务器页面，是由 Sun Microsystems 公司倡导、许多公司参与一起建立的一种动态网页技术标准。利用它可以创建安全、跨平台的动态网站。

本书是一本简单实用的教程，不仅配备了大量实例，且语言简洁、通俗易懂。书中所有实例都经过了精心的推敲和设计，既有助于读者理解相关知识，又具有启发性和实用性，让读者边学边练，学完即可上手操作。另外，书中最后安排了一个综合实例，以通俗易懂的语言和注释清晰的代码介绍了一个企业网站的开发，让读者轻松做到学以致用。

本书特色

（1）由浅入深，循序渐进。本书先从 JSP 开发基础学起，然后由浅入深、循序渐进地学习其核心技术，非常便于学生理解和掌握。

（2）结构新颖，轻松易学。本书的大部分章节采用“知识点+小实例”的形式讲解，在用通俗易懂的语言简单介绍知识点后，紧接着安排了与当前知识点和实际应用相关的小实例，从而使读者边学边练、学有所用。另外，每章都安排有“本章总结”，使学生学完各章后还能对所学知识和技能进行总结。

（3）实例典型，注释清晰。书中的每一个实例都经过精心推敲和设计，不仅能够准确反应相关知识点，还能有效增强学生的实战能力。另外，为方便读者阅读和学习程序代码，我们为这些代码提供了详细的注释。

（4）体例丰富，形式活泼。本书根据内容需要安排了很多“注意”和“知识库”，可以让读者在学习过程中更轻松地理解相关知识点和概念。

（5）提供精美的教学课件和源文件。本书不仅提供精美的教学课件，并且书中的每个实例都提供了源文件，读者可直接拷贝到本地服务器上查看运行效果。

教学资源下载

读者可到网站（www.bjjqe.com）下载本书配套的教学课件、素材和实例源文件。如果读者在学习过程中有什么疑问，也可登录该网站寻求帮助，我们将会及时解答。

本书作者团队

本书由侯玉香、谭鸿健、郑旋担任主编，由李俊霞、楚志凯、谢艳芳、臧芳、邓春伟、王晖、汪普庆、陈爱国、闫红、生桂勇、肖丽萍、舒慧欣担任副主编。

尽管我们在编写本书时已竭尽全力，但书中疏漏及错误之处在所难免，敬请广大读者批评指正。

本书编委会

主　编　侯玉香　谭鸿健　郑　旋

副主编　李俊霞　楚志凯　谢艳芳

臧　芳　邓春伟　王　晖

汪普庆　陈爱国　闫　红

生桂勇　肖丽萍　舒慧欣

目录

第 1 章

初识 JSP

1.1 JSP 概述

1.1.1 什么是 JSP

JSP 全名为 Java Server Pages，中文名为 Java 服务器页面，是由 Sun Microsystems 公司倡导，许多公司参与一起建立的一种动态网页技术标准。JSP 技术有点类似 ASP 技术。JSP 页面是在传统的网页 HTML 文件（*.htm，*.html）中插入 Java 程序段（Scriptlet）和 JSP 标记（tag）（放在<%　%>中）而形成的文件。

知识库

HTML 即超文本标记语言，其结构包括“头”部分和“主体”部分。其中，“头”部提供了关于网页的信息，“主体”部分提供了网页的具体内容。

ASP 即 Active Server Pages，它是 Microsoft 公司开发的服务器端脚本环境，可用来创建动态交互式网页，并建立强大的 Web 应用程序。

JSP 页面按文本文件保存，扩展名为.jsp。如果使用文本编辑器“记事本”编辑 JSP 页面，在保存页面时必须在“保存类型”下拉列表中选择“所有文件”，在“编码”下拉列表中选择“ANSI”，并在文件名后加上扩展名.jsp，如图 1-1 所示。

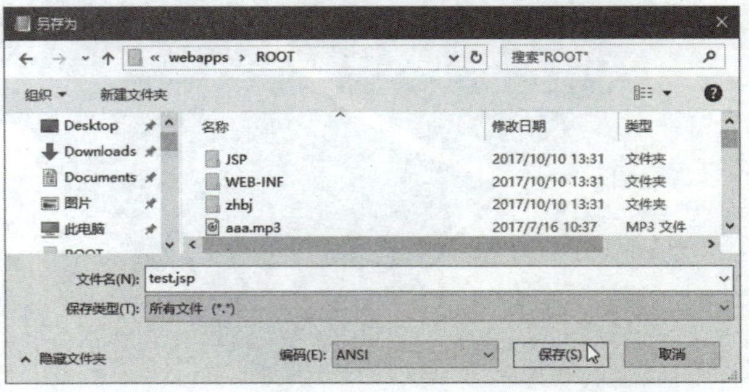

图 1-1　保存 JSP 文件

注　意

在保存 JSP 页面时，文件名必须符合标识符规定，文件名可以由字母、数字、下划线和美元符号组成，且首字符不能是数字。另外要注意，JSP 技术基于 Java 语言，名字区分大小写。

下面为 1-1.jsp 的源代码，其运行结果如图 1-2 所示。

```
<%@ page language="java" import="java.util.*" pageEncoding="ISO-8859-1"%>
<html>
  <head>
    <title>myjsp</title>
  </head>
  <body>
    This is my JSP page. <br>
  </body>
</html>
```

图 1-2 index.jsp 运行结果

用 JSP 开发的 Web 应用是跨平台的，既能在 Linux 下运行，也能在 Windows 等其他操作系统下运行。

1.1.2 Servlet

Servlet 的全称为 Server Applet，又称 Java Servlet，是用 Java 语言编写的服务器端程序。Servlet 的主要功能是可交互式地浏览和修改数据，生成动态 Web 内容。具体实现过程如下：

（1）客户端发送请求至服务器端；

（2）服务器将请求信息发送至 Servlet；

（3）Servlet 生成响应内容并将其传给服务器；

（4）服务器将响应内容返回给客户端。

Servlet 运行于支持 Java 的应用服务器中，一个 Servlet 就是 Java 编程语言中的一个类，它被用来扩展服务器的性能，服务器上驻留着可以通过“请求—响应”编程模型来访问的应用程序。虽然 Servlet 可以对任何类型的请求产生响应，但绝大多数情况下它只用于扩展基于 HTTP 协议的 Web 服务器。

在通信量大的服务器上，Java Servlet 的优点在于它的执行速度要快于 CGI 程序。各个用户请求被激活成单个程序中的一个线程，而无需创建单独的进程，这意味着服务器端处理请求的系统开销将明显降低。

最早支持 Servlet 标准的是 JavaSoft 的 Java Web Server。此后，一些其他的基于 Java 的 Web 服务器也开始支持标准的 Servlet。

1.1.3 JSP 的运行原理

当一个 JSP 文件第一次被请求时，JSP 的运行过程如下：

（1）将 JSP 页面转换成一个 Java 文件（又称 Servlet），同时也是一个完整的 Java 程序。如果在转换过程中发现 JSP 文件有语法错误，转换过程将中断，并向服务端和客户端输出出错信息。

（2）转换成功后，JSP 引擎将调用 Java 编译器把该 Java 源文件编译成.class 文件（字节码文件）。该文件为二进制形式，但不能被系统直接执行，需要虚拟机解释执行。

（3）创建一个该 Servlet（JSP 页面转换结果）的实例。该 Servlet 的 Init()方法将被执行，不过 Init()方法在 Servlet 的生命周期中只被执行一次，因此，可在 Init()中进行一些初始化工作，如建立网络连接、建立数据库连接等。

（4）调用 Service()方法来处理客户端的请求。对于每一个新的请求，JSP 引擎都将创建一个新的线程来处理该请求。如果有多个客户端同时请求该 JSP 文件，则 JSP 引擎会创建多个线程。每个客户端请求对应一个线程。以多线程方式执行可以大大降低对系统的资源需求，提高系统的并发量及响应时间。Service()方法执行后会将 HTML 内容返回给客户端。

（5）如果 JSP 文件被修改了，服务器将重新进行编译，并将编译结果取代内存中的 Servlet，并继续上述处理过程。

虽然 JSP 效率很高，但由于第一次调用时需要转换和编译而有一些轻微的延迟。另外，如果系统资源不足，JSP 引擎将会把 Servlet 从内存中移除。当这种情况发生时，Destroy()方法首先被调用，然后 Servlet 实例便被标记加入“垃圾收集”处理。一般在 Destroy()中释放相应的资源。

如果对 JSP 页面进行了修改，那么 Tomcat 服务器会生成新的字节码文件。

1.2 Windows 下 JSP 运行环境的搭建

开发基于 JSP 的动态网站，首先需要建立 JSP 的开发运行环境，本书着重于 JSP 的学习，不涉及各种服务器的比较，因此，我们选择开源免费软件 Tomcat 作为服务器，选择 MyEclipse 作为开发工具。

1.2.1 安装与配置 JDK

安装 Tomcat 之前必须首先安装 JDK，JDK 是 Java Development Kit 的缩写，是 Java 语言的开发工具包，它包括 Java 运行环境、Java 工具和 Java 基础类库。

1. 下载与安装 JDK

JDK 软件可到 Oracle 公司（Sun 公司已被该公司收购）网站下载，网址为 http://www.oracle.com/technetwork/java/index.html。

进入 Java SE 下载页面，勾选下载列表上方的 Accept License Agreement 单选项，根据操作系统选择合适的版本，此处选择 64 位 Windows 操作系统下的“jdk-8u151-windows-x64.exe”，单击其左侧的红色箭头即可开始下载，如图 1-3 所示。

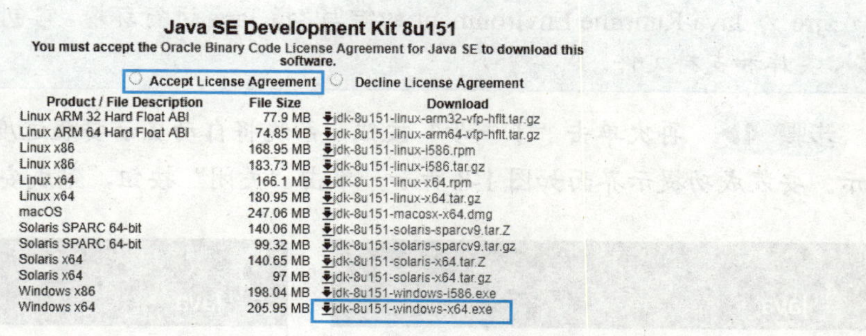

Java SE Development Kit 8u151

You must accept the Oracle Binary Code License Agreement for Java SE to download this software.

○ Accept License Agreement ○ Decline License Agreement

Product / File Description	File Size	Download
Linux ARM 32 Hard Float ABI	77.9 MB	jdk-8u151-linux-arm32-vfp-hflt.tar.gz
Linux ARM 64 Hard Float ABI	74.85 MB	jdk-8u151-linux-arm64-vfp-hflt.tar.gz
Linux x86	168.95 MB	jdk-8u151-linux-i586.rpm
Linux x86	183.73 MB	jdk-8u151-linux-i586.tar.gz
Linux x64	166.1 MB	jdk-8u151-linux-x64.rpm
Linux x64	180.95 MB	jdk-8u151-linux-x64.tar.gz
macOS	247.06 MB	jdk-8u151-macosx-x64.dmg
Solaris SPARC 64-bit	140.06 MB	jdk-8u151-solaris-sparcv9.tar.Z
Solaris SPARC 64-bit	99.32 MB	jdk-8u151-solaris-sparcv9.tar.gz
Solaris x64	140.65 MB	jdk-8u151-solaris-x64.tar.Z
Solaris x64	97 MB	jdk-8u151-solaris-x64.tar.gz
Windows x86	198.04 MB	jdk-8u151-windows-i586.exe
Windows x64	205.95 MB	jdk-8u151-windows-x64.exe

图 1-3 选择要下载的版本

注意

我们知道操作系统有 32 位和 64 位两种，此处下载的 JDK 版本需要与操作系统一致。

下载完成后，直接双击下载软件即可进行安装，安装过程如下：

步骤 1▶ 系统自动打开 Java SE 开发工具包安装向导，如图 1-4 所示。

步骤 2▶ 单击“下一步”按钮，可选择要安装的 JDK 内容及设置 JDK 的安装路径，如图 1-5 所示。其中，单击“更改”按钮可以更换 JDK 的安装路径，也可以使用默认的安装路径。

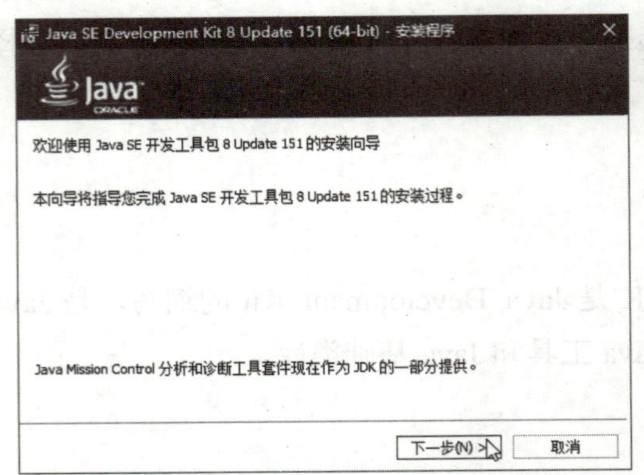

图 1-4　安装向导

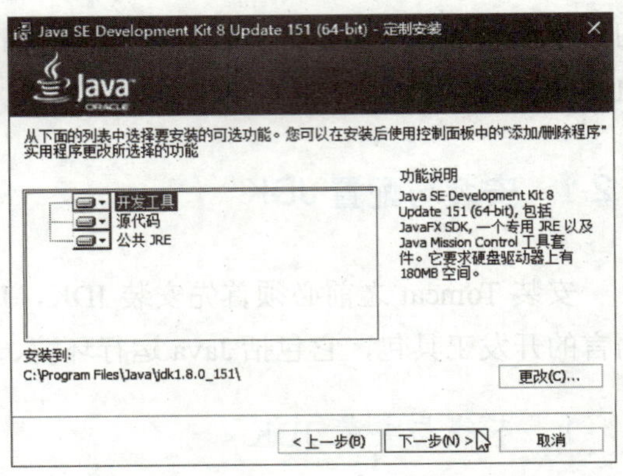

图 1-5　选择 JDK 安装路径

步骤 3▶ 单击“下一步”按钮，可选择 jre 的安装路径，如图 1-6 所示。

jre 为 Java Runtime Environment 的缩写，指 Java 运行环境，它包括 Java 虚拟机、Java 核心类库和支持文件。

步骤 4▶ 再次单击“下一步”按钮，系统将自动显示安装进度指示画面，如图 1-7 所示。安装成功提示界面如图 1-8 所示，单击“关闭”按钮，完成安装。

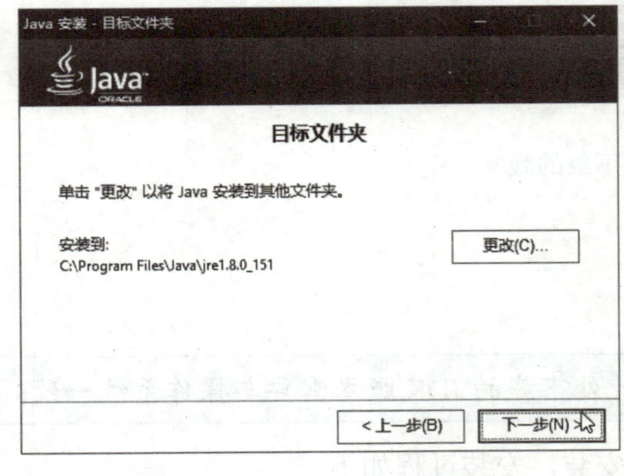

图 1-6　选择 jre 安装路径

图 1-7　安装进度指示

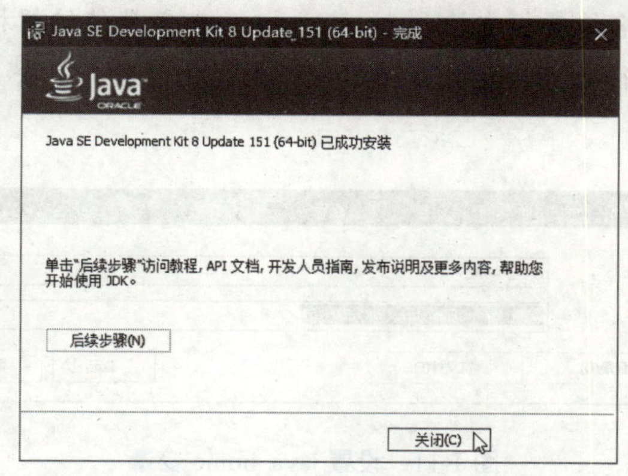

图 1-8 安装成功

2. JDK 环境变量的配置

安装 JDK 之后，为了使 JDK 正常运行，需要手动配置环境变量，具体步骤如下：

步骤 1▶ 右击桌面上的“此电脑”图标，在弹出的快捷菜单中选择“属性”命令，打开“系统”对话框，在其左侧单击“高级系统设置”，打开“系统属性”对话框，如图 1-9 所示。

步骤 2▶ 在“系统属性”对话框中单击“环境变量”按钮，打开“环境变量”对话框，如图 1-10 所示。在“环境变量”对话框中单击“系统变量”列表框下方的“新建”按钮，打开“新建系统变量”对话框。

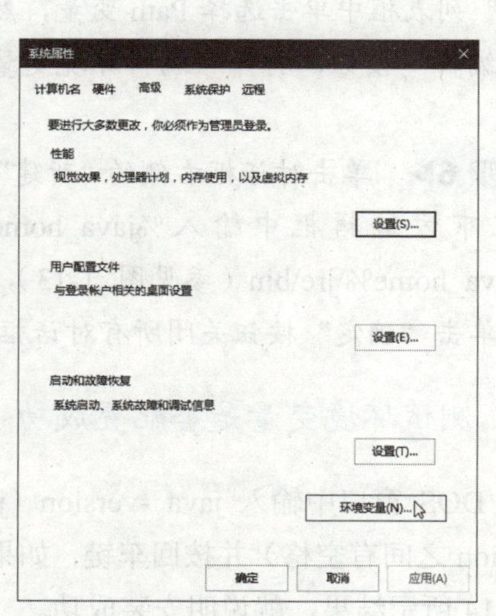

图 1-9 “系统属性”对话框

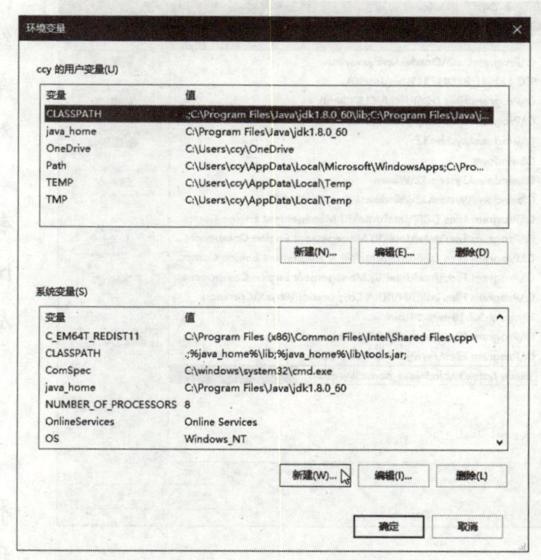

图 1-10 “环境变量”对话框

步骤 3▶ 在变量名编辑框中输入 java_home，在变量值编辑框中输入 JDK 的安装路径，此处为默认安装路径 C:\Program Files\Java\jdk1.8.0_151，单击“确定”按钮确认新建，如图 1-11 所示。

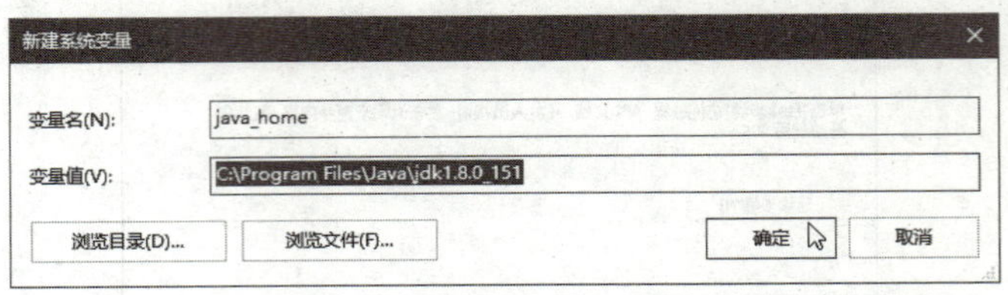

图 1-11　设置 java_home 变量

步骤 4▶ 再次单击“新建”按钮，打开“新建系统变量”对话框，在变量名编辑框中输入 CLASSPATH，在变量值编辑框中输入.;%java_home%\lib;%java_home%\lib\tools.jar;（参见图 1-12），然后单击“确定”按钮。注意：此变量值前面有一个点，后面是分号。

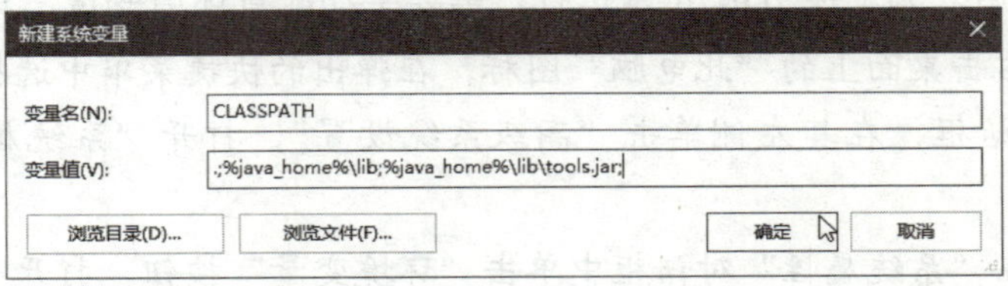

图 1-12　设置 CLASSPATH 变量

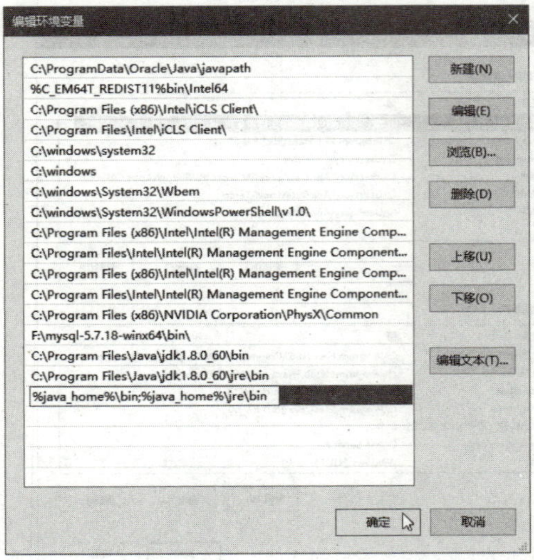

步骤 5▶ 在“环境变量”对话框的“系统变量”列表框中单击选择 Path 变量，然后单击“编辑”按钮，打开“编辑环境变量”对话框。

步骤 6▶ 单击对话框右侧的“新建”按钮，在下方编辑框中输入%java_home%\bin;%java_home%\jre\bin（参见图 1-13），最后依次单击“确定”按钮关闭所有对话框。

图 1-13　编辑 Path

3. 测试环境变量是否配置成功

在 DOS 窗口中输入 java -version（java 和-version 之间有空格）并按回车键，如果出现图 1-14 所示结果，就说明安装成功。

```
管理员: Windows PowerShell
Windows PowerShell
版权所有 (C) 2016 Microsoft Corporation。保留所有权利。

PS C:\windows\system32> java -version
java version "1.8.0_151"
Java(TM) SE Runtime Environment (build 1.8.0_151-b12)
Java HotSpot(TM) 64-Bit Server VM (build 25.151-b12, mixed mode)
PS C:\windows\system32> _
```

图 1-14　安装成功

1.2.2　安装与配置 Tomcat 服务器

Tomcat 服务器是一个免费的开放源代码的 Web 应用服务器，属于轻量级应用服务器，在中小型系统和并发访问用户不是很多的场合下被普遍使用，是开发和调试 JSP 程序的首选。

Tomcat 服务器的官方下载网址为 http://tomcat.apache.org，下载界面如图 1-15 所示。在网页左侧的 Download 列表中可选择要下载的 Tomcat 版本，此处选择 Tomcat 8，在网页右侧依据计算机操作系统版本选择合适的下载文件。

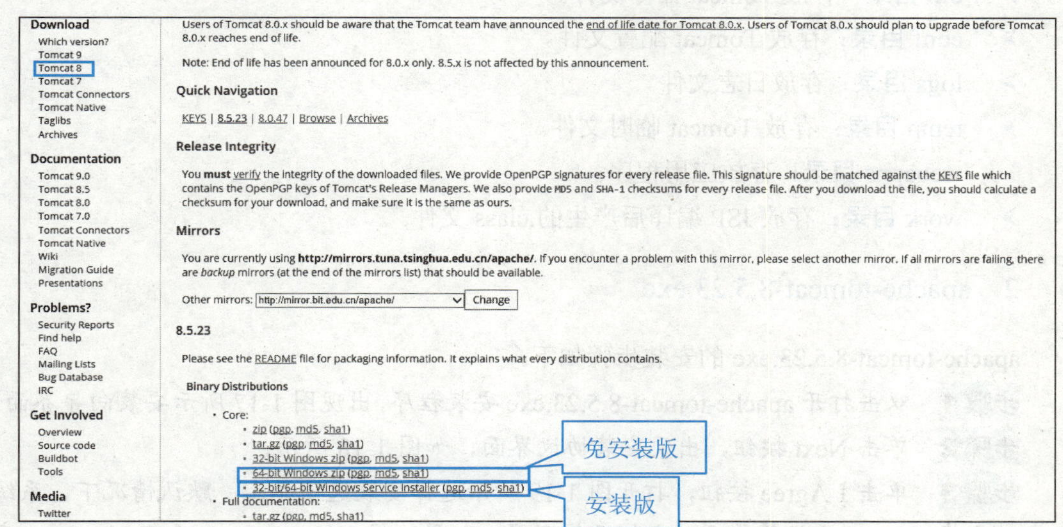

图 1-15　下载 Tomcat

Tomcat 下载文件有两种类型，一种为免安装的压缩包，一种为需要安装的可执行文件，下面分别介绍。

1. apache-tomcat-8.5.23.zip

apache-tomcat-8.5.23.zip 为 Windows 下的免安装版本，用户只需要将下载的 apache-tomcat-8.5.23.zip 解压到磁盘的某个分区，比如解压到 F:\，这样 Tomcat 服务器就可以正常启动运行了。解压后将出现如图 1-16 所示的目录结构。

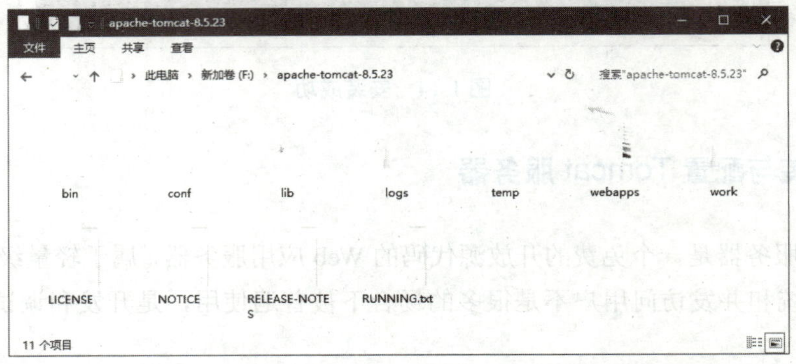

图 1-16　Tomcat 服务器目录结构

各子目录简介如下：

- bin 目录：存放 Tomcat 命令文件。
- conf 目录：存放 Tomcat 配置文件。
- logs 目录：存放日志文件。
- temp 目录：存放 Tomcat 临时文件。
- webapps 目录：存放应用程序。
- work 目录：存放 JSP 编译后产生的.class 文件。

2. apache-tomcat-8.5.23.exe

apache-tomcat-8.5.23.exe 的安装步骤如下：

步骤 1　双击打开 apache-tomcat-8.5.23.exe 安装程序，出现图 1-17 所示安装向导界面。

步骤 2　单击 Next 按钮，出现安装协议界面，如图 1-18 所示。

步骤 3　单击 I Agree 按钮，打开图 1-19 所示选择安装选项界面。默认情况下，系统会自动安装 Tomcat 开始菜单项、文档及管理器。如果选择 Host Manager 和 Examples，表示安装 Tomcat 宿主管理器和实例程序。

步骤 4　单击 Next 按钮，出现配置选项界面，如图 1-20 所示，在该界面可以设置服务器端口号以及管理服务器所需的用户名和密码。

步骤 5　单击 Next 按钮，出现 Java 虚拟机路径选择界面，如图 1-21 所示。

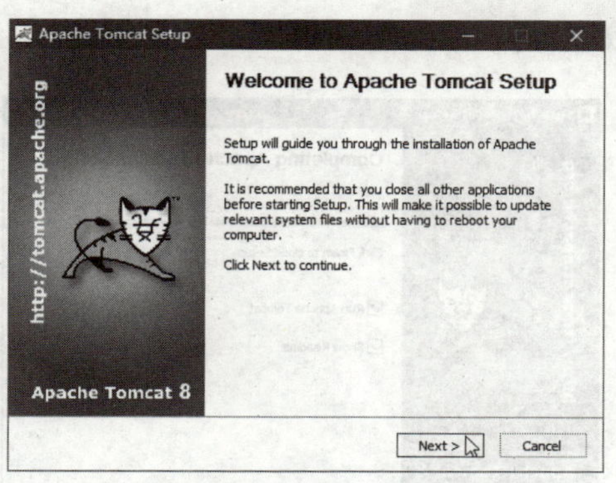

图 1-17 Tomcat 安装向导

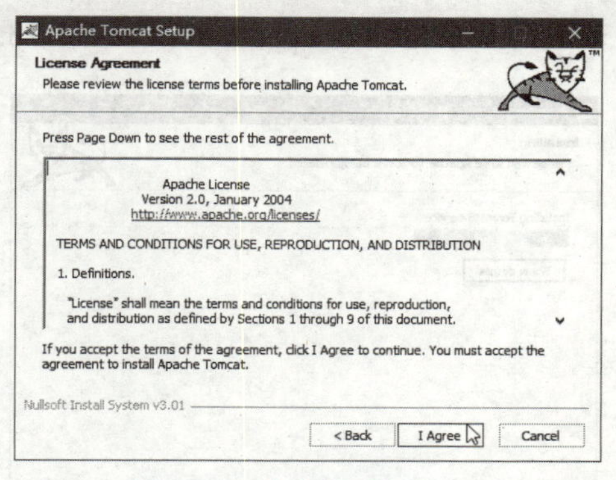

图 1-18 安装协议界面

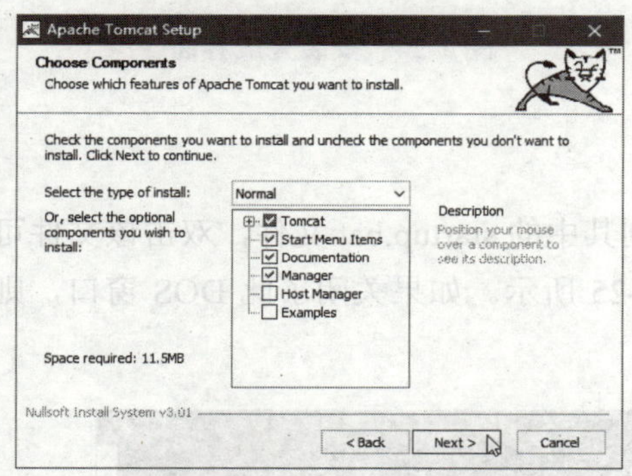

图 1-19 选择安装选项界面

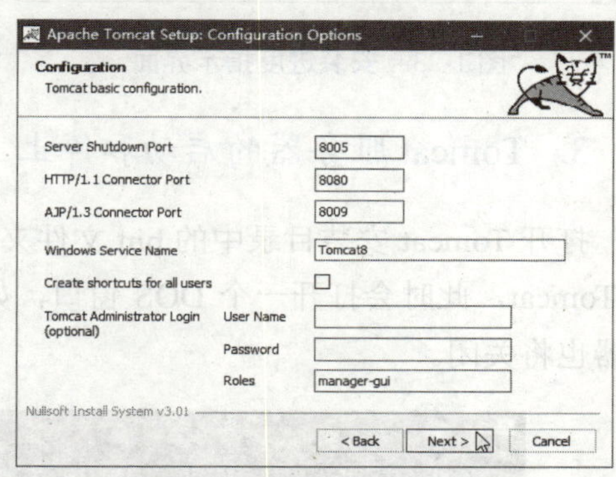

图 1-20 配置选项界面

步骤 6 单击 Next 按钮，出现安装路径设置界面，如图 1-22 所示。

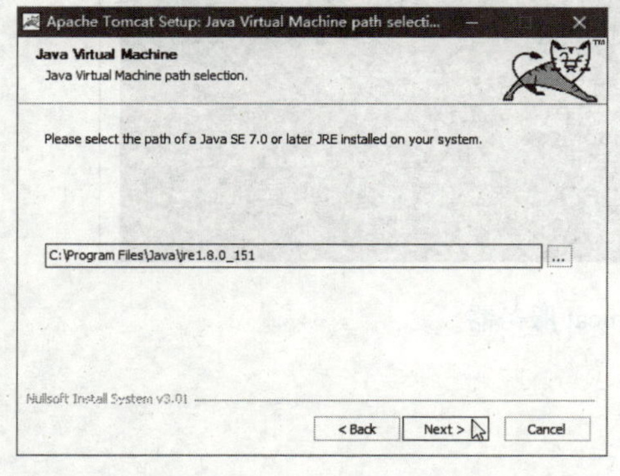

图 1-21 选择 Java 虚拟机路径

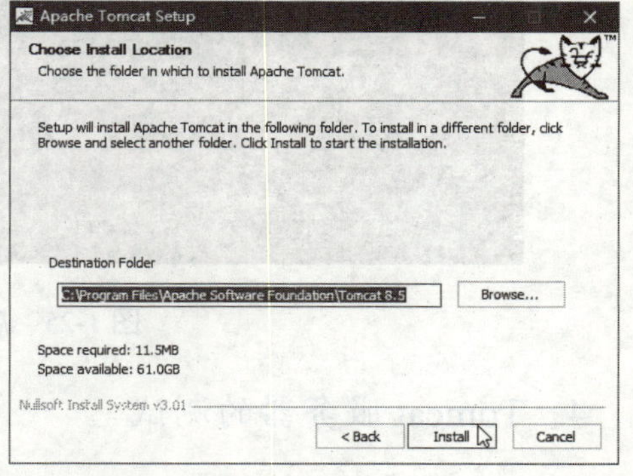

图 1-22 选择安装路径

步骤 7 设置完安装路径后，单击 Install 按钮，系统将自动显示安装进度指示画面，如图 1-23 所示。

步骤 8 安装完毕后，会出现如图 1-24 所示界面，单击 Finish 按钮，完成安装。安装后形成的目录结构和 apache-tomcat-8.5.23.zip 解压后的目录结构相同。

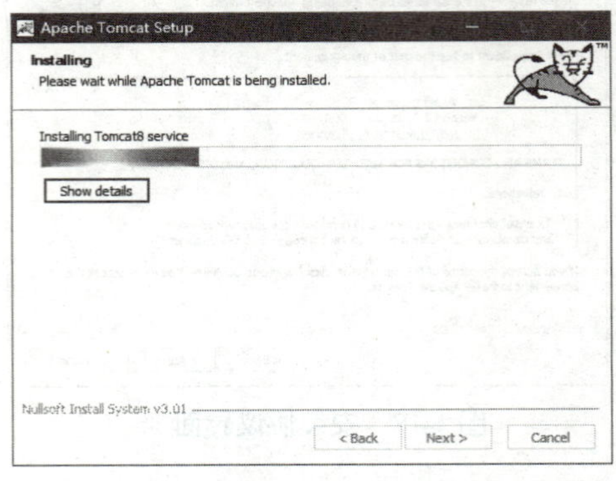

图 1-23　安装进度指示界面

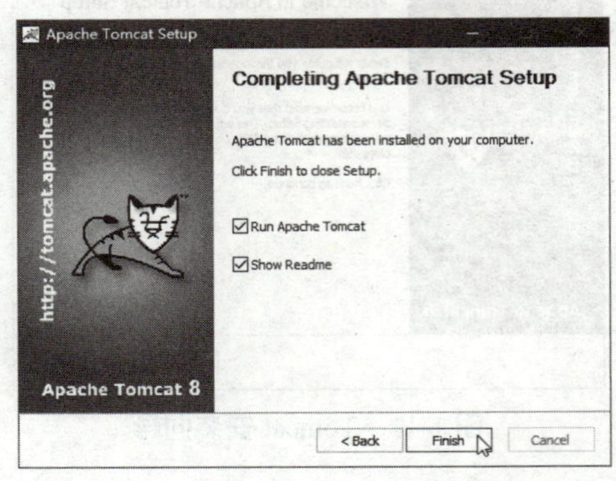

图 1-24　安装完成界面

3. Tomcat 服务器的启动和停止

打开 Tomcat 安装目录中的 bin 文件夹，找到其中的 startup.bat 文件，双击该文件可启动 Tomcat，此时会打开一个 DOS 窗口，如图 1-25 所示。如果关闭了此 DOS 窗口，则服务器也将关闭。

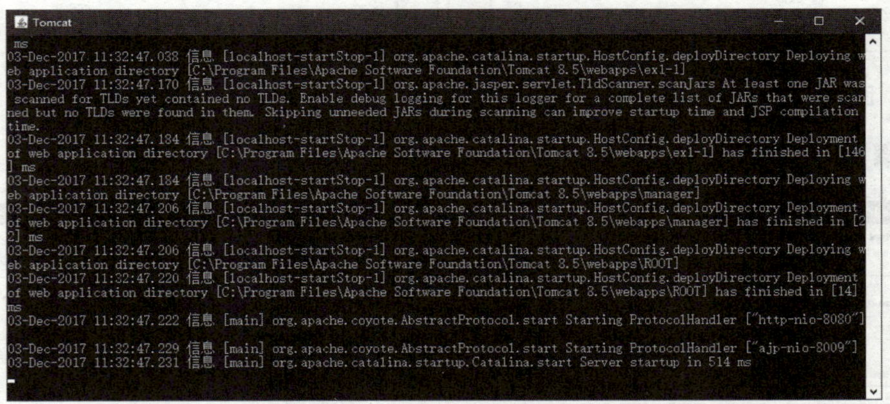

图 1-25　启动 Tomcat 服务器

4. Tomcat 服务器的测试

Tomcat 服务器启动成功之后，在浏览器地址栏中输入 http://localhost:8080，按回车键，将出现 Tomcat 服务器主页，如图 1-26 所示。

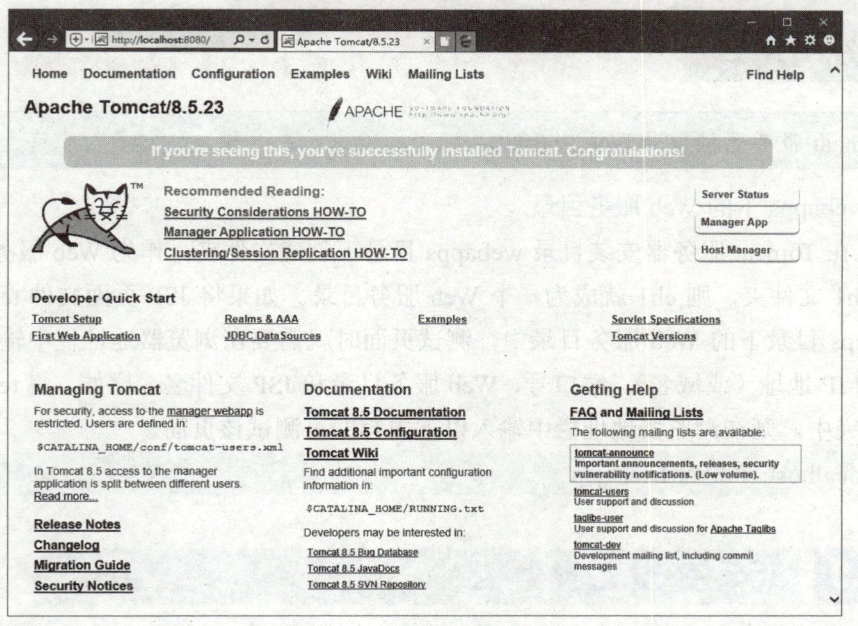

图 1-26 Tomcat 默认主页

5. 设置 Web 服务目录

编写好的 JSP 页面文件必须放在 Tomcat 服务器的某个 Web 服务目录中，远程用户或本机用户才可以通过浏览器访问该页面。我们常说的一个网站，实际上就是指一个 Web 服务目录。

1）根目录

Tomcat 的 Web 服务目录根目录一般为 Tomcat 服务器安装目录下的“Webapps\ROOT”目录。例如，Tomcat 服务器的安装目录为 F:\apache-tomcat-8.5.23，那么其 Web 服务目录的根目录就应该为：

```
F:\apache-tomcat-8.5.23\webapps\ROOT
```

如果要访问根目录中的 JSP 页面，可以在浏览器地址栏中输入 Tomcat 服务器的 IP 地址（或域名）、端口号和 JSP 文件名。例如，Tomcat 服务器的 IP 地址为 192.168.27.21，根目录中存放的 JSP 文件名为 test.jsp，则用户在浏览器地址栏中输入以下内容便可访问该页面：

```
http://192.168.27.21:8080/test.jsp
```

如果要在本机服务器上测试页面，可以在浏览器地址栏中输入以下内容：

```
http://localhost:8080/test.jsp
```

Tomcat 服务器端口号默认为 8080。

2）webapps 下的 Web 服务目录

可以在 Tomcat 服务器安装目录 webapps 目录下创建文件夹，作为 Web 服务目录。比如创建 ch1 文件夹，则 ch1 就成为一个 Web 服务目录。如果将 JSP 页面文件 test.jsp 保存在 webapps 目录下的 Web 服务目录中，测试页面时就需要在浏览器地址栏中输入 Tomcat 服务器的 IP 地址（或域名）、端口号、Web 服务目录和 JSP 文件名。比如，将 test.jsp 放入 ch1 文件夹中，则在浏览器地址栏中输入以下内容即可测试该页面。

```
http://localhost:8080/ch1/test.jsp
```

1.3 JSP 开发工具

常用的 JSP 开发工具有记事本、MyEclipse、Dreamweaver 等，初学者建议使用记事本编写代码，待到进入网页开发阶段后，可以使用 Dreamweaver 制作前端页面，而使用 MyEclipse 添加 JSP 内容。本书重点介绍 JSP 内容，所以下面简单介绍一下其开发工具 MyEclipse 的配置和使用。

1.3.1 MyEclipse 简介

MyEclipse 企业级工作平台（MyEclipse Enterprise Workbench，简称 MyEclipse）是对 EclipseIDE 的扩展，使用它可以在数据库和 JavaEE 的开发、发布，以及应用程序服务器的整合方面极大地提高工作效率。它是功能丰富的 JavaEE 集成开发环境，包括完备的编码、调试、测试和发布功能，完整支持 HTML、Struts、JSP、CSS、JavaScript、Spring、SQL 和 Hibernate，常用于企业级、云、Java Web 和移动应用的开发。

JavaEE 可以说是 J2EE 的升级版。J2EE 是使用 Java 技术开发企业级应用的一种事实上的工业标准，它是 Java 技术不断适应和促进企业级应用过程中的产物。目前，Java 平台有三个版本：适用于小型设备和智能卡的 J2ME（Java 2 Platform Micro Edition）、适用于桌面系统的 J2SE 和适用于企业级应用的 J2EE。

1.3.2　安装 MyEclipse

MyEclipse 的官方下载网址为 http://www.myeclipsecn.com/download/，用户可根据需要购买或使用试用版的 MyEclipse。此处以试用版的安装为例进行介绍。

步骤 1　下载安装文件之后双击 myeclipse_2017.exe，打开 MyEclipse 安装程序，出现图 1-27 所示安装向导界面。

步骤 2　单击 Next 按钮，出现安装协议确认界面，单击选中 I accept the terms of the license agreement 复选框，同意安装协议，如图 1-28 所示。

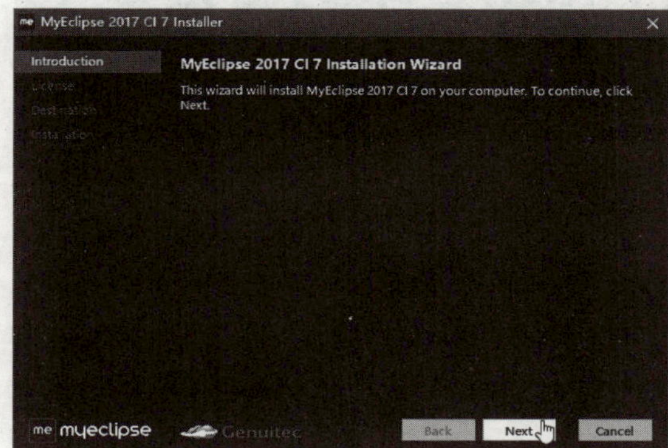

图 1-27　MyEclipse 安装向导

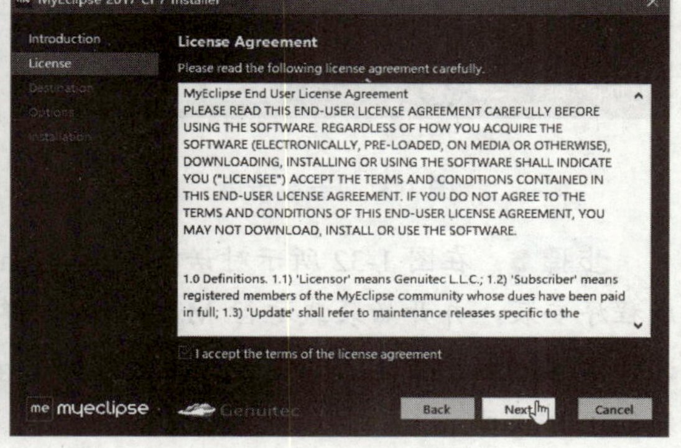

图 1-28　安装协议确认界面

步骤 3　单击 Next 按钮，出现安装路径设置界面，单击 Change 按钮可选择安装路径，此处使用系统默认的安装路径，如图 1-29 所示。

步骤 4　单击 Next 按钮，出现安装架构选择界面，MyEclipse 提供 32 位和 64 位两种架构的安装内容，此处根据操作系统选择 64 位架构，如图 1-30 所示。

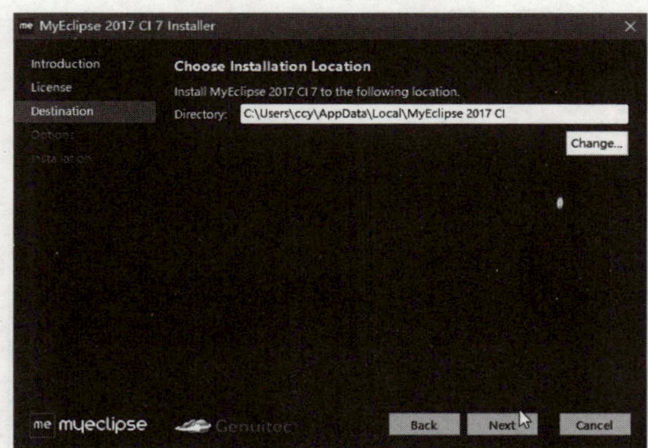

图 1-29　安装路径设置界面

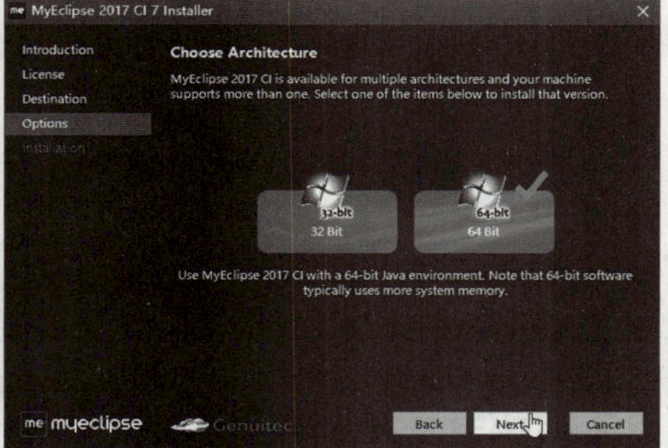

图 1-30　选择 64 位架构

步骤 5 单击 Next 按钮，打开安装进度界面，如图 1-31 所示。不用管它，直到出现安装完毕对话框，如图 1-32 所示。

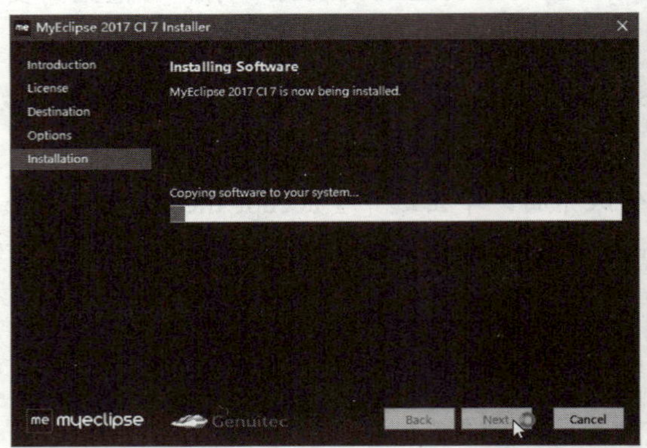

图 1-31 安装进度

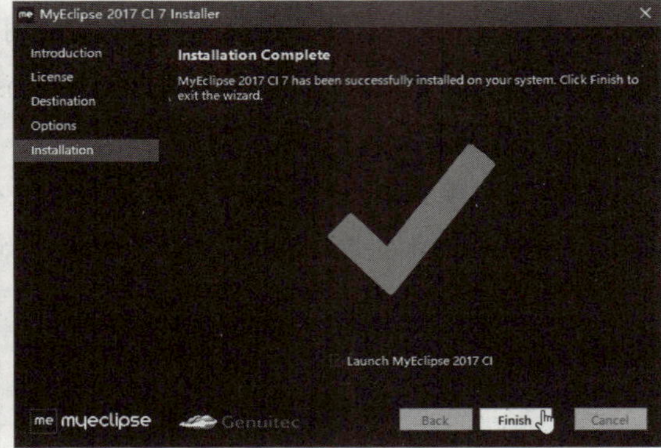

图 1-32 安装完毕

步骤 6 在图 1-32 所示对话框中选中 Launch MyEclipse 复选框，单击 Finish 按钮，完成程序安装，并开始装载运行 MyEclipse，弹出如图 1-33 所示对话框。单击 Browse 按钮选择 MyEclipse 项目的工作区，此处选择 D 盘的 MYJSP 文件夹，用于保存 MyEclipse 开发的 JSP 项目。

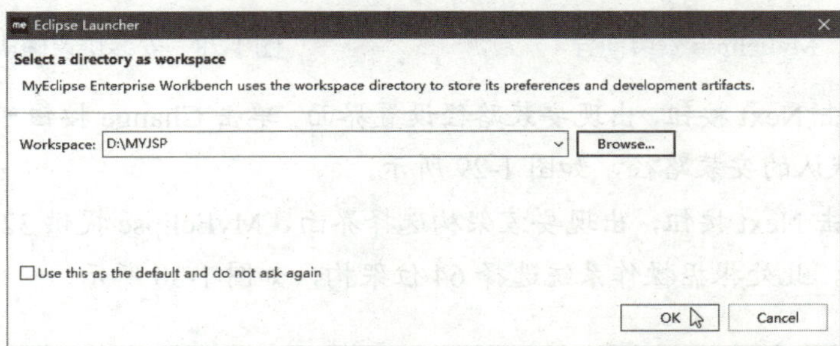

图 1-33 设置项目工作区

在 MyEclipse 中创建的项目默认都位于工作区中，在保存项目中的文件时，它会自动更新到 Tomcat 服务器中 webapps 下的 Web 服务目录中。如果不选中下方的复选框“Use this as the default…”，以后每次启动 MyEclipse，都会弹出该对话框，可以根据需要重新设置工作区。

步骤 7 单击 OK 按钮，程序继续运行，弹出软件运行主窗口，接着弹出提示框，单击 Start Trial 按钮开始试用，如图 1-34 所示。

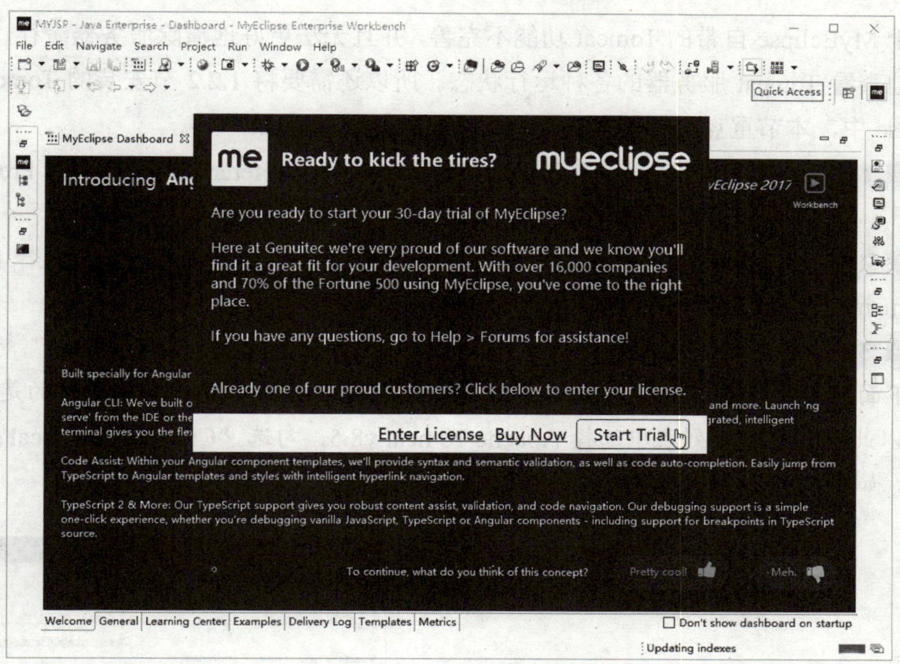

图 1-34　软件运行主窗口

步骤 8　在接下来弹出的界面中单击 Register Later，即可进入 MyEclipse 操作界面，如图 1-35 所示。

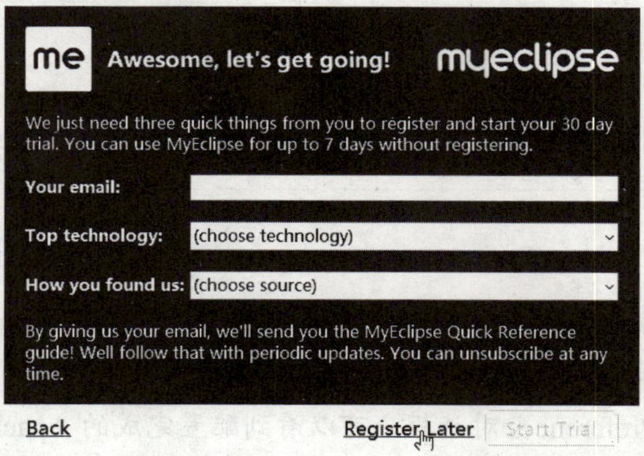

me　Awesome, let's get going!　myeclipse

We just need three quick things from you to register and start your 30 day trial. You can use MyEclipse for up to 7 days without registering.

Your email:

Top technology: (choose technology)

How you found us: (choose source)

By giving us your email, we'll send you the MyEclipse Quick Reference guide! We'll follow that with periodic updates. You can unsubscribe at any time.

Back　Register Later　Start Trial

图 1-35　单击 Register Later

1.3.3 配置 MyEclipse

由于 MyEclipse 自带的 Tomcat 功能不完善，并且无法更好地清除服务器缓存，不能方便透明地查看 Tomcat 服务器的各种运行状态。所以还需要将 1.2.2 节安装的 Tomcat 加入 MyEclipse 中，本节重点讲解如何在 MyEclipse 中配置 Tomcat。

步骤 1▶ 进入 MyEclipse 操作界面后，选择 Window>Preferences 菜单，打开 Preferences 对话框。

步骤 2▶ 在左侧列表中单击 Servers 左边的展开箭头，在其下级列表中选择 Runtime Environments，右侧显示相应设置信息，如图 1-36 所示。

步骤 3▶ 单击右侧的 Add 按钮，弹出“New Server Runtime Environment”对话框，首先在下面列出的服务器中展开 Tomcat，然后选择 Tomcat 版本。由于前面安装的是 Tomcat 8.5，所以此处在展开的列表中选择 Apache Tomcat v8.5，勾选“Create a new local server”复选项，如图 1-37 所示。

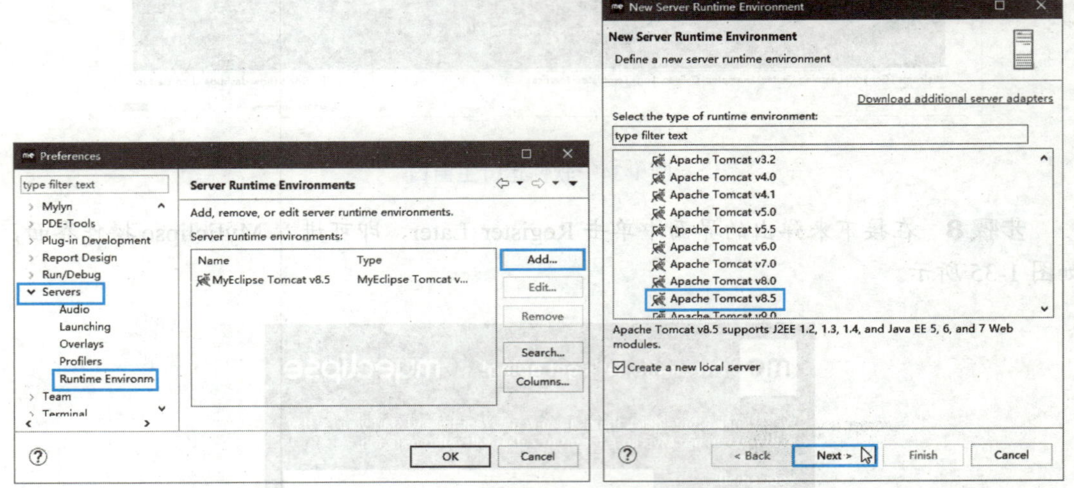

图 1-36　选择 Runtime Environments　　　图 1-37　选择 Apache Tomcat v8.5

步骤 4▶ 单击 next 按钮，弹出选择安装路径界面，单击 Browse 按钮选择前面安装的 Tomcat 路径，最后单击 Finish 按钮完成配置，如图 1-38 所示。

步骤 5▶ 回到 Preferences 对话框，可以看到配置完成的 Apache Tomcat v8.5，直接单击 OK 按钮关闭对话框即可，如图 1-39 所示。

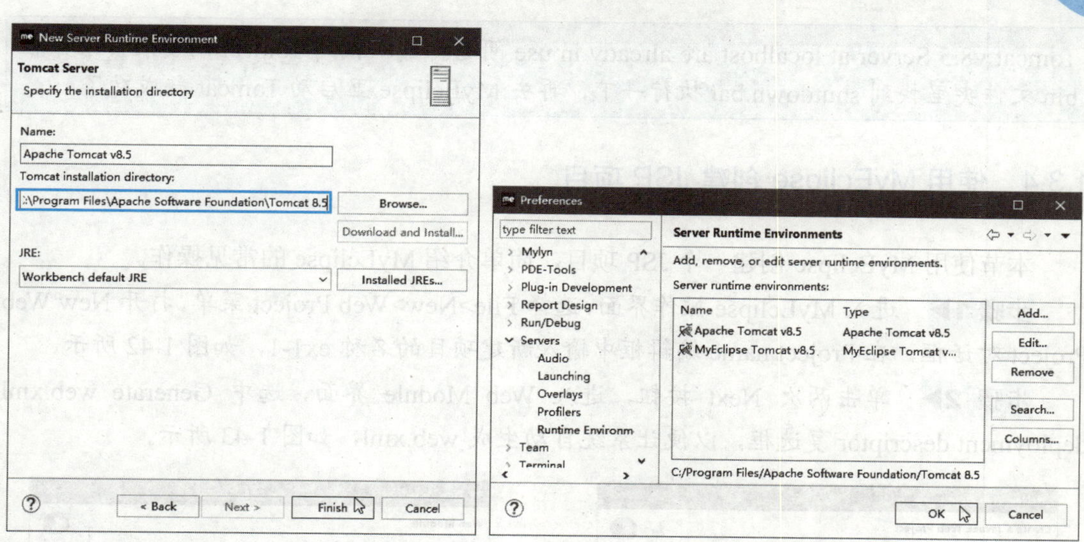

图 1-38　设置 Tomcat 安装路径　　　　图 1-39　配置完成

步骤 6▶　回到 MyEclipse 操作界面，单击服务器启动按钮，在其下拉列表中选择 Tomcat v8.5 Server at localhost，紧接着在其下级列表中单击 Start，如图 1-40 所示。

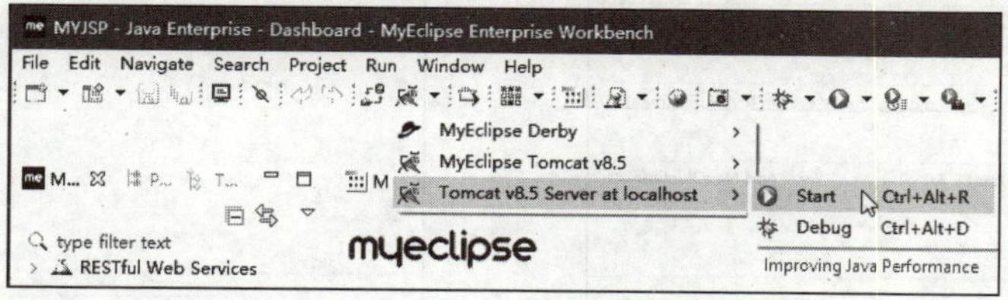

图 1-40　启动服务器

步骤 7▶　在下方的 Servers 选项卡中可以看到 Tomcat 启动成功，如图 1-41 所示。

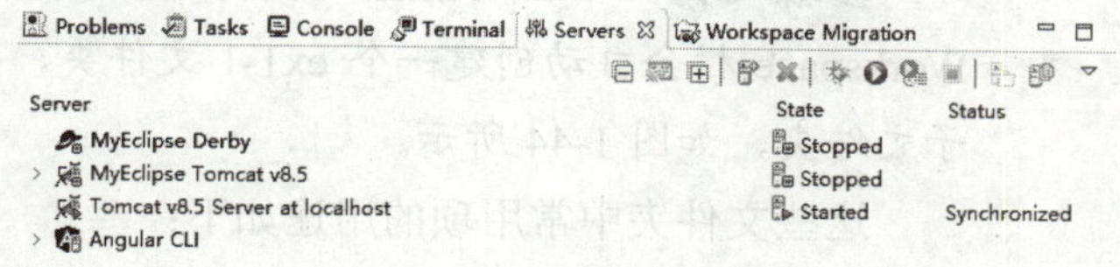

图 1-41　成功启动服务器

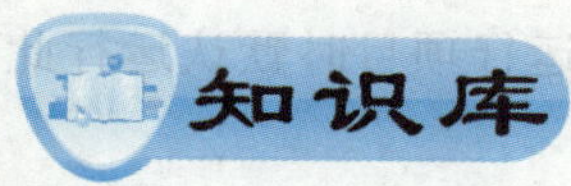

如果在配置完成后，启动 Tomcat 时出现 Several ports (8005, 8080, 8009) required by

Tomcat v8.5 Server at localhost are already in use.问题。可以找到 Tomcat 的安装目录，在 bin 文件夹里找到 shutdown.bat 执行一下，再去 MyEclipse 里启动 Tomcat 就成功了。

1.3.4 使用 MyEclipse 创建 JSP 项目

本节使用 MyEclipse 创建一个 JSP 项目，简单介绍 MyEclipse 的常见操作。

步骤 1▶ 进入 MyEclipse 操作界面，选择 File>New>Web Project 菜单，打开 New Web Project 对话框，在 Project name 编辑框中输入新建项目的名称 ex1-1，如图 1-42 所示。

步骤 2▶ 单击两次 Next 按钮，进入 Web Module 界面，选中 Generate web.xml deployment descriptor 复选框，以便让系统自动生成 web.xml，如图 1-43 所示。

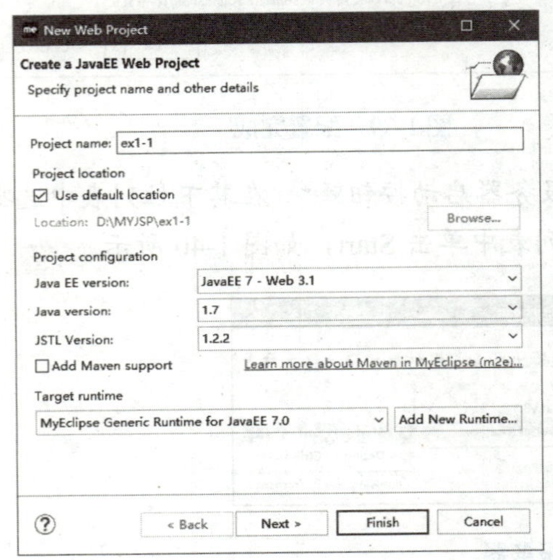

图 1-42 新建项目

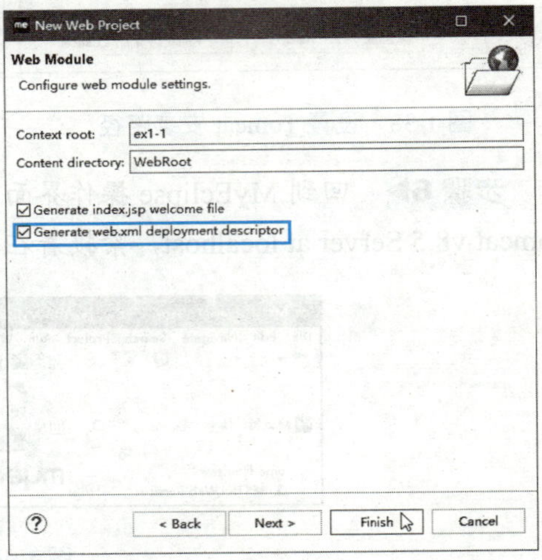

图 1-43 设置 Web Module 选项

步骤 3▶ 单击 Finish 按钮，完成项目创建。在左侧的 Workspace 栏会自动创建一个 ex1-1 文件夹，并在其下创建若干子文件夹，如图 1-44 所示。

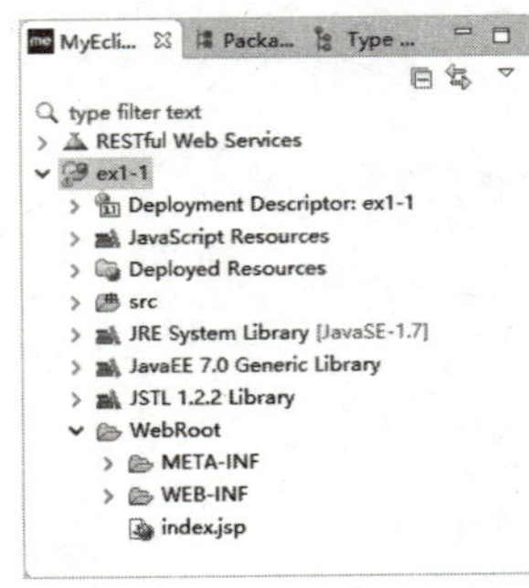

图 1-44 完成项目创建

这些文件夹中常用项的用途如下：

- src：存放 Java 代码。
- WebRoot：它是 Web 应用根目录。其下包含 META-INF 目录、WEB-INF 目录和 index.jsp 文件（index.jsp 文件是项目里的 welcome 页面，运行项目时默认运行此页面）。
- META-INF：存放系统描述信息。

➢ WEB-INF：由三部分组成：（1）lib 目录，存放.jar 或.zip 文件；（2）web.xml 文件，Web 应用初始化配置文件；（3）JSP 文件，动态页面的 JSP 文件。

WEB-INF 是受保护目录，WEB-INF 里面的 JSP 文件只可以由 servlet 去访问，不能通过 URL 地址栏去访问。WebRoot 根目录下的 JSP 文件可以直接通过 URL 地址栏去访问，自动生成的 index.jsp 文件就放在 WebRoot 根目录下。

步骤 4▶ 右击 src 目录，在弹出的快捷菜单中选择 New>Package，打开 New Java Package 对话框，在打开的对话框中输入包的名称 servlet，并单击 Finish 按钮关闭对话框，如图 1-45 所示。

步骤 5▶ 右击新建的包 servlet，在弹出的快捷菜单中选择 New>Class，打开 New Java Class 对话框，在打开的对话框中输入类的名称 ServletDemo，并单击 Finish 按钮，如图 1-46 所示。

图 1-45 新建包

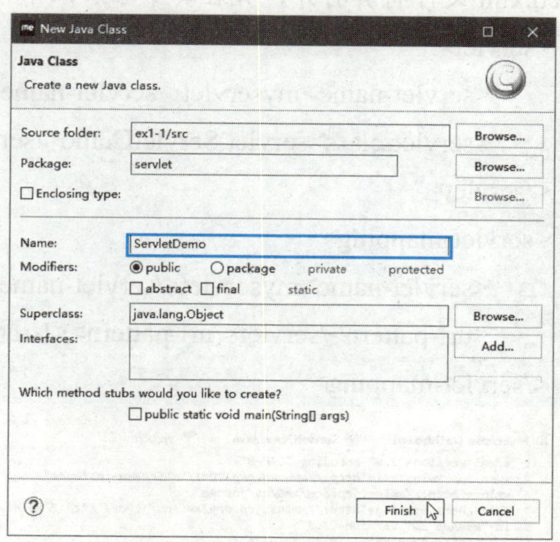

图 1-46 新建类

如果在创建类之前没有创建包，可以在新建类对话框的“Package”文本框中输入包的路径，这样系统会根据路径在创建类的同时创建包及其路径。

步骤 6▶ 在右侧编辑窗口中自动打开 ServletDemo.java 文件，在其中输入代码，如

图 1-47 所示。

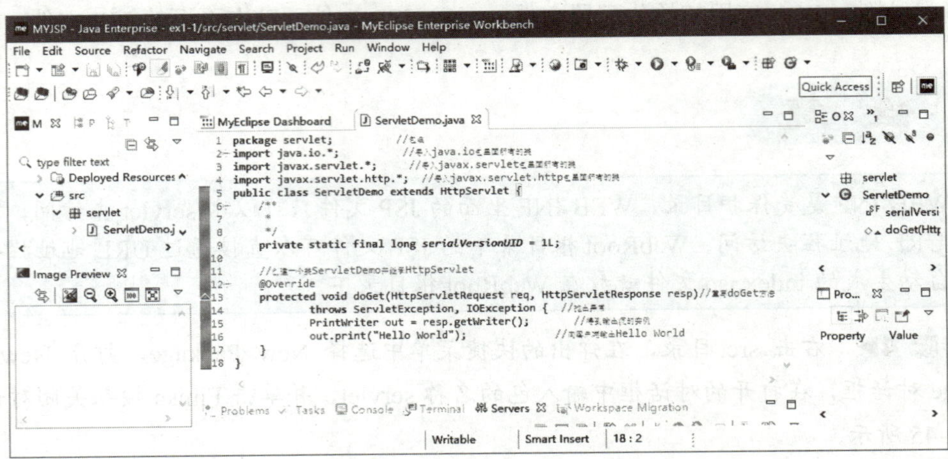

图 1-47　创建 java 文件

步骤 7▶　在部署到 Web 服务器之前，需要在 web.xml 中配置访问路径。为此，双击 web.xml 文件将其打开，并在其中添加以下代码，效果如图 1-48 所示。

```
<servlet>
    <servlet-name>myservlet</servlet-name><!--注册的 Servlet 的名字-->
    <servlet-class>servlet.ServletDemo</servlet-class><!--注册的 Servlet 的类地址-->
</servlet>
<servlet-mapping>
    <servlet-name>myservlet</servlet-name><!--注册的 Servlet 的名字 -->
    <url-pattern>/servlet</url-pattern><!--配置组件的访问路径-->
</servlet-mapping>
```

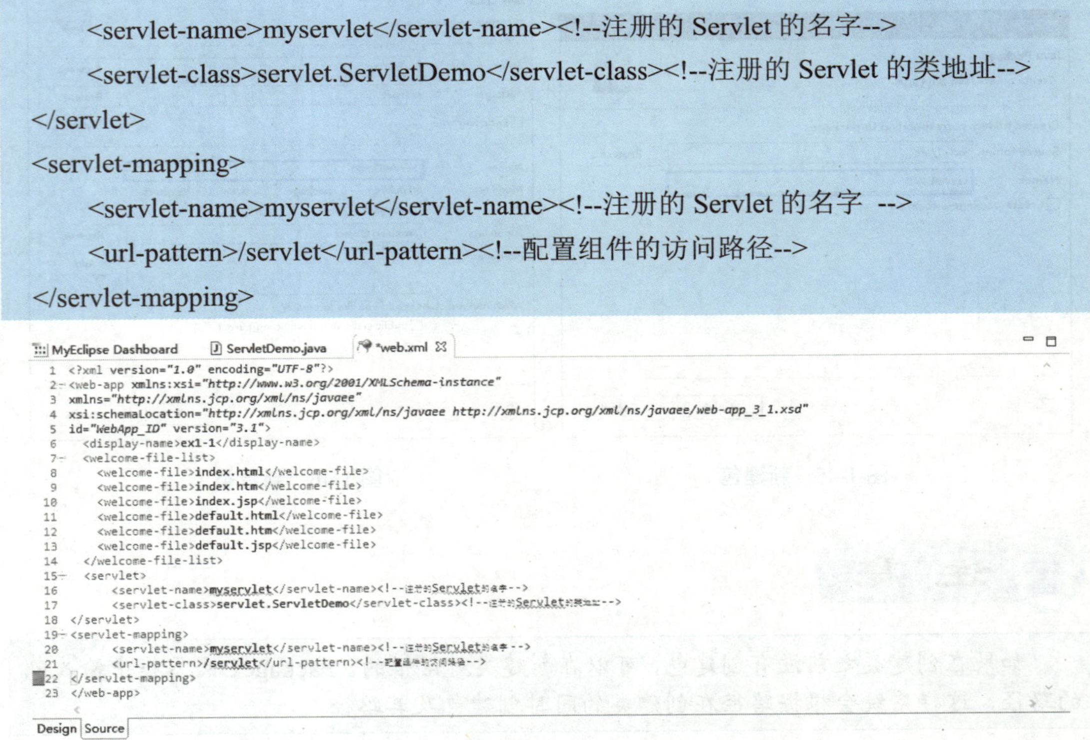

图 1-48　配置访问路径

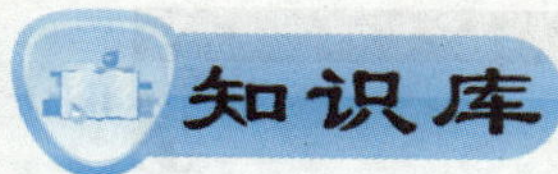

<servlet-name>标签的值是要注册的 Servlet 的名字，一般跟 Servlet 类名有关；<url-pattern>标签中的值是要在浏览器地址栏中输入的 url，可以自己命名，这个 url 访问名为<servlet-name>标签中值的 Servlet；两个<servlet-name>标签的值必须相同，因为通过 Servlet 标签中的<servlet-name>标签映射到<servlet-class>标签中的值，最终访问<servlet-class>标签中的类。

步骤 8▶ 将项目部署到 Tomcat 服务器。单击 Manage Deployments 按钮，如图 1-49 所示。

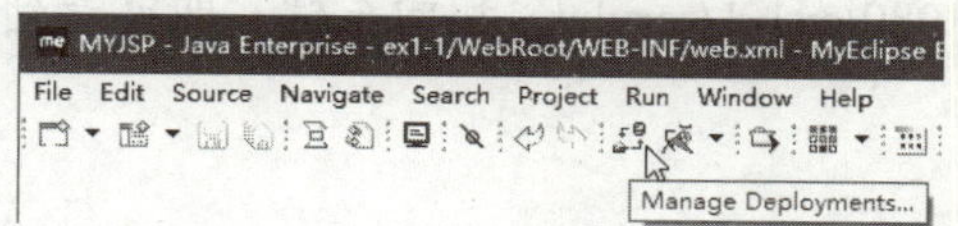

图 1-49 部署 Web Project

步骤 9▶ 打开 Manage Deployments 对话框，在 Module 下拉列表中选择前面创建的项目 ex1-1，然后单击 Add 按钮，如图 1-50 所示。

步骤 10▶ 打开 Deploy modules 对话框，在 Server 列表框中选择 Tomcat v8.5 Server at localhost，最后单击 Finish 按钮，如图 1-51 所示。

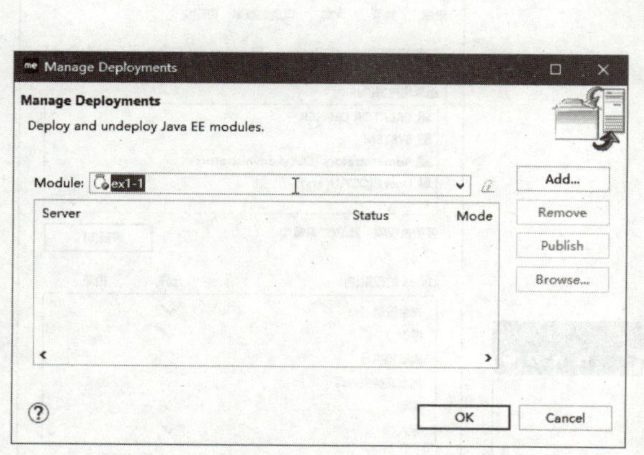

图 1-50 部署 Web Project FirstWeb

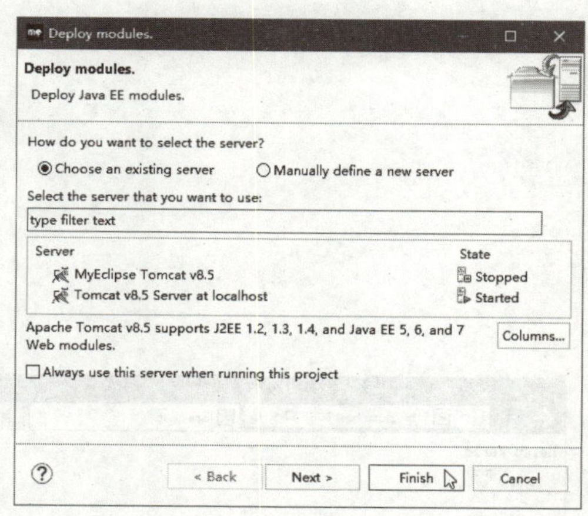

图 1-51 在 Server 中选择 Tomcat

步骤 11▶ 回到 Manage Deployments 对话框，可以看到部署完成的项目，单击 OK 按钮关闭对话框，如图 1-52 所示。

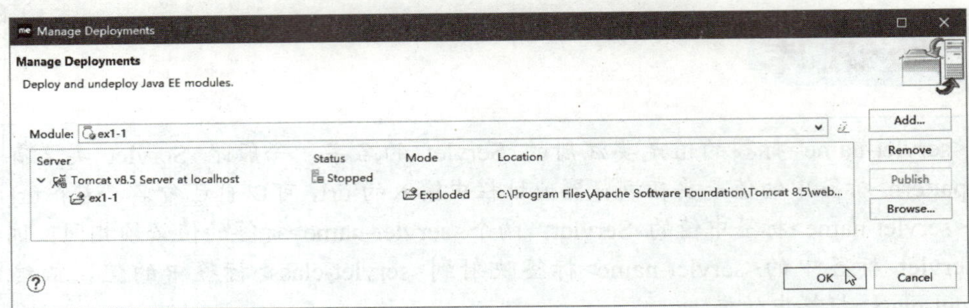

图 1-52　部署完成的项目

步骤 12▶　启动 Tomcat，一段时间后会在控制台提示启动成功。在浏览器地址栏中输入网址 http://localhost:8080/ex1-1/servlet，按回车键，即可看到程序运行结果，运行效果如图 1-53 所示。

如果在部署项目后启动 Tomcat 时提示 Could not publish to the server.错误，很有可能是管理员权限的问题，解决办法是添加权限控制，右键单击 Tomcat 安装文件夹 Tomcat 8.5，在弹出的快捷菜单中选择“属性”，在“属性”对话框中选择“安全”选项卡，为用户添加“完全控制”权限即可，如图 1-54 所示。

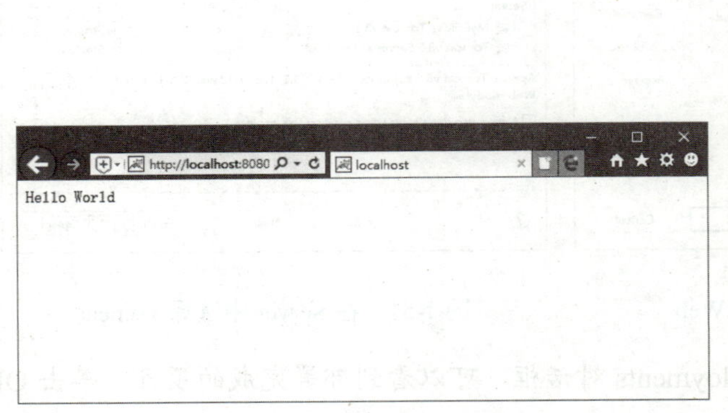

图 1-53　程序运行结果

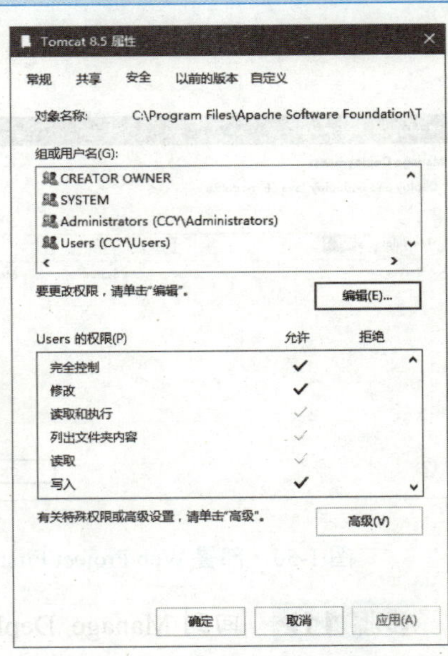

图 1-54　添加用户权限

本章小结

本章主要介绍了 JSP 的基本概念和运行原理，同时讲述了 JSP 运行环境的搭建及开发工具的安装和配置。在学完本章内容后，读者应重点掌握以下知识。

- 安装 Tomcat 之前必须首先安装 JDK，JDK 是 Java Development Kit 的缩写，是 Java 语言的开发工具包，它包括 Java 运行环境、Java 工具和 Java 基础类库。读者要掌握 JDK 的安装和配置方法。
- Tomcat 服务器是一个免费的开放源代码的 Web 应用服务器，属于轻量级应用服务器，在中小型系统和并发访问用户不是很多的场合下被普遍使用，是开发和调试 JSP 程序的首选。读者需掌握安装和配置 Tomcat 服务器的方法。
- 编写好的 JSP 页面文件必须放在 Tomcat 服务器的某个 Web 服务目录中，远程用户或本机用户才可以通过浏览器访问该页面。我们常说的一个网站，实际上就是指一个 Web 服务目录。Tomcat 的 Web 服务目录根目录一般为 Tomcat 服务器安装目录下的“Webapps\ROOT”目录。
- MyEclipse 企业级工作平台（MyEclipse Enterprise Workbench，简称 MyEclipse）是对 EclipseIDE 的扩展，本书使用 MyEclipse 作为 JSP 开发工具，读者需掌握其安装、配置和使用。

思考与练习

一、填空题

1．JSP 全名为______________，中文名为 Java 服务器页面，是由 Sun Microsystems 公司倡导，许多公司参与一起建立的一种__________________标准。

2．Servlet 的全称为_____________，又称 Java Servlet，是用 Java 语言编写的服务器端程序。

3．Servlet 运行于支持 Java 的应用服务器中，一个 Servlet 就是 Java 编程语言中的一个________，它被用来扩展服务器的性能，服务器上驻留着可以通过“请求—响应”编程模型来访问的应用程序。

4．安装 Tomcat 之前必须首先安装 JDK，JDK 是 Java Development Kit 的缩写，是 Java 语言的_______________，它包括__________、__________和 Java 基础类库。

5. __________服务器是一个免费的开放源代码的 Web 应用服务器，属于轻量级应用服务器，在中小型系统和并发访问用户不是很多的场合下被普遍使用，是开发和调试 JSP 程序的首选。

6. ______________________________是对 EclipseIDE 的扩展，使用它可以在数据库和 JavaEE 的开发、发布，以及应用程序服务器的整合方面极大地提高工作效率。

二、简答题

1. 简述 JSP 的运行原理。
2. 简述 Tomcat 服务器的特点。
3. 怎样启动和关闭 Tomcat 服务器？

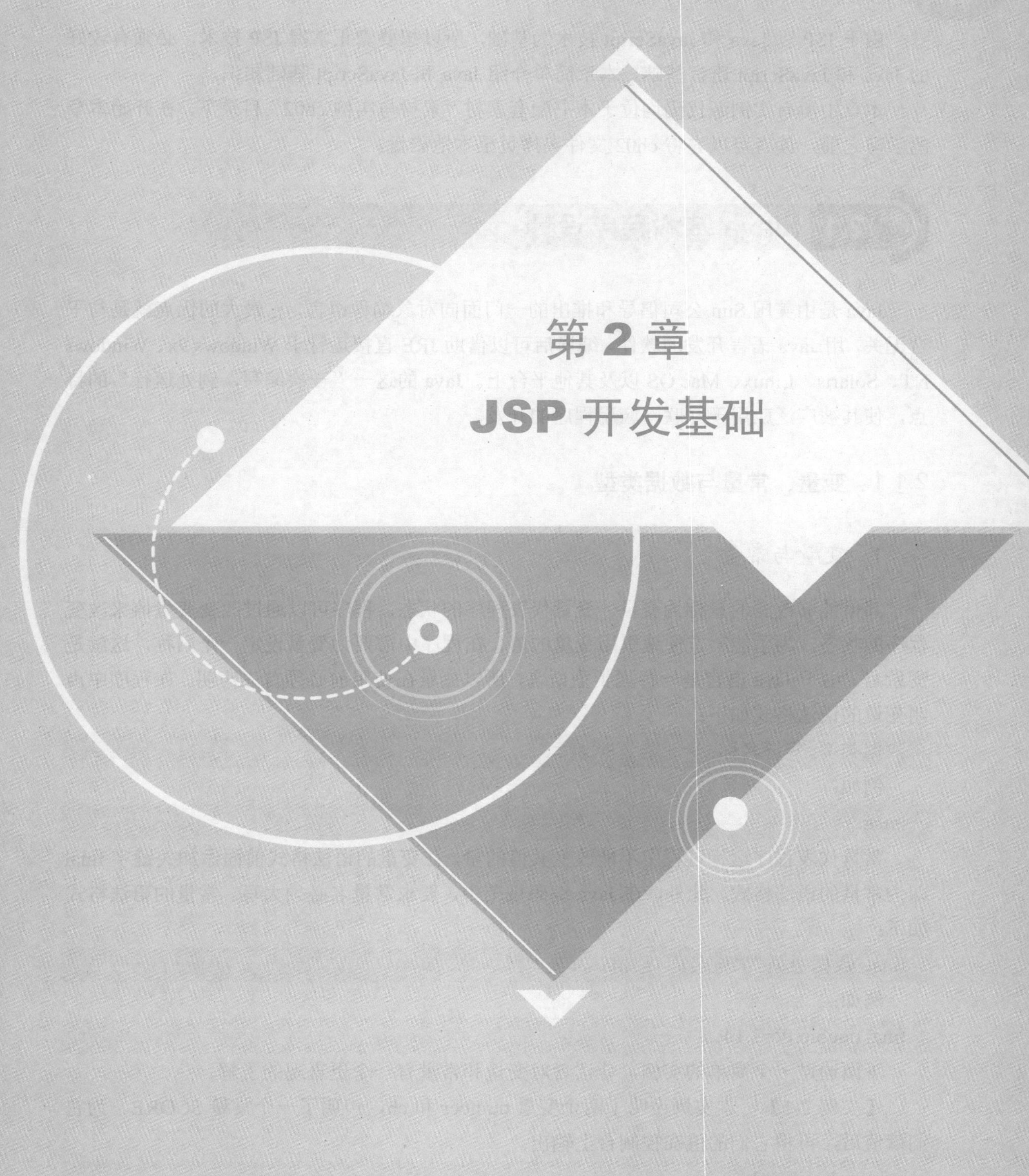

第 2 章
JSP 开发基础

由于 JSP 以 Java 和 JavaScript 技术为基础，所以想要真正掌握 JSP 技术，必须有较好的 Java 和 JavaScript 语言基础。本章简单介绍 Java 和 JavaScript 基础知识。

本章中所有实例源代码均位于本书配套素材“素材与实例\ch02”目录下，在开始本章的学习之前，读者可以先将 ch02 文件夹拷贝至本地磁盘。

2.1 Java 基本程序设计

Java 是由美国 Sun 公司倡导和推出的一门面向对象编程语言，它最大的优点就是与平台无关，用 Java 语言开发的软件，编译后可以借助 JRE 直接运行于 Windows 9x、Windows NT、Solaris、Linux、Mac OS 以及其他平台上。Java 的这一“一次编写，到处运行”的特点，使其被广泛应用于互联网应用程序的开发。

2.1.1 变量、常量与数据类型

1. 变量与常量

其值能够改变的量称为变量。变量代表程序的状态，程序可以通过改变变量值来改变程序的状态。为了能够方便地引用变量的值，在程序中需要为变量设定一个名称，这就是变量名。由于 Java 语言是一种强类型语言，所以变量在使用前必须首先声明。在程序中声明变量的语法格式如下：

```
数据类型 变量名称;
```

例如：

```
int a;
```

常量代表程序运行过程中不能改变其值的量。在变量的语法格式前面添加关键字 final 即为常量的语法格式。此外，在 Java 编码规范中，要求常量名必须大写。常量的语法格式如下：

```
final 数据类型 常量名称 = 值;
```

例如：

```
final double PI=3.14;
```

下面通过一个简单的实例，让读者对变量和常量有一个更直观的了解。

【实例 2-1】 本实例声明了两个变量 number 和 ch，声明了一个常量 SCORE。为它们赋值后，再将它们的值在控制台上输出。

```
public class Test1 {
```

```
public static void main(String[] args) {
    int number = 1;                         //声明一整型变量 number，为其赋初值 1
    char ch = 'a';                          //声明一字符型变量 ch，为其赋初值'a'
    final double SCORE = 100.0;  //声明一双精度浮点型常量 SCORE，其值为 100.0
    System.out.println(number+"是整型");             //输出 number
    System.out.println(ch+"是字符型");               //输出 ch
    System.out.println(SCORE+"是双精度浮点型");       //输出 SCORE
}
}
```

知识库

在 System.out.println()语句中，System 是一个类，out 是一个 static 对象。由于 out 是“静态”的，所以不需要创建对象，直接使用即可，println()方法的作用是把括号中的内容输出到控制台，并用一个新行结束。

输出结果为：

1 是整型

a 是字符型

100.0 是双精度浮点型

注 意

当声明一个变量时，编译程序会在内存里开辟一块足以容纳此变量的内存空间给它，无论变量的值如何改变，都将使用相同的内存空间。因此，善用变量将会帮助我们节省内存开销。

2. 基本数据类型

在 Java 中规定了 4 类 8 种基本数据类型，这 4 类分别是整数、浮点数、字符和布尔值。其中，整数类型有 byte，short，int，long，浮点数类型有单精度浮点数 float 和双精度浮点数 double，字符型为 char，布尔型为 boolean，如图 2-1 所示。

下面简单介绍这4类基本数据类型及其特点。

➢ **整数**：当数据不带有小数或分数时，即可以声明为整数变量，如5，-10等即为整数。在Java中，整数数据类型long为64位，也就是8个字节；int为32位，也就是4个字节；若数据值的范围在-32768到32767之间时，可以声明为short（短整数）类型，也就是2个字节；若数据值更小，在-128到127之间时，可以声明为byte类型，以节省内存空间，byte类型所占空间大小为1个字节。

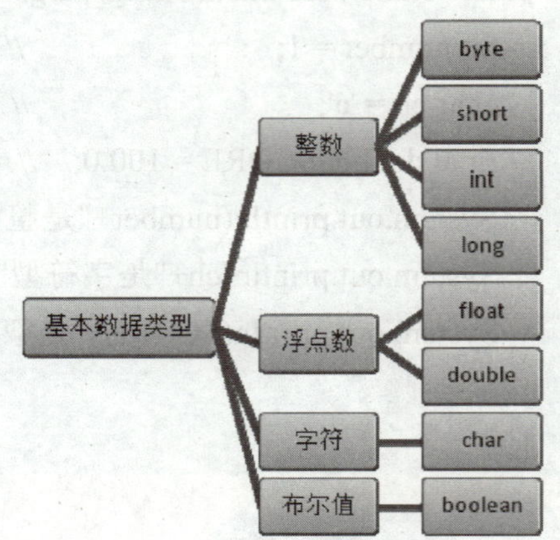

图2-1 基本数据类型

➢ **浮点数**：在Java里，带有小数点的数据类型称为浮点数类型（float），其长度为4个字节。当浮点数的表示范围不够大时，还有一种双精度（double）浮点数可供使用。双精度浮点数类型的长度为8个字节。

➢ **字符**：字符类型在内存中占有2个字节，可以用来保存汉字、英文字母等字符。计算机处理字符类型数据时，是把这些字符当成不同的整数来看待，因此，严格说来，字符类型也算是整数类型的一种。

➢ **布尔值**：布尔（boolean）类型的变量只有true（真）和false（假）两个值。也就是说，当将一个变量定义成布尔类型时，它的值只能是true或false，除此之外，没有其他的值可以赋值给这个变量。

3. 数据类型间的转换

数据类型间的转换包括两种情况，自动类型转换和强制类型转换。为了规范简单数据类型的转换，系统基于各种简单数据类型容量的大小，为各种简单数据类型规定了不同的优先级（由低级到高级），具体如下：

（byte、short、char） → int → long → float → double

此处的“级别”对应数据类型表示值的范围的大小。

低级数据类型向高级数据类型的转换称为自动类型转换，反之则称为强制类型转换。高级数据类型转换为低级数据类型时，必须要加强制类型转换符。如以下代码所示：

```
public class Test1 {
public static void main(String[] args) {
    double dou = 10.0;
    float flo;
    flo = (float) dou;                    //此处加入强制类型转换
    System.out.println(flo);
}
}
```

【实例 2-2】 通过类型转换实现数据的累加。在实际开发过程中，经常会遇到传递的参数与所需的参数类型不一致，或者参数的类型不能够进行我们想要的操作等情况，此时就需要进行数据类型转换。

本实例通过将字符串类型转换成整型，并对转换后的数据进行累加，来了解数据类型转换的应用。

步骤 1▶ 打开记事本，并输入下面的代码。

```
public class Test1 {
public static void main(String[] args) {
    String a = "10";
    String b = "15";
    String c = "20";
    String d = "25";
    int a1 = Integer.parseInt(a);          //将字符串转换成整型
    int a2 = Integer.parseInt(b);          //将字符串转换成整型
    int a3 = Integer.parseInt(c);          //将字符串转换成整型
    int a4 = Integer.parseInt(d);          //将字符串转换成整型
    int sum = a1+a2+a3+a4;
    System.out.println("sum="+sum);
}
}
```

步骤 2▶ 选择“文件”>“另存为”菜单项，在打开的“另存为”对话框中选择保存位置（这个位置要记住，后面会用到），输入文件名“Test1.java”，在“文件类型”下拉列表中选择“所有文件”，单击“保存”按钮保存文件。

步骤 3▶ 按【Win+R】键打开“运行”对话框，输入“cmd”并按回车键，打开命令提示符窗口。

步骤 4▶ 首先输入 d:，切换到 D 盘，然后输入“cd 文件保存位置”，此处为“cd D:\正在进行中稿件\JSP Web 应用开发案例教程\素材与实例\ch02”，按回车键进入该位置，如图 2-2 所示。

步骤 5▶ 输入 javac Test1.java，并按回车键编译 java 程序，此时可以看到在 java 文件的保存位置生成一个文件“Test1.class”，如图 2-3 所示。

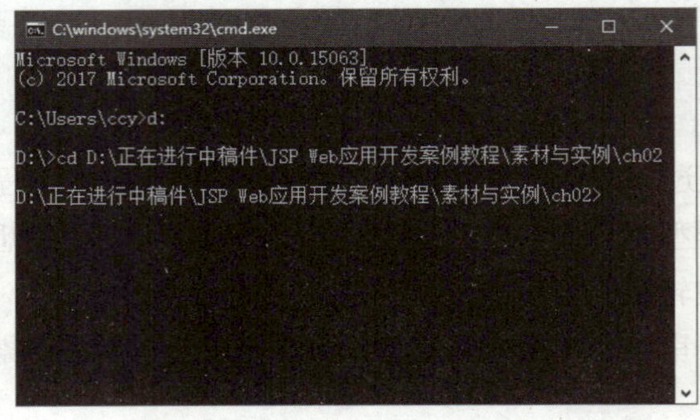

图 2-2 进入文件保存位置

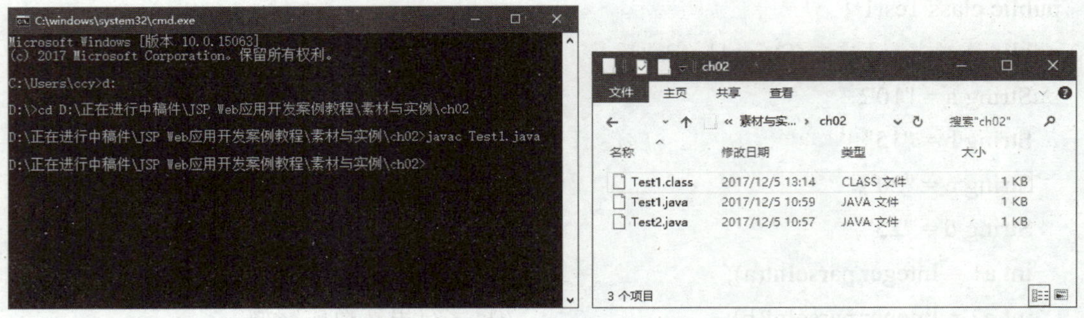

图 2-3 编译程序

步骤 6▶ 输入 java Test1，并按回车键运行自己的 java 程序，运行结果如图 2-4 所示。

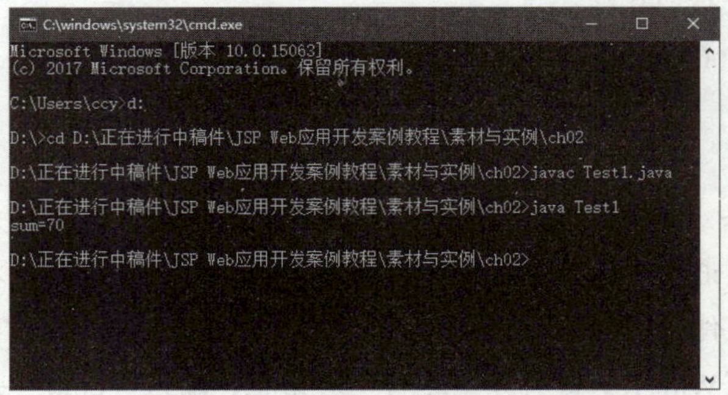

图 2-4 运行 java 程序

后面各个实例只给出了程序代码，其编译和运行方法与此类似，具体过程将不再逐一介绍。

4. 运算符、表达式与语句

程序由许多语句组成，而语句的基本单位是表达式与运算符。在 Java 中，使用+、-、*、/来表示加、减、乘、除运算，使用%表示求余操作，使用==和！=表示关系运算，使用?:表示条件运算。

?:也称为“三元运算符”，其格式为“(条件)? 表达式 1：表达式 2”，其意义为：如果条件表达式的值为 true，则返回表达式 1 的值，否则返回表达式 2 的值。例如，(68>60)? "及格":"不及格";，此条件语句的输出结果为“及格”。

【实例 2-3】 通过条件运算符输出较大值和较小值。本例定义了两个整型变量，通过 compareNumForMax(int a,int b)和 compareNumForMin(int a,int b)方法来比较变量大小。在这两个方法中，通过三元运算符的返回值得到最大值和最小值。

```
public class Test2 {
    public static void main(String[] args) {
        int num1 = 100;                                       //定义整型变量 num1
        int num2 = 80;                                        //定义整型变量 num2
        int max = compareNumForMax(num1,num2);                //调用方法得出较大值
        int min = compareNumForMin(num1,num2);                //调用方法得出较小值
        System.out.println("max="+max+","+"min="+min);        //打印较大值和较小值
    }
    public static int compareNumForMax(int a,int b){
        int c = 0;                                            //定义整型变量 c
        c = (a>b)?a:b;                                        //通过条件运算符来比较大小
        return c;                                             //返回较大值
    }
    public static int compareNumForMin(int a,int b){
        int c = 0;                                            //定义整型变量 c
        c = (a>b)?b:a;                                        //通过条件运算符来比较大小
        return c;                                             //返回较小值
    }
}
```

最终运行结果为：max=100，min=80。

2.1.2 流程控制语句

1. for 语句

for 语句格式如下：

```
for(赋初值；判断条件；赋值加减){
   执行语句
}
```

在该语句中，根据判断条件，检查是否要继续执行循环，当判断条件为真（true）时，继续执行循环主体内的语句；判断条件为假（false）时，则跳出循环，执行其他语句。

执行完循环主体内的语句后，循环控制变量会根据增减量的要求更改循环控制变量的值，然后再回到初始位置重新判断是否继续执行循环。

下面通过一个实例，深入了解 for 语句的用法。

【实例 2-4】 利用 for 语句求 1+2!+3!+...+20!的和。本例通过双重 for 循环来达到求 1 到 20 阶乘和的目的。其中，通过外层 for 循环让 sum 和临时变量 temp 相加 20 次，通过内层 for 循环求出阶乘值，并赋值给 temp 变量。

```
public class Test3 {
   public static void main(String[] args) {
        //通过双重 for 循环实现
        long sum=0;
        for(int i=1;i<=20;i++)                          //用于遍历 1~20
        {     long temp=1;                               //定义长整型变量 temp
              for(int j=1;j<=i;j++)                     //用于求 i!
              {     temp=temp*j;     }
              sum+=temp;                                //将 i!相加
        }
        System.out.println(sum);
   }
}
```

运行结果为：

```
2561327494111820313
```

2. if…else 语句

if 是条件判断，如果满足条件的话，直接执行后续语句；如果不满足条件的话，则执行 else 后面的语句。通过 if…else 语句可以实现一些简单的逻辑。下面通过一个简单的实例深入了解其用法。

【实例 2-5】 本例通过 if…else 语句和正则表达式统计一个字符串中汉字、英文字母、特殊字符、空格和数字的个数。它声明了 4 个变量，当符合判断条件时，令对应的变量自加 1。

```
public class Test4 {
  public static void main(String[] args) {
        String str = "a12 中国 3@b&4 语*言  3c";              //需要被统计的字符串
        String E1 = "[\u4e00-\u9fa5]";                     //汉字的正则表达式
        String E2 = "[a-zA-Z]";                            //英文字母的正则表达式
        String E3 = "[0-9]";                               //数字的正则表达式
        String E4 = "\\s+";                                //空格的正则表达式
        int chineseCount = 0;                              //初始化统计汉字的变量
        int englishCount = 0;                              //初始化统计英文字母的变量
        int numberCount = 0;                               //初始化统计数字的变量
        int spaceCount = 0;                                //初始化统计空格的变量
        String temp;                                       //定义临时变量 temp
        for (int i = 0; i < str.length(); i++)             //遍历字符串中的字符
        {
            //取出字符串中的单一字符并转成字符串
            temp=String.valueOf(str.charAt(i));
            //通过 if…else 语句统计不同字符的数量
            if (temp.matches(E1))
            {   chineseCount++;   }else
            if (temp.matches(E2))
            {   englishCount++;   }else
            if (temp.matches(E3))
            {   numberCount++;   }else
            if(temp.matches(E4))
            {   spaceCount++;   }
        }
```

```
        System.out.println("汉字数:" + chineseCount);
        System.out.println("英文数:" + englishCount);
        System.out.println("数字数:" + numberCount);
        System.out.println("特殊字符:" + (str.length() -
                    (chineseCount + englishCount + numberCount+spaceCount)));
        System.out.println("空格:"+spaceCount);
    }
}
```

最终运行结果为：

汉字数:4

英文数:3

数字数:5

特殊字符:3

空格:1

知识库

> 正则表达式是一种可用于模式匹配和替换的规范，它是由普通字符和特殊字符组成的文字模式。正则表达式作为一个模板，可将某个字符模式与所搜索的字符串进行匹配。

3. switch 语句

switch 语句用于基于不同的条件来执行不同的动作。在 switch（变量）语句里，变量只能是整型或字符型。程序先读出变量的值，然后在各个 case 里查找哪个值和这个变量相等，如果相等，就算条件成立，程序执行相应的分支，直到碰上 break 或者 switch 语句结束。接下来我们通过实例深入了解其用法。

【实例 2-6】　应用 switch 语句，根据数字不同输出不同信息。

本例通过 switch 语句判断并输出信息。通过传入参数 1，在 switch 语句中进行判断后，执行第二分支，最后通过 break 跳出 switch 语句。

```
public class Test5 {
    public static void main(String[] args) {
        function(1);                        //通过调用 function 方法进行输出
    }
    public static void function(int params){
        switch(params){                     //通过不同的参数输出不同信息
```

```
        case 0:
            System.out.println("红色");
            break;
        case 1:
            System.out.println("黄色");
            break;
        case 2:
            System.out.println("蓝色");
            break;
        default:
            System.out.println("白色");
            break;
        }
    }
}
```

运行结果为：

黄色

2.1.3 数组

1. 数组的创建

Java 中数组的创建，包括声明数组和分配内存。

数组的三种声明方式如下：

方式一　数组类型[] 数组名={数值 0,数值 1,数值 2,数值 3,…};

例如：

```
String[] test1={"数值 0","数值 1","数值 2","…"};
```

方式二　数组类型[] 数组名;数组名=new 数组类型[]{数值 0,数值 1,数值 2,…};

例如：

```
String[] test2; test2=new String[]{"数值 0","数值 1","数值 2","…"};
```

方式三　数组类型[] 数组名;数组名=new 数组类型[数组长度];

例如：

```
String[] test3; test3=new String[6];
```

这三种方式的区别是，方式一和方式二的数组大小由系统分配，我们只为数组中每个位置赋初值；方式三只指定数组大小，初始化工作由系统完成，即系统为数组的每个位置赋初始值。由于String类型为引用类型，所以默认初始值为null。

在声明数组时，也可以将[]放在数组名后面，其格式如下：

```
数据类型 数组名[];        //声明数组
```

例如：

```
String test4[];
```

2. 数组中元素的表示方法

数组中元素的获取是由索引来完成的，数组索引由0开始。比如，有一个长度为10的数组arr，那么它的索引是从0到9，如果想要取第十个元素，就可以通过arr[9]来获取。

3. 数组的赋值

数组的赋值除了可以直接用大括号来完成，比如int arr[] = {1,2,3}，还可以通过指定元素赋值，比如arr[0]=1，arr[1]=2，arr[2]=3，其效果和第一种赋值方式一样。

4. 数组的相关方法

Java中提供了很多操作数组的方法，此处简单介绍3个常用方法。

- 数组的拷贝。其格式为：System.arrcopy(源数组名，起始索引，目标数组名，起始索引，拷贝数组元素个数)。比如，有两个数组，int A[] = {1，2，3}和int B[] = {4，5，6}，则System.arrcopy(A，0，B，0，2)方法的作用是：复制A数组中从下标0开始的2个元素到目标数组B，从目标数组B的下标0所对应的位置开始存储（若已有数据会被覆盖）。这样拷贝后，B数组的元素从头到尾依次是1，2，6。
- 数组的排序。其格式为：Arrays.sort(数组名)，使用该方法可让数组元素按从小到大的顺序排列。
- 获取数组长度。其格式为：数组名.length。

5. 数组应用实例

一般来讲，Java数组初始化需要声明数组和分配内存，但在许多情况下，数组需要动态扩容以满足实际开发的需要。数组的扩容在本质上并没有增加原数组的容量，只是将原数组内容拷贝到新的大数组。

【实例2-7】 数组的拷贝和排序。为方便比较原始数组和扩容后新数组的内容差异，本例通过数组的排序方法对内容进行了排序，并将数组内容在控制台上输出。

```
import java.util.Arrays;
```

```
public class Test6 {
    public static void main(String[] args) {
        int[] a = {0,36,66,5,13,28,1};                          //初始化 a 数组
        Arrays.sort(a);                                          //对 a 数组进行排序
        System.out.println("a 数组的元素是：");
        for (int i = 0; i < a.length; i++) {                    //对数组中的元素进行遍历输出
            System.out.print(a[i]+" ");
        }
        int increase = 3;                                        //容量增加量
        int[] b = new int[a.length+increase];                    //初始化 b 数组
        System.arraycopy(a, 0, b, 0, a.length);                 //将 a 数组拷贝到 b 数组
        int num = 100;                                           //定义整型变量并赋初值 100
        for (int i = a.length; i < b.length; i++) {             //对 b 数组的剩余元素赋值
            b[i] = num;
            num = num+1;
        }
        System.out.println();
        Arrays.sort(b);                                          //对 b 数组进行排序
        System.out.println("扩容后 b 数组的元素是：");
        for (int i = 0; i < b.length; i++) {
            System.out.print(b[i]+" ");
        }
    }
}
```

最终运行结果为：

a 数组的元素是：

0 1 5 13 28 36 66

扩容后 b 数组的元素是：

0 1 5 13 28 36 66 100 101 102

2.1.4 面向对象程序设计

1. 面向对象

面向对象是一种程序设计思想，计算机程序设计的实质，就是将现实中一些事物的特征抽离出来，描述成一些计算机事件的过程。在这种抽象的过程中，我们把具体的事物封装成一个一个的整体进行描述，使被描述的对象具备一些系统性、整体性的行为和特征，我们把这种设计思想称为面向对象。

面向对象的程序设计有三大特征，它们分别是封装、继承和多态。其意义如下：

- 封装：隐藏对象的属性和实现细节，仅对外提供公共访问方式。
- 继承：子类通过一种方式接受父类所有的公有的、受保护的成员变量和成员方法。
- 多态：程序在运行过程中，同一种类型在不同条件下表现不同的结果，这种不定状态的表现形式被称为多态。

2. 类与对象

类是抽象的概念集合，表示的是一个共性的产物，类中定义的是属性和方法。对象是共性产物的一个独立个体，是类的实例。

每个对象都是某个类（class）的一个实例（instance），在创建对象时需要用到 new 关键字。例如，有一个 Person 类，实例化 Person 类（即创建对象）的代码如下：

```
Person person = new Person();
```

当实例化对象后，可以按照如下方式操作对象。

- 对象.属性：表示调用对象的属性。
- 对象.方法()：表示调用对象的方法。

3. Java 中的访问修饰符

- public：用 public 修饰的类、类属变量及方法，包内及包外的任何类（包括子类和普通类）都可以访问。
- protected：用 protected 修饰的类、类属变量及方法，包内的任何类及包外那些继承了该类的子类均能访问，protected 重点突出继承。
- default：如果一个类、类属变量及方法没有用任何修饰符，则其访问权限为 default（默认）。对于默认访问权限的类、类属变量及方法，包内的任何类（包括继承了此类的子类）都可以访问它，而包外的任何类都不能访问它（包括包外继承了此类的子类）。

➢ private：用 private 修饰的类、类属变量及方法，只有本类可以访问，包内包外的任何类均不能访问。

4. 方法

Java 方法是语句的集合，多个语句结合在一起执行一个功能。方法定义包括方法头和方法体，如下所示：

```
public static int compareNumForMax(int a,int b){          //方法头
    int c = 0;                                             //方法体
    if(a>b){                                               //方法体
        c = a;}                                            //方法体
    else{                                                  //方法体
        c = b;}                                            //方法体
    return c;                                              //方法体
}
```

关于该方法的解释如下：

➢ 访问修饰符：该方法中的访问修饰符为 public，访问修饰符是可选的，其功能是告知编译器如何调用该方法。

➢ 修饰符：该方法中的修饰符为 static，被 static 修饰的成员称为静态成员，被所有对象共享，并且可以直接通过“类名.静态成员”格式调用。static 成员优先于对象存在，因为 static 成员随着类的加载就已经存在了。

➢ 返回类型：该方法的返回类型为 int（整型），方法可以返回一个值，也可以没有返回值。无返回值时，返回类型的关键字为 void。

➢ 方法名称：该方法的方法名称为 compareNumForMax。

➢ 参数：该方法的参数为 a 和 b，当调用一个方法时，可以传递值给参数。

➢ 方法体：该方法的方法体即为{}中的全部语句。

5. 面向对象程序设计应用实例

【实例 2-8】 输出水果属性。本例定义一个名为 Test7 的类。我们可以利用其中的 setProperties 方法设置水果属性，而利用 printProperties 方法输出水果属性。

```
//类声明，每个 Java 程序中只能有一个类被声明为 Public 类
//与此同时，Java 程序名必须与该类名称相同
public class Test7 {
    private boolean seedes;                                //成员变量声明
```

```
private boolean seasonal;
private float price;
// 成员方法，设置水果属性
public void setProperties(boolean seed, boolean season, float cost) {
    seedes = seed;
    seasonal = season;
    price = cost;
}
// 成员方法，输出水果属性
public void printProperties() {
    if (seedes) {
        System.out.println("Fruit is seedes");
    } else {
        System.out.println("Fruit is seedless");
    }
    if (seasonal) {
        System.out.println("Fruit is seasonal");
    } else {
        System.out.println("Fruit is not seasonal");
    }
    System.out.println("Price is " + price);
}
// 类中包含了 main 方法，说明该类为 Java 程序的主类，即可以被运行的类
// 这是 Java Application 应用程序的入口
public static void main(String[] args) {
    boolean myseed, myseason;                          //声明局部变量
    float mycost;
    myseed = true;                                     //为局部变量赋值
    myseason = true;
    mycost = 25.86F;
    Test7 MyFruit = new Test7();                       //基于类创建对象
    // 调用 setProperties 方法，为成员变量赋值
    MyFruit.setProperties(myseed, myseason, mycost);
    MyFruit.printProperties();          // 调用 printProperties 方法，输出水果属性
```

```
    }
}
```

程序运行结果为：

Fruit is seedes

Fruit is seasonal

Price is 25.86

2.1.5 集合类的应用

集合类存放于 java.util 包中。集合类存放的都是对象的引用，而非对象本身。通俗地说，集合就是一个存放数据对象引用的容器。

1. 集合类的分类

集合类型主要有 3 种：set（集）、list（列表）和 map（映射）。

常用的集合类实现了在系统中定义的三大接口，分别为：java.util.Set 接口、java.util.List 接口和 java.util.Map 接口。其中 List 和 Set 接口继承自 Collection 接口。它们的关系如下所示。

```
Collection（接口）
    --List:（接口）
            --ArrayList / LinkedList / Vector（类）
    --Set :（接口）
            --HashSet / TreeSet（类）
Map（接口）
    --HashMap（类）
    --HashTable（类）
    --TreeMap（类）
```

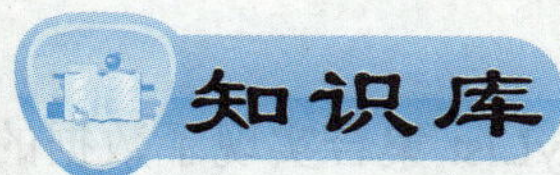

在 Java 程序设计语言中，接口不是类，而是对类的一组需求描述，实现接口的类要按接口描述的统一格式进行定义，定义接口的关键字是 interface。

Set 集合中的对象不按特定方式排序，只是简单地把对象加入集合中。同时，Set 集合中不能有重复对象，List 集合的主要特征是其对象以线性方式存储，集合中可以存放重复对象，Map是一种把键对象和值对象映射的集合，它的每一个元素都包含一对键对象和值对象。

2. 常用集合类

接下来介绍两种常用的集合类ArrayList和HashMap。

ArrayList集合类实现了List接口，每个ArrayList实例都有一个容量，当元素添加到ArrayList集合，它的容量自动增加。ArrayList集合允许添加所有类型，包括null。下面介绍一下ArrayList类的常用方法。

- public int size()：返回此列表中元素的数目。
- public boolean isEmpty()：如果此列表不包含元素，返回true。
- public E get(int index)：返回此列表中指定位置的元素。
- public E set(int index,E element)：用指定元素替换此列表中指定位置的元素。
- public boolean add(E e)：将指定的元素插入到列表的末尾。
- public E remove(int index)：移除此列表中指定位置的元素，所有后续元素左移（下标减1）。

HashMap集合类是基于哈希表的Map接口的实现，这种实现提供了所有可选的Map操作，并允许null值和null键。下面介绍一下HashMap类的常用方法。

- public int size()：返回HashMap集合中的键值映射的数目。
- public boolean isEmpty()：如果这个HashMap不包含键值映射则返回true，否则返回false。
- public V get(Object key)：返回指定的键映射的值，如果这个HashMap不包含此键，则返回null。
- public V put(K key,V value)：将指定值与此映射中的指定键关联。如果映射以前包含一个键的映射，旧值将被替换。
- public V remove(Object key)：从HashMap集合中移除指定的键映射。

3. 集合应用实例

【实例2-9】 使用集合对数据进行增删改查。本例通过ArrayList集合实现了数据的增删改查，首先在主函数中创建一个集合，然后定义增、删、改、查方法，将创建的集合对象作为参数传入方法，在方法里面通过集合自身的增、删、改、查方法来对数据进行处理。

```
import java.util.ArrayList;
import java.util.List;
```

```
public class Test8 {
    private static ArrayList<String> list;
    public static void main(String[] args) {
        list = new ArrayList<>();          //实例化一个 ArrayList 集合对象
        add(list,"小明");                  //调用 add(List<String> list,String name)方法
        add(list,"小红");                  //调用 add(List<String> list,String name)方法
        System.out.println("添加完之后查询输出:");
        System.out.println(select(0));   //调用 select(int index)方法，并输出此方法的返回值
        System.out.println(select(1));   //调用 select(int index)方法，并输出此方法的返回值
        update(1,"小华");                  //调用 update(int index,String name)方法
        System.out.println("修改之后输出:");
        for(String n:list){              //遍历集合中的字符串
            System.out.println(n);
        }
        delete(1);                       //调用 delete(int index)方法
        System.out.println("删除之后输出:");
        for(String n:list){              //遍历集合中的字符串
            System.out.println(n);
        }
    }
    public static void add(List<String> list,String name){
        list.add(name);                  //通过集合对象添加数据
    }
    public static void delete(int index){
        list.remove(index);              //通过集合对象删除数据
    }
    public static void update(int index,String name){
        list.remove(index);              //通过集合对象删除数据
        list.add(index, name);           //通过集合对象添加数据
    }
    public static String select(int index){
        return list.get(index);          //通过集合对象查询数据
    }
}
```

输出结果：

添加完之后查询输出：

小明

小红

修改之后输出：

小明

小华

删除之后输出：

小明

【实例 2-10】 利用 Collections 对集合进行排序。java.util.Collections 是一个包装类，它包含有各种有关集合操作的静态多态方法，这些方法的参数和返回值都是集合。此类不能实例化，就像一个工具类，服务于 Java 的 Collection 框架。

本例通过 Collections 包装类的 sort(List<T> list)方法对 ArrayList 集合进行升序排序。

```
import java.util.ArrayList;
import java.util.Collections;
public class Test9 {
    public static void main(String[] args) {
        ArrayList<Integer> list = new ArrayList<>();    //实例化一个集合对象
        list.add(33);                                   //添加数据
        list.add(29);                                   //添加数据
        list.add(10);                                   //添加数据
        list.add(14);                                   //添加数据
        list.add(77);                                   //添加数据
        Collections.sort(list);                         //对集合进行升序排序
        for(int num:list){                              //遍历集合
            System.out.print(num+" ");
        }
    }
}
```

输出结果：10 14 29 33 77

2.1.6 异常处理语句

异常也称为例外，是在程序运行过程中发生的、会打断程序正常执行的事件，下面是几种常见的异常。

（1）没有给对象开辟内存空间时会出现空指针异常（NullPointerException）。

（2）找不到文件异常（FileNotFoundException）。

（3）类型转换异常（ClassCastException）。

异常处理语句是由 try、catch 与 finally 三个关键字所组成的程序块，其语法如下：

```
try{
  要检查的语句;
}
catch(异常类 对象名称){
  异常发生时的处理语句;
}
finally{
  一定会运行到的程序代码;
}
```

除了用 try，catch 和 finally 处理异常，还可以在方法体上抛出异常，如果方法内的程序代码有可能发生异常，且方法内又没有使用任何代码块来捕捉这些异常，则必须在声明方法时一并指明所有可能发生的异常，以便让调用此方法的程序得以做好准备来捕捉异常。

如果要由方法抛出异常，则方法必须以下面的语法来声明：

```
方法名称（参数…） throws 异常类 1，异常类 2，…
```

2.2 JavaScript 脚本语言

2.2.1 JavaScript 概述

JavaScript 是由 Netscape 公司开发的一种网页脚本编程语言，它是一种基于 Java 语言基本语句和控制流的简单而紧凑的设计，实现简单方便，入门容易，并且它只允许通过浏览器实现信息浏览或动态交互，不允许对网络文档进行修改和删除，不允许将数据存入服务器，不允许访问本地计算机的硬盘，因此 JavaScript 是一种比较安全的语言。JavaScript 依靠浏览器的解释器解释执行，与具体操作系统无关，所以它实现了跨平台的操作。

2.2.2 在 JSP 中引入 JavaScript

在 JSP 页面中加入 JavaScript 小程序有如下两种方法。

1. 将 JavaScript 直接加入网页中

语法形式如下：

```
<script language="JavaScript">
…..//此处为 JavaScript 编写的代码
</script>
```

在上述代码中，我们看到一个新的标签<script>…</script>，当浏览器读取到<script>标记时，就知道标记里面是用 JavaScript 编写的小程序，然后会用浏览器自带的解释器解释执行，当遇到</script>标记时程序结束。

2. 通过链接引用的方式

语法形式如下：

```
<script language="JavaScript" src="script.js"></script>
```

通过上述代码，我们可以了解到，如果已经存在一个 JavaScript 源文件，可以通过 src 属性指定源文件的文件名，当浏览器读取到 src 属性时，会根据 src 属性找到对应文件，然后将其加载到 JSP 页面中，这种方法主要应用在代码比较复杂或者代码可以重复使用的情况下。

2.2.3 JavaScript 的数据类型与运算符

1. 数据类型

JavaScript 共有 7 种数据类型，分别是 int，float，string，boolean，object，null，undefined，下面简单介绍一下。

- int 为整型，可以为正数、负数或 0；
- float 为浮点型，浮点数，可以使用实数的普通形式或科学计数法表示，如 3.6715，7.16e5；
- string 为字符串类型，字符串是用单引号或双引号括起来的一个或多个字符；
- boolean 是布尔类型，只有 true 和 false 两个值；
- object 为对象类型，用于定义对象变量；
- null 为空类型，没有任何类型的值；

➢ undefined 为未定义类型，指那些变量已被创建，但还没有赋值时所具有的值。

2. 运算符

JavaScript 同样提供了 7 种运算符，分别为算术运算符、关系运算符、字符串运算符、逻辑运算符、位操作运算符、条件运算符和赋值运算符。下面分别对它们作简单介绍。

1）算术运算符

算术运算符是指在程序中进行加减乘除等算术运算的符号。JavaScript 中常用的算术运算符有 7 个，如表 2-1 所示。

表 2-1　算术运算符

运 算 符	说　明	例　子	运算结果
+	加	y=2+1	y=3
-	减	y =2-1	y =1
*	乘	y =2*3	y =6
/	除，返回结果为浮点类型	y =6/3	y =2
%	求余，返回结果为浮点类型，要求两个操作数均为整数	y =6%4	y =2
++	递加，分为前加和后加，对布尔值和 NULL 无效	y =2 ++y（前加） y++（后加）	y =3
--	递减，分为前递减和后递减，对布尔值和 NULL 无效	y =2 --y（前减） y--（后减）	y =1

2）关系运算符

关系运算符用于对操作数进行比较，最终比较的结果返回值是布尔值，参与比较的操作数可以是数字，也可以是字符串，如表 2-2 所示。

表 2-2　关系运算符

运 算 符	描　述	例　子	运算结果
==	等于	x=5 y=8 x==y	false
===	全等（值和类型）	x=5 x===5	true

续表

运 算 符	描 述	例 子	运算结果
!=	不等于	x=5 x!=8	true
>	大于	x=5 x>8	false
<	小于	x=5 x<8	true
>=	大于或等于	x=5 x>=8	false
<=	小于或等于	x=5 x<=8	true

3）字符串运算符

字符串运算符是程序中对字符型数据进行运算的符号，有比较运算符、“+”和“+=”等。其中“+”主要用于连接两个字符串或字符串变量，因此它并不是做加法计算，而“+=”运算符则是连接字符串并将连接后的字符串赋给第一个字符串。例如，var language = "chin"; language +="ese";，则运算完成后 language 变量的值为 chinese。

4）逻辑运算符

逻辑运算符用于对变量或表达式进行逻辑运算，如表 2-3 所示。

表 2-3 逻辑运算符

运 算 符	概 述	例 子	运算结果
&&	and	x=6 y=3 x<10&&y>1	true
||	or	x=6 y=3 x==5||y==5	false
!	not	x=6 y=3 !(x==y)	true

5）位操作运算符

位操作运算符用于对数值型数据进行向左或向右移位等操作。位操作运算符有“&”

位与运算符，“|”位或运算符，“<<”位左移运算符，“>>”位右移运算符，“-”位异或运算符，“>>>”填0右移运算符。

6）条件运算符

条件运算符是JavaScript支持的一种3元运算符，其语法格式如下：

```
表达式？结果1：结果2
```

当表达式的值为true，整个表达式结果为“结果1”，否则为“结果2”。

7）赋值运算符

赋值运算符的作用是将一个表达式的值赋给一个变量。赋值运算符为“=”。

2.2.4 JavaScript流程控制语句

JavaScript流程控制语句主要有if条件判断结构，for循环控制结构，switch多路分支结构，while循环控制结构等。

（1）if条件判断结构的语法形式如下：

```
if（条件表达式）
{可执行语句序列1}else
{可执行语句序列2}
```

首先对条件表达式的布尔值进行判断，若为true，执行“可执行语句序列1”，若为false，执行“可执行语句序列2”。

（2）for循环控制结构的语法与Java相同，示例如下：

```
for(i=0;i<8;i++)
  {document.write(“hello”);}
```

执行结果是连续输出8行hello。

（3）switch多路分支结构的语法形式如下：

```
switch(表达式){
case 1：
  可执行语句序列1；
  break;
case 2：
  可执行语句序列2；
  break;
  …
case n:
  可执行语句序列n；
```

```
    break;
  }
```

执行 switch 语句时，首先计算 switch 语句表达式的值，当表达式的值为“1”时，执行“可执行语句序列 1”；当表达式的值为“2”时，执行“可执行语句序列 2”；当表达式的值为“n”时，执行“可执行语句序列 n”。最后通过 break 结束该 switch 语句。

（4）while 循环控制结构的语法形式如下：

```
while(条件表达式)
  {循环体程序语句}；
```

在执行 while 循环时，首先判断“条件表达式”的值，如果值为 true，则执行循环体程序语句，否则停止执行循环体。

2.2.5 JavaScript 应用实例

【实例 2-11】 通过 JavaScript 显示当前日期。该实例通过日期类 Date 对象获取当前的年月日和星期，然后通过 document.write()方法将日期显示在网页上。

```
<!DOCTYPE html>
<html>
<head>
<title>日期显示</title></head>
<body>
<script language = "JavaScript">
   var today = new Date();
   var day = today.getDate();              //获取日期
   var month = today.getMonth()+1;   //获取月份（月份在 JavaScript 里面是从 0 开始的）
   var year = today.getFullYear();        //获取年份
   var week = today.getDay();             //获取星期几
   var vw = new Array("星期天","星期一","星期二","星期三","星期四","星期五","星期六");
   document.write("今天是"+year+"年"+month+"月"+day+"日"+vw[week]);
</script>
</body>
</html>
```

该程序属于静态 HTML 页面，可以在记事本中输入上述代码，之后将其另存为“.html”格式，然后在浏览器中打开即可。程序运行结果如图 2-5 所示。

图 2-5 显示日期时间

知识库

document 是一个文档对象，使用 document 对象可以对 HTML 文档进行检查、修改或添加内容，并处理该文档内部的事件。

【实例 2-12】 一个表单验证实例。该例是一个简单的表单验证实例，用户在单击“提交”按钮时调用 check()函数，函数中的 JavaScript 程序主要用于验证邮箱是否含有@符号，密码是否为空，如果邮箱没有@符号，或密码为空，则在单击“提交”按钮时会弹出警示框。

```
<html>
<head>
<title>邮箱登录</title></head>
<script language="javascript">
function check()
{
  var user = document.form1.user.value;           //获取输入的邮箱
  var pass = document.form1.pass.value;           //获取输入的密码
  if(user.indexOf("@")==-1)                       //判断邮箱中是否含有@符号
  {
      alert("请输入一个正确的 email 地址!");      //通过 alert()函数向用户发出警示信息
      return ;
  }else if(pass=="")
  {
      alert("密码不能为空!");                     //通过 alert()函数向用户发出警示信息
      return;
  }else
  {
      alert("success!");                          //通过 alert()函数向用户发出成功信息
```

```
    }
  }
</script>
</head>
<body>
<form action="" name="form1">
<table>
   <tr>
      <td>邮箱:</td>
      <td><input type="text" name="user" id="username" /></td>
   </tr>
   <tr>
      <td>密码:</td>
      <td><input type="password" name="pass" id="pw" /></td>
   </tr>
   <tr>
      <td colspan="2">
      <input type="button" name="login" value="提交" onClick="check()" ></td>
   </tr>
</table>
</form>
</body>
</html>
```

程序运行结果如图 2-6 所示。

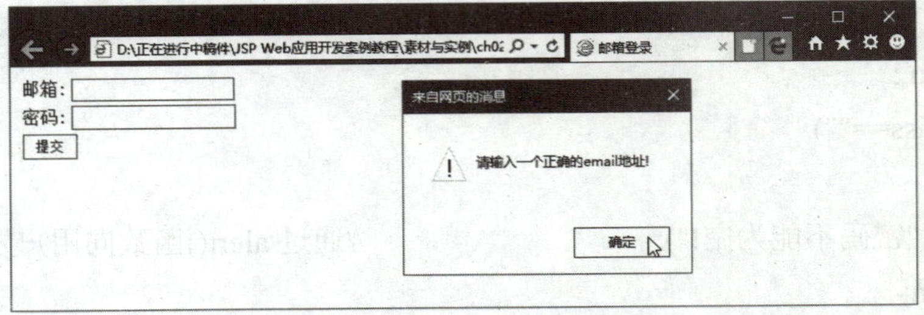

图 2-6　简单表单验证

本章小结

本章主要介绍了 Java 和 JavaScript 的基础知识。在学完本章内容后，读者应重点掌握以下知识。

- 在 Java 中规定了 4 类 8 种基本数据类型，这 4 类分别是整数、浮点数、字符和布尔值。其中，整数类型有 byte，short，int，long，浮点数类型有单精度浮点数 float 和双精度浮点数 double，字符型为 char，布尔型为 boolean。
- 学会数组的声明、内存分配以及应用，了解与数组相关的方法。
- 流程控制语句在实际开发中应用广泛，读者应重点掌握其应用。
- 理解方法和对象的概念。类是抽象的概念集合，表示的是一个共性的产物，类中定义的是属性和方法。对象是共性产物的一个独立个体，是类的实例。
- 能够熟练应用集合类，学会处理异常的方法。集合类存放于 java.util 包中。集合类存放的都是对象的引用，而非对象本身。通俗地说，集合就是一个存放数据对象引用的容器。
- 简单了解 JavaScript 的特点，能够用 JavaScript 实现简单的功能。

思考与练习

一、填空题

1. 0.6332 的数据类型是________。
2. System.out.println("5" + 2);的输出结果应该是________。
3. ArrayList 和 LinkedList 均实现了__________接口。
4. 在 Java 的异常处理模型中，无论是否发生异常，______块中的代码都会被执行。
5. JavaScript 的数据类型有______种，分别是______，______，_________，__________，______，______，_______和____________。

二、简答题

1. 简述面向对象程序设计的三大特征。
2. 什么是类？什么是对象？类和对象有何联系？

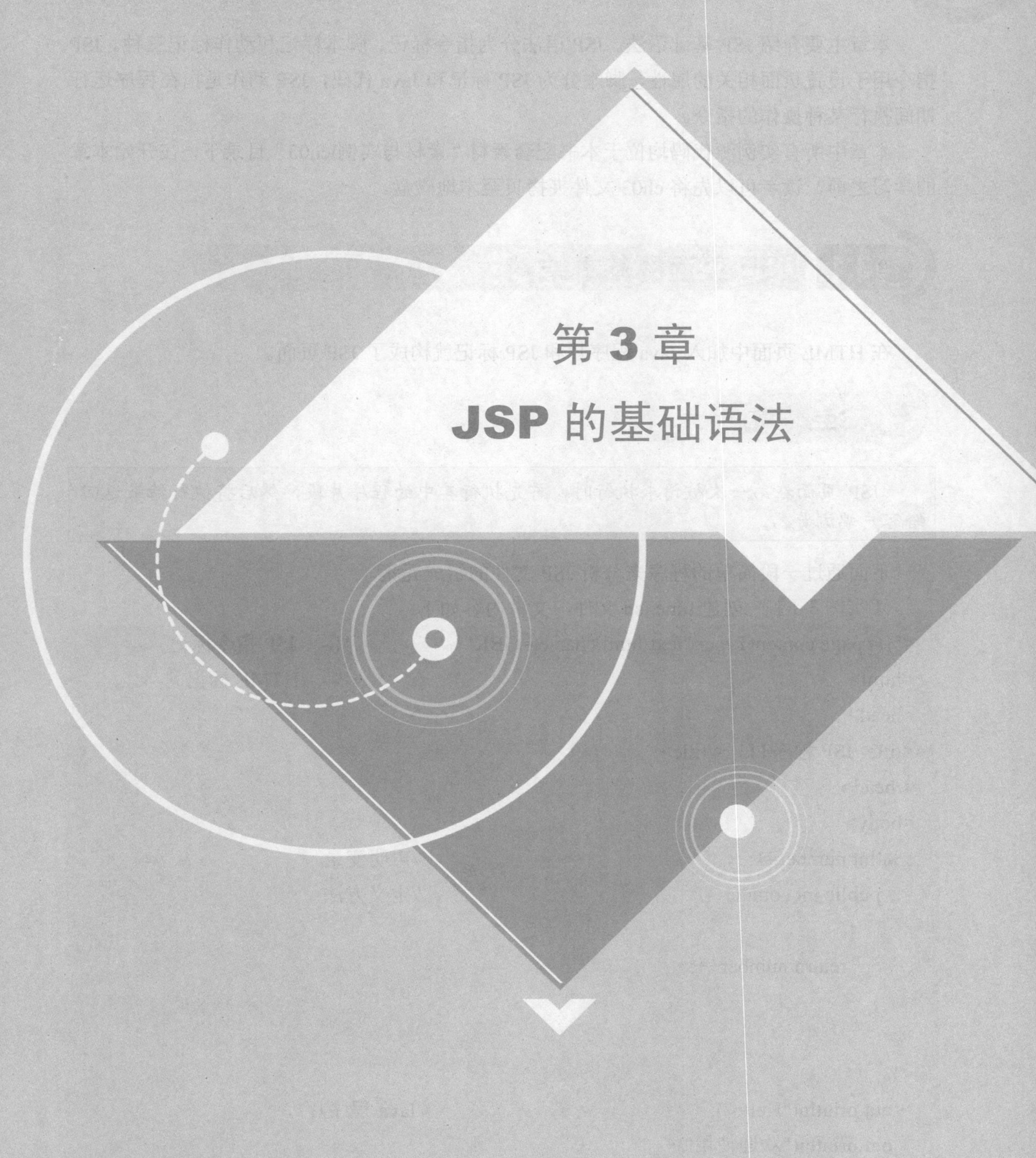

第 3 章

JSP 的基础语法

本章主要介绍 JSP 基础语法。JSP 语法分为指令标记、脚本标记和动作标记三种。JSP 指令用于设置页面相关的属性，脚本分为 JSP 标记和 Java 代码，JSP 动作是指在程序运行期间执行某种操作的指令。

本章中所有实例源代码均位于本书配套素材“素材与实例\ch03”目录下，在开始本章的学习之前，读者可以先将 ch03 文件夹拷贝至本地磁盘。

3.1 JSP 页面的基本结构

在 HTML 页面中加入 Java 程序片和 JSP 标记就构成了 JSP 页面。

> JSP 页面在第一次被请求执行时，首先执行其中的程序片段，然后将执行结果返回给客户端浏览器。

下面通过一段简单的程序来分析 JSP 文件的组成元素。

【实例 3-1】 创建 time.jsp 文件，文件内容如下：

```
<%@page contentType="text/html;charset=GBK"%>          <!--  JSP 指令标记  -->
<html>                                                 <!--  HTML 标记  -->
<head>
<title>JSP 程序！！！ </title>
</head>
<body>
<%!int number=1;                                  //声明变量
   public int count()                             //定义方法
      {
        return number++;
      }
%>
<%
  out.println("Hello");                           //Java 程序片
  out.println("欢迎使用");
%>
今天的日期是：<%=(new java.util.Date()).toLocaleString()%>      <!-- Java 表达式  -->
```

```
<br>
<%="您刷新了"+count()+"次!"%>
<br>
</body>
</html>
```

知识库

此处可以新建文本文档，编辑内容后将其保存为JSP格式。

上述程序中，第一行为JSP指令标记，剩下的则是HTML标签和Java程序代码。“<%”与“%>”之间所包含的内容为JSP网页中的Java程序片，这些内容将会被编译，转换成HTML标签文字，然后重新生成HTML网页内容，由浏览器进行最后的转换显示工作。“<%!”与“%>”之间所包含的内容为声明变量和方法的Java程序代码，变量的类型可以是Java语言允许的任何数据类型，这些变量称为JSP的成员变量。“<%=”与“%>”之间的内容称为Java表达式。

通过上述分析可以得出结论，一个JSP页面可由以下5种元素组成。

（1）HTML标签。

（2）JSP标记，如指令标记、动作标记等。

（3）Java程序片。

（4）变量和方法的声明。

（5）Java表达式。

将该文件放入tomcat服务器的web服务目录下，如“C:\Program Files\Apache Software Foundation\Tomcat 8.5\webapps\ch03”。本章JSP文件均放入此目录下，以后不再赘述。运行tomcat服务器，运行方法为双击startup.bat文件（该文件位置在tomcat服务器的bin文件夹下，如“C:\Program Files\Apache Software Foundation\Tomcat 8.5\bin\startup.bat”）。待服务器启动成功后，在浏览器地址栏中输入网址“http://localhost:8080/ch03/time.jsp”，按回车键，程序运行结果如图3-1所示。后面运行JSP文件的方法与此相同，将不再详细介绍。

图3-1 程序运行结果

3.2 JSP 中的指令标记

JSP 指令用于设置与整个 JSP 页面相关的属性，如 JSP 页面所使用的语言、网页的编码格式、导入的 Java 类等等。其基本格式如下：

```
<%@ 指令名 属性 1="值 1" 属性 2="值 2" ...属性 n="值 n"%>
```

本节重点讲述 page 指令和 include 指令。

3.2.1 page 指令

page 指令用于定义整个 JSP 页面的属性和功能，一个页面可以包含多个 page 指令，一个 page 指令也可以指定多个属性的值，属性值用单引号或双引号括起来。

page 指令标记可以指定如下属性的值：language，extends，import，session，buffer，autoFlush，isThreadSafe，info，errorPage，contentType 及 isErrorPage。

下面分别介绍这些属性值的设置和作用。

1. language 属性

language 属性用于定义 JSP 页面使用的脚本语言，该属性的默认值是 Java，所以可以不用指定该属性。设置 language 属性的格式如下：

```
<% @page language="java" %>
```

2. extends 属性

extends 属性用于指定 Servlet 继承自哪个类。此属性需谨慎使用，因为如果使用不当，可能会限制 JSP 的编译能力。

3. import 属性

该属性用于导入要使用的 Java 类（这些类位于 Java 运行环境提供的包中），这样就可以在 JSP 页面中使用这些类。一个 import 属性可以导入一个或多个 Java 类，各个类名之间需用逗号隔开。设置 import 属性的格式如下：

```
<%@page import="java.util.Vector,java.util.Calendar"%>
```

或

```
<%@page import="java.util.Vector"%>
<%@page import="java.util.Calendar"%>
```

4. session 属性

session 属性用于设置是否需要使用内置的 session 对象，其默认值为 true。如果它为 true，那么 session 是有用的；如果它是 false，那么用户就不能使用 session 对象。设置 session 属性的格式如下：

```
<%@page session="true"%>
```

5. buffer 属性

内容输出流对象 out 负责将服务器的信息或运行结果发送到浏览器显示，buffer 属性用于指定 out 对象使用缓冲区的大小，默认值是 8kb，如果设置为 none，则 out 对象不使用缓冲区。

6. autoFlush 属性

autoFlush 属性用于设置 out 对象使用的缓冲区被填满时是否自动清空。autoFlush 可以取值为 true 或 false，默认为 true。当 autoFlush 属性取值 false 时，如果 out 的缓冲区填满，就会出现缓存溢出异常。当 buffer 值为 none 时，autoFlush 的值就不能设置为 false。

7. isThreadSafe 属性

isThreadSafe 属性用于设置 JSP 页面是否能多线程访问。isThreadSafe 属性可取值为 true 或 false。如果 isThreadSafe 属性值为 true，JSP 页面能够同时处理多个用户的请求；如果 isThreadSafe 属性值为 false，JSP 页面同一时刻只能处理一个用户的请求。

8. info 属性

info 属性的属性值是一个字符串，其目的是为 JSP 页面准备一个常用但可能要经常修改的字符串。

9. errorPage 属性

errorPage 属性用于指定当 JSP 页面发生异常时需要转向的错误处理页面。

10. contentType 属性

当用户请求一个 JSP 页面时，Tomcat 服务器会解释执行该 JSP 页面，并将某些信息发送到用户浏览器。另外，Tomcat 服务器也会通知用户浏览器使用怎样的方法处理接收到的信息。这就要求 JSP 页面必须设置响应的 MIME（Multipurpose Internet Mail Extensions）

类型和 JSP 页面字符的编码。

contentType 属性用于指定返回浏览器的内容类型，它可以确定 JSP 页面响应的 MIME 类型和 JSP 页面字符的编码。其属性设置的格式如下：

```
<%@ page contentType="text/html; charset=UTF-8" %>
```

11. isErrorPage 属性

isErrorPage 属性用于指定当前页面是否可以作为错误处理页面，默认值为 false。

> page 指令的作用范围是整个 JSP 页面，与所在位置无关。不过，为了强化 JSP 的可读性，以及养成良好的编程习惯，最好将 page 指令放在 JSP 页面的最前面。

下面通过一个实例进一步学习 page 指令的用法。

【实例 3-2】 创建 page.jsp 文件，其内容如下：

```
<%@page contentType="text/html;charset=GBK"%>
<%@page info="Hello World，欢迎使用"%>        <%-- 设置 info 属性 --%>
<html>
<head>
<title>JSP 程序!!! </title>
</head>
<body>
<%
  out.println(getServletInfo());                //获取 info 属性值，并将其输出
%>
</body>
</html>
```

此程序中 contentType 的设置对于 JSP 网页的中文显示有很大影响，JSP 网页默认的编码方式并没有办法识别中文，因此要想正常显示中文，contentType 属性的 charset 项必须设置为 GBK。程序中的 getServletInfo()方法获取 info 属性值，并将其输出到网页上。程序运行结果如图 3-2 所示。

图 3-2 程序运行结果

3.2.2 include 指令

JSP 中的 include 指令用于包含一个文件，被包含的文件必须是可以访问或可以使用的。在解析当前页面时，被包含文件中的代码会被复制到当前页面中。因此使用 include 指令可以实现代码的重复使用。

被包含的文件不能含有<html>、</html>、<body>和</body>标记，因为这将会影响原 JSP 文件中同样的标记。

下面通过实例介绍 include 指令的用法。

【实例 3-3】 本实例包括 4 个文件：include.jsp，in.html，in.txt 和 in.jsp。其中，文件 include.jsp 中包含其他 3 个文件。include.jsp 文件代码如下：

```
<%@page contentType="text/html;charset=GBK" language="java"%>
<html>
<head>
<title>巧用 include 指令！！！ </title>
</head>
<body>
<%@include file="in.html"%>         <%-- 使用 include 指令包含文件“in.html” --%>
<br/>
<%@include file="in.txt"%>          <%-- 使用 include 指令包含文件“in.txt” --%>
<br/>
<%@include file="in.jsp"%>          <%-- 使用 include 指令包含文件“in.jsp” --%>
<br/>
</body>
</html>
```

in.html 文件代码如下：

```
<%@page contentType="text/html;charset=GBK" language="java"%>
<h1>JSP</h1>
<p>这个是插入的 HTML 文件</p>
<img src="images/view.png" id="a">
<!-- 在页面中加入 JavaScript 小程序 -->
<script language = "javascript">
var img = document.getElementById("a");          //根据指定的 id 属性值得到图像
img.onclick=function(){                          //定义图像单击事件
alert('哇,好美的风景画');                          //通过 alert()函数向用户发出提示信息
}
</script>
```

in.txt 文件代码如下：

```
<%@page contentType="text/html;charset=GBK" language="java"%>
<%="这是插入的文本文件"%>                         <%-- Java 表达式 --%>
```

in.jsp 文件代码如下：

```
<%@page contentType="text/html;charset=GBK" language="java"%>
<%@page import="java.util.*"%>                    <%-- 导入 Java 类 "java.util.*" --%>
<%=new Date().toString()%>    <%-- 获取当前日期时间并转换成字符串后输出 --%>
<%="这是插入的 JSP 文件的内容"%>
```

include.jsp 文件的运行结果如图 3-3 所示。

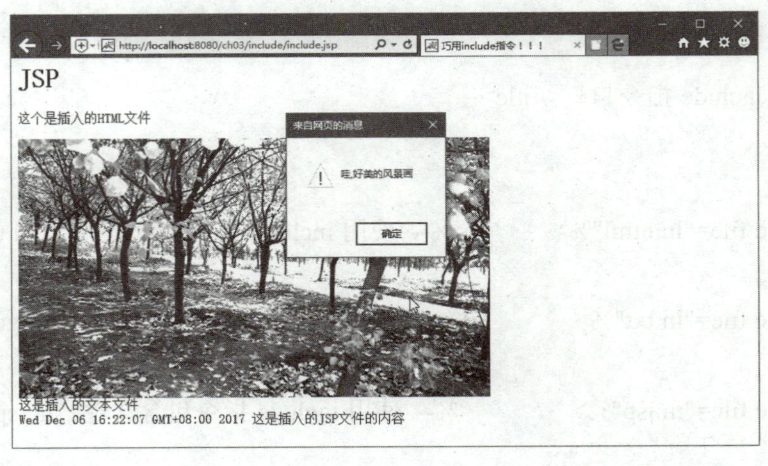

图 3-3　程序运行结果

通过实例可以看出，使用 include 指令可以把一个复杂的 JSP 页面分成若干简单的部分。这就增加了 JSP 的可管理性，同时也方便了程序的日后维护和功能修改。当需要对页

面进行更改时，只要更改对应的部分就可以，而不用到复杂的页面中去寻找需要修改的地方。

网页中图片的位置必须与程序中指定的路径一致。

3.3 Java 程序片

Java 程序片是指位于“<%”和“%>”之间的程序代码。一个 JSP 页面可以有许多程序片，这些程序片将被 JSP 引擎按顺序执行。某个 Java 程序片中声明的局部变量在其后继的所有 Java 程序片以及表达式部分都有效。利用 Java 程序片的这一特性，可以将一个 Java 程序片分割成几个 Java 程序片，并在这些 Java 程序片中插入其他元素。

下面通过实例 3-4 的实现，来看看 Java 程序片的应用。

【实例 3-4】　根据当前时间输出信息。新建 JSP 页面并输入如下代码：

```
<%@page contentType="text/html;charset=GBK"%>
<%@page import = "java.util.*"%>                <%-- 导入 Java 类“java.util.*” --%>
<html>
<head>
<title>时间判断</title>
</head>
<%-- 使用 Calendar 类获取当前时间，并判断是上午还是下午 --%>
<%
if(Calendar.getInstance().get(Calendar.AM_PM)==Calendar.AM){
%>
<font size=8 >上午好！ </font>
<%
}else{
%>
<font size=8 >下午好！ </font>
<%
}
%>
```

```
</body>
</html>
```

通过上述代码可以看出，程序片内的 Java 语句并非一定要完整，没有封闭的块不会影响脚本外面的 HTML 代码。程序运行结果如图 3-4 所示。

图 3-4　程序运行结果

程序片内不能定义方法，方法需要在<%!　%>中定义，因为程序片内的代码将会被放在 Servlet 的方法体内，方法是不能被嵌套定义的。

3.4 变量和方法的声明

JSP 在“<%!”和“%>”标记符号之间声明变量和方法。JSP 声明语句可以声明一个或多个变量或方法，声明的变量和方法将在 JSP 页面初始化时被初始化。JSP 声明语句的语法格式如下：

```
<%!声明 1;  声明 2%>
```

例如，<%! Int a=0; %>为声明变量，<%! int add(int a,int b){ return a+b;}%>为声明方法。在声明变量和方法时应注意以下几点：

- 一个声明只在一个页面中有效，对于一些需要在多个页面中用到的声明，最好写成一个单独文件，通过 include 指令达到复用的目的。
- 在 Java 程序片“<%”和“%>”中声明的变量是局部变量，局部变量在外部函数不可见。
- 在“<%!”和“%>”中声明的变量是全局变量，在整个 JSP 页面中有效。
- 在“<%!”和“%>”中声明的方法在整个 JSP 页面中有效，可以在 Java 程序片内被调用。方法内部定义的变量只在方法内有效，方法被调用时，方法内声明的变量被分配内存；方法被调用完毕后，内存即被释放。

3.5 Java 表达式

Java 表达式是指位于“<%=”和“%>”之间的程序代码。JSP 中的表达式必须能求值，表达式的值由服务器计算。在运行时，表达式的结果通过 JSP 引擎被转换成字符串，然后发送给用户浏览器，由浏览器展示运行结果。

【实例 3-5】　利用表达式输出当前时间。本实例通过表达式输出当前时间，并声明两个变量，通过表达式比较他们的大小。

新建 JSP 页面并输入如下代码：

```
<%@page contentType="text/html;charset=GBK"%>
<%@page language="java" import="java.util.*"%>
<html>
<head>
<title>JSP 表达式</title>
</head>
<body>
<% out.println("今天的日期是："); %>
<!-- 通过 Date 对象获取当前时间，并转换成字符串格式后输出 -->
<%= (new java.util.Date()).toLocaleString() %><br/>
int a=3;int b=5;<br/>
<% int a=3;int b=5;%>
通过表达式判断 a 是否大于 b<br/>
<%= a>b %>
</body>
</html>
```

运行结果如图 3-5 所示。

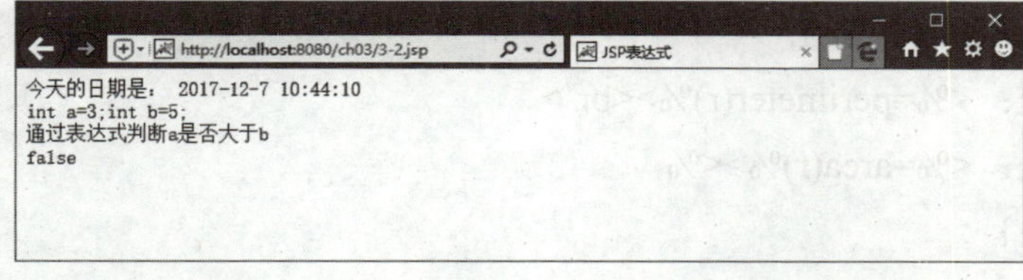

图 3-5　程序运行结果

下面的实例 3-6 综合应用程序片、方法和表达式，根据圆的半径计算其周长和面积。

【实例 3-6】 根据半径计算圆的周长和面积。新建 JSP 页面并输入如下代码：

```
<%@page contentType="text/html;charset=GBK"%>
<html>
<head>
<title>计算圆的周长和面积</title>
</head>
<body>
请输入圆的半径：<br/>
<form action="" method="get" name="form">
<input type="text" name="rad">
<input type="submit" name="submit" value="开始计算"></form>
<!-- 声明计算周长和面积的方法 -->
<%! double perimeter(double r){
      return Math.PI*2*r;
  }
    double area(double r){
      return Math.PI*r*r;
  }
%>
<!-- 获取表单中输入的数值 -->
 <%
String str = request.getParameter("rad");      <!-- 获取表单中输入的值并赋给字符串 str -->
    if(str!=null){                             <!-- 如果字符串 str 值不为空 -->
         try{
              double r;
              r = Double.parseDouble(str);    <!-- 将字符串 str 值转换成 double 类型，并赋给 r -->
 %>
<!-- 将圆的周长和面积输出 -->
   圆的周长是：<%=perimeter(r)%><br/>
   圆的面积是：<%=area(r)%><%
                  }
    catch(Exception e){
                  out.print(e.getMessage());  <!-- 异常处理 -->
          }}%>
```

```
</body>
</html>
```

运行页面，在表单文本框中输入半径值，单击“开始计算”按钮计算出圆的周长和面积，然后输出到浏览器上，运行页面，运行结果如图 3-6 和图 3-7 所示。

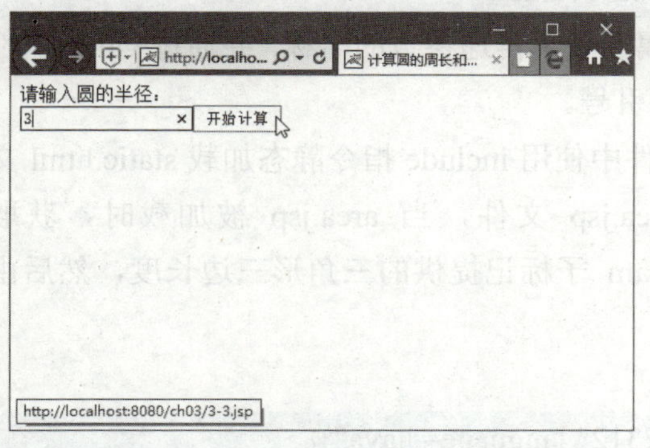

图 3-6 输入半径 3

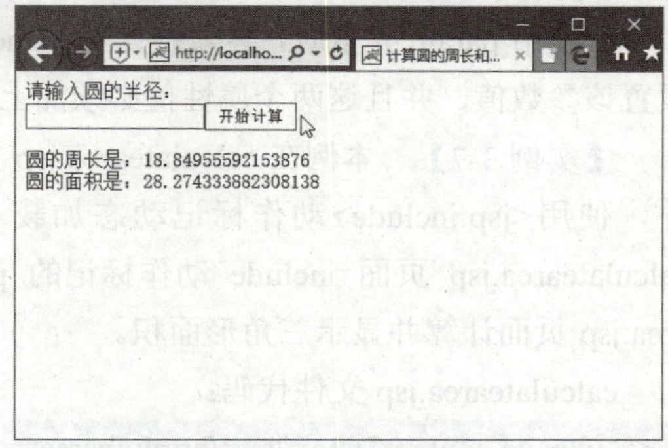

图 3-7 计算结果展示

3.6 JSP 动作标记

3.6.1 include 动作标记

include 动作标记用于包含动态页面，JSP 有两种不同的包含方式，编译时包含和运行时包含。如前面提到的<%@include file="" %>指令即为编译时包含指令，编译时包含只是将静态文件内容加到 JSP 页面中。运行时包含在 JSP 引擎把 JSP 页面编译成 Java 文件时，并不把动作指令所包含的文件和原 JSP 页面合并在一起，而是当 JSP 运行时才包含进来。其语法格式如下：

```
<jsp:include page="xxx.jsp" />
```

两种包含方式的不同之处在于，编译时包含是在编译时就处理文件，其优点是处理速度快；而运行时包含是在 JSP 页面运行时处理文件，其优点是可以使用 param 子标记更灵活地处理文件。

在 include 动作标记<jsp:include page />语句中，“jsp”“:”和“include”三者之间不要有空格。

3.6.2 param 动作标记

param 动作标记主要用于传递参数给 JSP 程序，它不能独立使用，需要搭配<jsp:include>，<jsp:forward>和<jsp:plugin>等标记。param 动作标记的语法格式为：

```
<jsp:param name="attributeName" value="attributeValue"/>
```

在使用 param 元素时，必须设置其 name 属性表示传递参数的名称，并通过 value 属性设置该参数值，并且这两个属性值必须加上双引号。

【实例 3-7】 本例在 calculatearea.jsp 文件中使用 include 指令静态加载 static.html 文件，使用<jsp:include>动作标记动态加载 area.jsp 文件，当 area.jsp 被加载时，获取 calculatearea.jsp 页面 include 动作标记的 param 子标记提供的三角形三边长度，然后由 area.jsp 页面计算并显示三角形面积。

calculatearea.jsp 文件代码：

```
<%@page contentType="text/html;charset=gb2312" language="java"%>
<html>
<body>
<br/>
<!-- 静态包含文件 static.html  -->
<%@include file="static.html"%>
<!--声明三个 double 类型变量，并赋值为 6,8,10-->
<%!double a=6,b=8,c=10;%>
<br/>
<font size=5 color=red>我是被动态包含的文件</font>
<!-- 使用 include 动作标记加载 JSP 文件  -->
<jsp:include page="area.jsp" flush="true">
<jsp:param name="A" value="<%=a%>"/>
<jsp:param name="B" value="<%=b%>"/>
<jsp:param name="C" value="<%=c%>"/>
</jsp:include>
</body>
</html>
```

static.html 文件代码：

```
<%@page contentType="text/html;charset=gb2312" language="java"%>
<html>
<body>
```

```
<font size=5 color=red>我是被静态包含的文件</font>
<br/>
静态 html
<br/>
</body>
</html>
```

area.jsp 文件代码：

```
<%@page contentType="text/html;charset=GBK"%>
<!-- 定义计算三角形面积的方法，首先判断 3 个变量是否能构成一个三角形 -->
<%! public String getArea(double a,double b,double c){
        if(a+b>c&&a+c>b&&c+b>a){
      double p = (a+b+c)/2.0;            <!-- 如果能构成三角形，计算 p 值和面积值 -->
      double area = Math.sqrt(p*(p-a)*(p-b)*(p-c));
      return ""+area;                    <!-- 返回面积值 -->
        }
else{
return(""+a+","+b+","+c+"不能构成一个三角形，无法计算面积");
}
}
%>
<br/>
得到传递过来的变量 6,8,10，并将其转换成 double 类型<br/>
<%
String sA = request.getParameter("A");
String sB = request.getParameter("B");
String sC = request.getParameter("C");

double a = Double.parseDouble(sA);
double b = Double.parseDouble(sB);
double c = Double.parseDouble(sC);
%>
将传递过来的变量当成三角形的边长进行面积计算：<br/>
三角形面积是<%=getArea(a,b,c)%>
```

程序运行结果如图 3-8 所示。

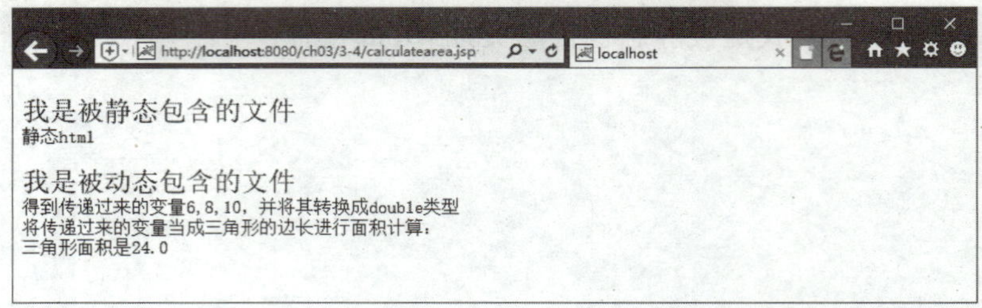

图 3-8　程序运行结果

3.6.3　forward 动作标记

forward 动作标记的作用是从该指令处停止当前页面的执行，并从当前页面跳转到 page 属性指定的 JSP 页面，转向的目标页面可以是 HTML 页面、JSP 文件或 Servlet 类。

其语法格式如下：

```
<jsp:forward page="xxx.jsp">
```

forward 标记可以使用 param 动作标记作为子标记，通过 param 标记向转向的页面传送信息。要转向的页面可以通过 Tomcat 服务器提供的 request 对象获取 param 子标记中 name 属性所提供的值。

使用 forward 动作标记转向后，虽然浏览器展示的是转向后的页面，但浏览器地址栏中显示的仍然是转向前的页面 URL 地址。

【实例 3-8】　利用 forward 实现登录验证效果。本实例共包括 3 个 JSP 文件：login.jsp，checklogin.jsp 和 success.jsp 文件。首先进入图 3-9 所示的 login.jsp 界面，输入正确的用户名和密码后，单击 login 按钮，经 checklogin.jsp 验证成功后跳转到 success.jsp 页面，如图 3-10 所示；如果验证失败就会跳回 login.jsp 页面，输入的用户名通过 param 指令传递给 login.jsp。

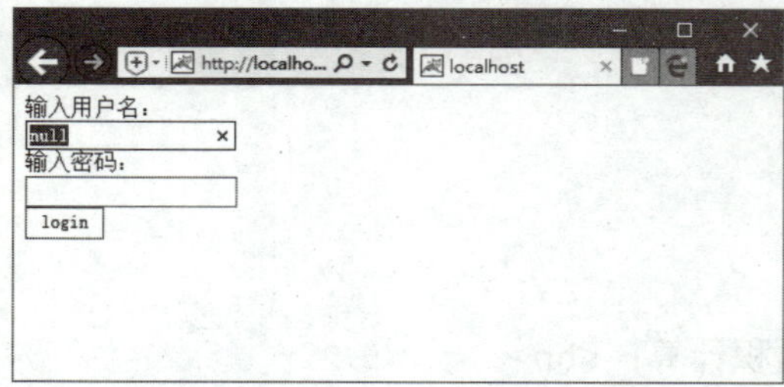

图 3-9　登录页面

图 3-10　登录成功页面

login.jsp 文件代码：

```
<%@page contentType="text/html;charset=gb2312"%>
<html>
<body>
<form method=get action=checklogin.jsp>
<table>
输入用户名：<br/>
<input type=text name=name value = <%=request.getParameter("user")%>>      <br/>
输入密码：
<br/>
<input type=password name=password>
<br/>
<input type=submit value=login>
</table>
</form>
</body>
</html>
```

checklogin.jsp 文件代码：

```
<%@page contentType="text/html;charset=gb2312"%>
<html>
<body>
<%-- 判断输入的用户名和密码是否正确，如果正确就跳转到页面 success.jsp，否则重新
回到登录页面 --%>
<%
   String name = request.getParameter("name");
   String password = request.getParameter("password");
   if(name.equals("chang")&&password.equals("123")){
   %>
   <jsp:forward page="success.jsp">
       <jsp:param name="user" value="<%=name%>"/>
   </jsp:forward>
   <%
}
else{
```

```
%>
    <jsp:forward page="login.jsp">
     <jsp:param name="user" value="<%=name%>"/>
    </jsp:forward>
    <%
    }
    %>
</body>
</html>
```

success.jsp 文件代码：

```
<%@page contentType="text/html;charset=gb2312"%>
登录成功
<br/>
<font size=5 color=red>欢迎你，</font>
<font size=5 color=red><%=request.getParameter("user")%></font>
<br/>
<font size=5 color=red>让我们一起来探讨 JSP 的世界</font>
```

由于使用 forward 标记后，地址不变，所以不会产生新的 request 对象，以前的 request 中存放的变量不会失效，因此在页面跳转时可以不传递参数，将 login.jsp 页面中的 request 对象的方法参数改成 name，效果也是一样。

3.6.4 plugin 动作标记

plugin 动作标记可以从 JSP 网页中加载 Java Applet 或 JavaBean 程序组件到客户端执行，其语法格式如下：

```
<jsp:plugin type="applet" code="xxx.class"…></jsp:plugin>
```

下面介绍一下 plugin 动作标记的常用属性。

- type：加载 Java 程序的类型，可设置为 applet 或 bean，分别表示 Java Applet 和 JavaBean。
- code：加载 Java 程序文件的名称。
- codebase：编译后 Java 程序文件的绝对路径或相对路径，如果未设置此属性，以当前网页目录为默认值。
- align：设置加载的程序在窗口中显示的对齐方式。
- height：加载的程序在窗口中的高度。

- width：加载的程序在窗口中的宽度。
- name：用于为加载的程序设置一个名称。

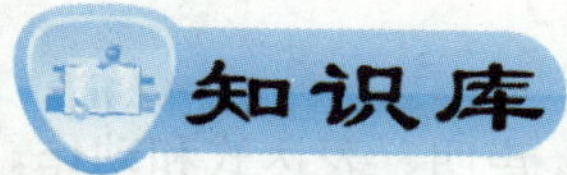

> useBean 动作标记、setProperty 动作标记和 getProperty 动作标记与第 5 章中的 JavaBean 紧密结合，都是用于操作 JavaBean 的，本书将在第 5 章结合实例详细介绍。

3.7 JSP 中的注释

注释可以增强页面的可读性，也能使页面更易于维护。JSP 页面中的注释可以分为显式注释和隐式注释两大类。

1. 显式注释

所谓显式注释，是指在客户端可以看见的注释。它是在“<!--”和“-->”之间加入注释内容，格式为：

```
<!-- 注释内容 -->
```

这种注释方法只能用在<%　%>外面，否则无效。

2. 隐式注释

所谓隐式注释，是指在客户端看不见，但在服务器端可以看见的注释。常见的隐式注释有 3 种。

（1）“<%--”和“--%>”：在“<%--”和“--%>”之间加入注释内容，格式为：

```
<%-- 注释内容 --%>
```

这种注释方法只能用在<%　%>外面，否则无效。

（2）在//符号后面加入注释内容，适用于单行注释。格式为：

```
//注释内容
```

这种注释方法只能用在<%　%>里面，否则无效。

（3）在“/*”和“*/”符号之间加入注释内容，适用于多行注释。格式为：

```
/*注释内容*/
```

这种注释方法只能用在<%　%>里面，否则无效。

本章小结

本章介绍了JSP编程中的一些重要语法，包括指令、程序片、声明、表达式和动作。掌握这些语法是JSP开发的基础。

- 一个JSP页面可由HTML标签、JSP标记、Java程序片、变量和方法的声明，以及Java表达式5种元素组成。
- JSP指令用于设置与整个JSP页面相关的属性，如JSP页面所使用的语言、网页的编码格式、导入的Java类等等。
- Java程序片是指位于“<%”和“%>”之间的程序代码。一个JSP页面可以有许多程序片，这些程序片将被JSP引擎按顺序执行。
- JSP在“<%!”和“%>”标记符号之间声明变量和方法。JSP声明语句可以声明一个或多个变量或方法，声明的变量和方法将在JSP页面初始化时被初始化。
- Java表达式是指位于“<%=”和“%>”之间的程序代码。JSP中的表达式必须能求值，表达式的值由服务器计算。

思考与练习

一、填空题

1．在HTML页面中加入Java程序片和________就构成了JSP页面。

2．在“<%”和“%>”中声明的变量是______变量，在“<%!”和“%>”中声明的变量是______变量。

3．JSP中的表达式必须能求值，表达式的值由________计算。

二、简答题

1．简述“<%!”与“%>”之间声明的变量和“<%”与“%>”之间声明的变量有何不同。

2．请说明JSP中有哪些指令。

3．简述JSP中include指令和include动作的区别。

第 4 章 JSP 中的内置对象

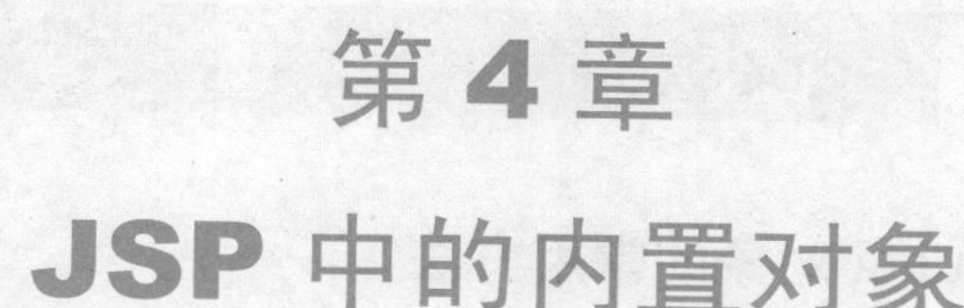

在 JSP 中，有些对象不用声明就可以在 JSP 页面的 Java 程序片和表达式部分使用，我们称这些对象为内置对象。JSP 的常用内置对象有 request、response、out、application 和 session。

本章使用的 Web 服务目录是 ch04。本章中所有实例源代码均位于本书配套素材“素材与实例\ch04”目录下，在开始本章的学习之前，可以先将“ch04”文件夹拷贝至本地磁盘中 Tomcat 安装目录下的 webapps 目录下，这样可以在启动服务器后，直接在浏览器中测试各实例效果。

4.1 request 对象

4.1.1 request 对象的常用方法

在 JSP 中，内置对象 request 封装了用户提交到服务器端的数据，调用该对象的相关方法可以获取封装的信息。request 对象的常用方法有很多，下面简单介绍一下。

- getParameter(String name)：从客户端获取 name 属性所指定的参数值。
- getParameterNames()：从客户端获取用户提交的信息体部分 name 参数值的一个枚举。
- setCharacterEncoding(String chaen)：设置对浏览器发送来的数据进行重新编码时所使用的编码。
- getContentLength()：获取用户提交的整个信息的长度。
- getServerPort()：获取服务器的端口号。
- getRemoteAddr()：获取客户端的 IP 地址。
- getContextPath()：获取用户请求的当前 Web 服务目录。
- getServletPath()：获取用户请求的 JSP 页面文件的目录。
- getRemotePort()：获取客户端端口。

4.1.2 request 对象的应用

本节通过实例初步了解 request 对象的应用。

【实例 4-1】 本实例使用 request 常用方法获取相关信息。

创建 method.jsp 文件，并在其中输入以下代码：

```
<%@page contentType="text/html;charset=gb2312"%>
<%@page import="java.util.*"%>
```

```
<HTML>
  <body bgcolor=cyan><font size=2.2>
  <%
    //指定对浏览器发送来的数据进行重新编码时所使用的编码
    request.setCharacterEncoding("gb2312");
    String path = request.getServletPath();      //获取调用 Servlet 的部分 URL,并赋给 path
    String webDir = request.getContextPath(); //获取当前页面的环境路径，并赋给 webDir
    //截取掉 webDir 从首字母起长度为 1 的字符串，将剩余字符串赋值给 webDir
    webDir = webDir.substring(1);
    String clientIP = request.getRemoteAddr();     //获取客户端的 IP 地址，并赋给 clientIP
    int serverPort=request.getServerPort();     //获取 URL 请求的端口号,并赋给 serverPort
    int clientPort = request.getRemotePort();         //获取客户端端口号,并赋给 clientPort
    String serverName = request.getServerName();     //获取服务器名，并赋给 serverName
    //获取 request 的字符编码集名称，并赋给 characterEncoding
    String characterEncoding = request.getCharacterEncoding();
  %>
  用户请求的页面：<%=path%>
  <br/>web 服务目录的名字:<%=webDir%>
  <br/>用户的 IP 地址:<%=clientIP%>
  <br/>服务器的端口号:<%=serverPort%>
  <br/>客户端的端口号:<%=clientPort %>
  <br/>服务器名称:<%=serverName %>
  <br/>正文字符编码:<%=characterEncoding %>
  </body>
</HTML>
```

程序运行效果如图 4-1 所示。

图 4-1　使用 request 对象获取的信息

4.1.3 使用 request 对象获取用户提交的信息

使用 request 对象获取用户信息最常用的方法是 getParameter(String s)，下面通过实例简单介绍。

【实例 4-2】 本实例使用 request 常用方法 getParameter(String s)获取用户提交的数字信息，并对其进行运算后输出。

实例代码如下：

```
<%@page contentType="text/html;charset=gb2312"%>
<%@page import="java.util.*"%>
<HTML>
  <body>
  输入用“#”分隔的数字，点击提交按钮会将#分隔的数字相加
    <form action="" method=post name =form>
      <input type="text" name = "jsp">
      <br/>
      <input type="submit" value = "运算" name="submit">
    </form>
    <%
      //获取 name 属性值为 jsp 的表单对象的值，并赋给 content
      String content = request.getParameter("jsp");
      if(content==null){                        //对 content 进行非空判断
         content = "";
      }
      //按#分割 content 值，将结果以字符串数组形式返回
      String arr[] = content.split("#");
      double sum = 0;
      try{
      /*遍历数组中各项，并将各项转换成 double 类型后相加*/
      for(String str:arr){
         out.print(" "+str);
         sum+=Double.parseDouble(str);
      }
      out.print("<br/>数字的和是:"+sum);             //输出各项相加后的值
      }catch(Exception e){
```

```
            out.print("请输入数字");
        }
    %>
  </body>
</HTML>
```

程序运行效果如图 4-2 所示。

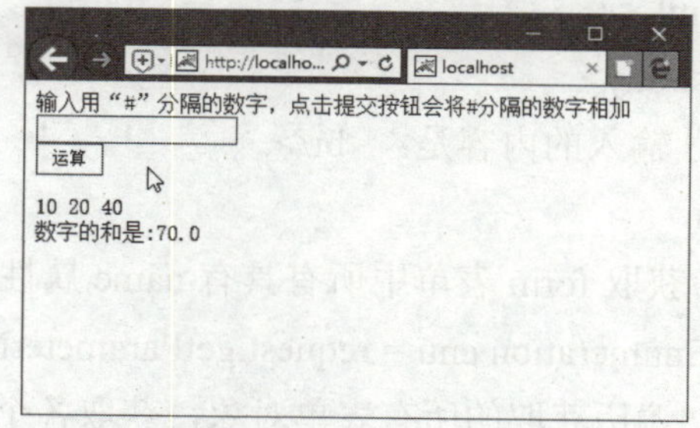

图 4-2　运行效果

本例通过表单向服务器提交数据，通过 request 对象获取当前页面的提交信息，当用户在浏览器地址栏输入地址访问页面时，由于还没有提交数据，所以容易造成 content 为空对象。为防止报空指针异常，此处使用 if(content==null){content = "";}语句进行非空判断。

提　示

form 表单如果没有指定 action 地址，默认就是提交到当前 URL。

【实例 4-3】　本实例共包括两个文件：login.jsp 和 show.jsp。用户首先在 login.jsp 页面中输入信息，然后通过该页面将输入的数据提交给 show.jsp 页面；在 show.jsp 页面中，通过调用 getParameterNames()方法得到 Enumeration 对象，通过 Enumeration 对象的 hasMoreElements 方法可以循环遍历参数名称，获得参数名称后调用 getParameter(String name)方法得到参数值。

login.jsp 页面代码如下。

```
<%@ page language="java" import="java.util.*" pageEncoding="GBK"%>
<html>
  <body>
    <form action="show.jsp" method="post" name = "form">
        用户名:<input type="text" name = "username"><br>
        密码:<input type="password" name = "password"><br/>
```

```
    <input type="submit" name="submit" value="login">
    </form>
  </body>
</html>
```

show.jsp 页面代码如下。

```
<%@ page language="java" import="java.util.*" pageEncoding="GBK"%>
<html>
  <body>
刚才输入的内容是：<br/>
<%
  //获取 form 表单中所有具有 name 属性的表单对象，返回 Enumeration 类型的枚举
  Enumeration enu = request.getParameterNames();
  /*遍历获取的所有表单对象，获取各个对象值，并循环输出其名称和值*/
  while(enu.hasMoreElements()){
        String Name = (String)enu.nextElement();
        String value = (String)request.getParameter(Name);
        out.println("参数名称："+Name);
        out.println("参数内容："+value);
  }
%>
  </body>
</html>
```

首先运行 login.jsp 页面，输入用户名和密码后单击 login 按钮，效果如图 4-3 所示。

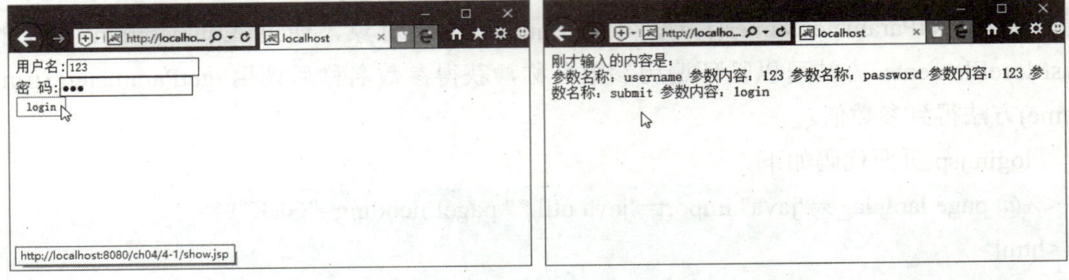

图 4-3 页面运行效果

4.2 response 对象

4.2.1 response 对象的常用方法

response 对象用于将服务器的数据发送到客户端，对客户端的请求作出动态响应。下面简单介绍 response 对象的常用方法。

- sendRedirect(String redirectURL)：将客户端重定向到指定的 URL。
- setHeader(String name,String value)：设定指定名字的 HTTP 文件头的值。形参 name 为报头名，形参 value 为报头值，其中 value 由两部分组成，第一部分定义秒数，即若干秒后刷新，第二部分为目标资源的 URL，缺少时默认刷新当前页。4.2.4 节将会详细介绍其用法。
- addHeader(String name,String value)：添加 HTTP 文件的头文件，参数含义同上。
- flushBuffer()：刷新缓冲区，把信息传给客户端。
- setBufferSize()：定义输出缓冲区的大小。
- getBufferSize()：获取缓冲区大小。
- resetBuffer()：清除响应缓冲区中的内容。
- setContentType(String contentType)：设置发送到客户端的响应数据内容的类型。
- setContentLength(int contentLength)：设置响应数据内容的长度。
- setStatus(int n)：设置响应的状态行，告知当前处理状态。
- isCommitted()：判断服务器端是否已将数据输出到客户端。

4.2.2 使用 response 对象动态响应 ContentType 属性

JSP 页面一般使用 page 指令设置其 contentType 属性值，这样 JSP 引擎将按照该属性值的设置，将页面静态部分返回给用户，用户浏览器接收到该响应就会使用相应手段处理接收到的信息。

使用 response 对象的 setContentType(String contentType)方法可以动态改变 contentType 的属性值。该方法中的参数 contentType 可以为 image/bmp（BMP）、image/gif（GIF）、image/jpeg（JPEG）、image/tiff（TIFF）、image/x-dcx（DCX）、image/x-pcx（PCX）、text/html（HTML）、text/plain（TXT）、text/xml（XML）、application/afp（AFP）、application/pdf（PDF）、application/rtf（RTF）和 application/msword（MSWORD）等，其中括号中的值为相应参数值所对应的文件格式，在程序中不需要写出。

【实例 4-4】 本实例制作 JSP 页面 contentType.jsp。在该页面中，当用户单击 yes 按钮时，动态改变 contentType 属性值为 application/msword，此时浏览器会提示用户启用 Microsoft Word 来显示或保存文档。页面代码如下：

```
<%@ page language="java" import="java.util.*" pageEncoding="GB2312"%>
  <%
     String str = request.getParameter("submit");
     if(str==null){
          str="";
     }
     if(str.equals("yes")){
     response.setContentType("application/msword;charset=GB2312");
     }
  %>
 <html>
   <body>
          response 对象的应用<br/>
          点击按钮动态改变 contentType 属性
     <form method="get" name="form">
        <input type="submit" value="yes" name="submit">
     </form>
   </body>
 </html>
```

在浏览器地址栏中输入 http://localhost:8080/ch04/contentType.jsp，访问 contentType.jsp 页面，效果如图 4-4 所示。单击 yes 按钮，弹出提示框，可选择打开、保存或另存 word 文件，如图 4-5 所示。

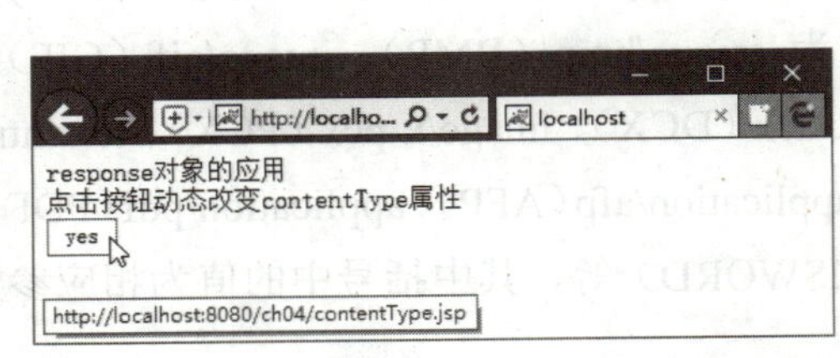

图 4-4 页面运行效果

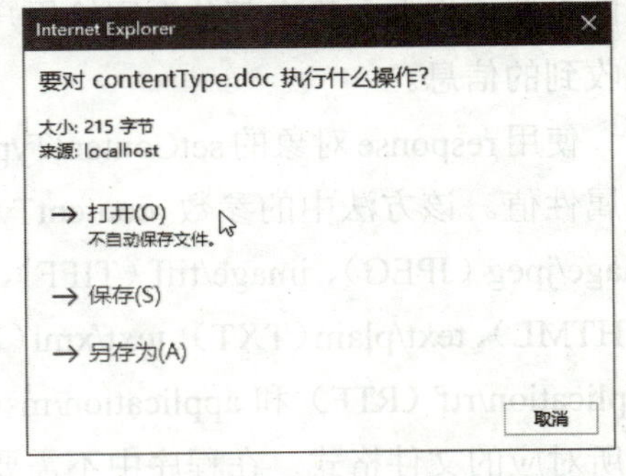

图 4-5 改变 contentType 属性值的效果

4.2.3 response 重定向

在某些情况下，需要引导用户至另一个页面。例如，用户在登录成功后，就会被引导至网站首页。

可以使用 response 对象的 sendRedirect(URL url)方法实现用户的重定向。

在下面的实例中，通过验证用户输入信息是否完整进行页面跳转。

【实例 4-5】 本实例共包括两个文件：index.jsp 和 receive.jsp。用户首先在 index.jsp 页面中输入信息，并进行初步判断，如果有一个值为 null，则不进行跳转；在 receive.jsp 页面中将会再次进行判断，如果有一个值为空，就会重新定向到 index.jsp 页面；如果都不为空，就会输出姓名和文字“欢迎回来！”。

index.jsp 代码如下：

```
<%@ page language="java" import="java.util.*" pageEncoding="gb2312"%>
<html>
  <body>
      <form method=post action=index.jsp>
         姓名:<input type=text name=name><br>
         密码: <input type=password name=password><br>
         <input type=submit value=login>
      </form>
      <!--获取用户输入的用户名和密码，并分别赋值给变量 name 和 password，之后判断变量值是否为空，若不为空则跳转到页面 receive.jsp，并传递参数-->
      <% String name=request.getParameter("name");
          String password = request.getParameter("password");
          if(name!=null&&password!=null){
          response.sendRedirect("receive.jsp?sendname="+name+"&password="+password);
          }
      %>
  </body>
</html>
```

receive.jsp 代码如下：

```
<%@ page language="java" import="java.util.*" pageEncoding="gb2312"%>
<html>
  <body>
      <!--获取传递过来的参数，并分别赋值给 sendName 和 password，对两个值进行比
```

```
较，若其中一个为空，则返回页面 index.jsp，否则输出用户名和欢迎信息-->
        <%
        String sendName = request.getParameter("sendname");
        String password = request.getParameter("password");
        if(sendName.equals("")||password.equals("")){
            response.sendRedirect("index.jsp");
        }
        %>
        <%=sendName %><br/>
        <font size = 5>欢迎回来！ </font>
    </body>
</html>
```

程序运行效果如图 4-6 所示：

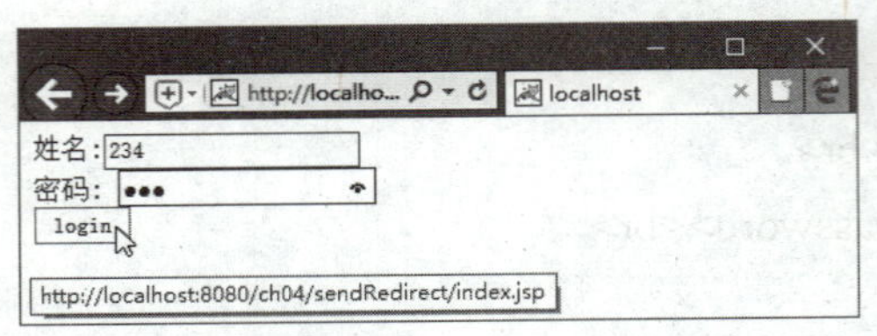

图 4-6 程序运行效果

response.sendRedirect()会在客户端呈现跳转后的 URL 地址，此方法将重定向的 URL 发送到客户端浏览器，浏览器再根据该 URL 重新发起请求，所以浏览器地址栏上会看到新的地址，并且重新生成新的 request 和 response 对象。

4.2.4 设置页面刷新频率

用户在访问一个页面时，会提交一个 HTTP 请求给 JSP 引擎，该请求包括一个请求行、http 头和信息体。例如：

```
post /reg.jsp /HTTP.1.1
host: localhost: 8080
accept-encoding: gzip, deflate
```

其中，首行称为请求行，规定向访问页面提交请求信息的方式，如 get、post 等，以及请求的页面名和使用的通信协议。

下面两行分别是两个消息报头（header）：host 和 accept-encoding，其中 host 和 accept-encoding 是报头名，而“:”符号后面的内容分别是两个报头值。一个典型的请求通常包括很多报头，有些是标准的，有些和特定浏览器有关。

同样地，响应也包括一些报头。response 对象可以使用方法 setHeader(String name,String value)或 addHeader(String name,String value)动态添加新的响应报头和值，如果添加的报头已存在，则先前的报头将被覆盖。

【实例 4-6】 设置页面刷新频率。本实例使用 setHeader 方法添加一个响应报头“refresh”，报头值为“1”。用户在收到该报头后，页面将每 1 秒钟自动刷新一次。

```
<%@ page language="java" import="java.util.*" pageEncoding="ISO-8859-1"%>
<html>
  <head>
    <title>myjsp</title>
  </head>
  <body>
   <%
   out.println(new Date().toLocaleString());    //获取当前时间
   response.setHeader("refresh", "1");          //设置每 1 秒钟刷新一次
   %>
  </body>
</html>
```

页面运行效果如图 4-7 所示，该页面每一秒钟刷新一次，显示新的时间。

图 4-7 页面运行效果

4.3 out 对象

out 对象是一个输出流，它能把信息发送给客户端浏览器。前面的许多例子中曾多次用到 out 对象进行数据的输出。out 对象可调用以下方法实现各种数据的输出。

➢ print(datatype data)：用于输出数据类型为 datatype 的数据 data。

➢ println(datatype data)：用于输出数据类型为 datatype 的数据 data，输出完成后自动换行。
➢ close()：用于关闭流。
➢ clear()：用于清除缓冲区中的数据，若缓冲区已经是空的，则报 IO 异常。
➢ clearBuffer()：用于清除缓冲区中的数据，若缓冲区已经是空的，不报 IO 异常。
➢ flush()：用于将缓冲区中的数据输出。
➢ getBufferSize()：用于返回缓冲区大小。
➢ isAutoFlush()：用于判断是否自动输出缓冲区中的数据。
➢ newLine()：用于输出换行。

print()方法和 println()方法的区别是，print()方法在输出完毕后不结束该行，println()方法会结束当前行，转至下一行。

【实例 4-7】 本例通过一个小程序简单了解 out 对象的使用方法。代码如下：

```
<%@ page language="java" import="java.util.*" pageEncoding="utf-8"%>
<html>
  <head>
  <title>myjsp</title>
  </head>
  <body>
    <%
      out.println("JSP");                              //输出文本并换行
      out.clearBuffer();                               //清除缓冲区中数据
      out.println("JSP Web 应用开发案例教程<br>");      //输出文本并换行
      out.flush();                                     //输出缓冲区中的数据
      out.println(out.getBufferSize()+"bytes");        //获取并输出缓冲区大小
      out.close();                                     //关闭输出流
      out.println("我不会出现");                        //输出文本并换行
    %>
  </body>
</html>
```

程序运行效果如图 4-8 所示。

图 4-8 程序运行效果

由运行结果可以看出，clearBuffer()方法将缓冲区中的数据清空了，造成文本“JSP”没有输出；接着通过 getBufferSize()方法获得预设缓冲区大小，然后使用 println()方法将其输出；由于 close()方法关闭了输出流，导致文本“我不会出现”没有输出显示。

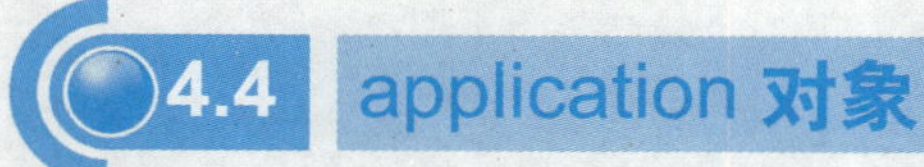

4.4 application 对象

application 对象可以视为一个所有联机用户共享的数据存取区，每个 Web 服务目录下的 application 对象被访问该服务目录的所有用户所共享，但不同 Web 服务目录下的 application 互不相同。application 中的变量数据在程序设置其值时被初始化，当超过预设时间或者关闭服务器时将自动消失。

4.4.1 application 对象的常用方法

- setAttribute(String key,Object obj)：调用该方法可以将参数 Object 指定的对象 obj 添加到 application 对象中，并为其指定一个索引值 key。如果添加的两个对象的索引值 key 相同，则先添加的对象被覆盖清除。
- getAttribute(String key)：用于获取 application 对象索引值是 key 的对象。由于任何类型的对象都可以添加到 application 对象中，因此用该方法取回对象时，应将其强制转换成原来的类型。
- removeAttribute(String key)：用于从当前 application 对象中删除索引值是 key 的对象。
- getAttributeNames()：用于返回 application 对象中所有索引值名称的集合对象，该集合对象使用 nextElements()遍历 application 中各个对象所对应的关键字，数据类型为 Enumeration。

4.4.2 application 对象应用实例

本节通过实例介绍 application 对象的应用。

【实例 4-8】 本例使用 application 对象实现一个简单的站点计数器，每当有用户访问 JSP 页面时，计数值加一。新建 JSP 文件 calNum.jsp，文件内容如下：

```
<%@page  contentType="text/html;charset=gb2312"  language="java"  import="java.sql.*"
   errorPage=""%>
<html>
   <head>
     <title>无标题文档</title>
   </head>
   <body>
     <%
         int n=0;
        //获取 application 对象索引值是 count 的对象，并赋给 counter
         String counter = (String)application.getAttribute("count");
         if(counter!=null)                          //如果 counter 不为空
         n = Integer.parseInt(counter);             //将 counter 值转换为整形，并赋给 n
         n=n+1;
         out.print("第"+n+"次");
         counter = String.valueOf(n);              //返回 string 类型的 n 的值，并赋给 counter
         //将对象 counter 添加到 application 中，并为其指定索引关键字 count
         application.setAttribute("count", counter);
     %>
   </body>
</html>
```

启动 Tomcat 服务器，在浏览器地址栏中输入网址 http://localhost:8080/ch04/calNum.jsp，并按下回车键，页面中会出现“第 1 次”三个字；另打开一个浏览器，输入相同网址按下回车键后，发现计数值加 1；刷新页面，计数值会再次加 1，如图 4-9 所示。

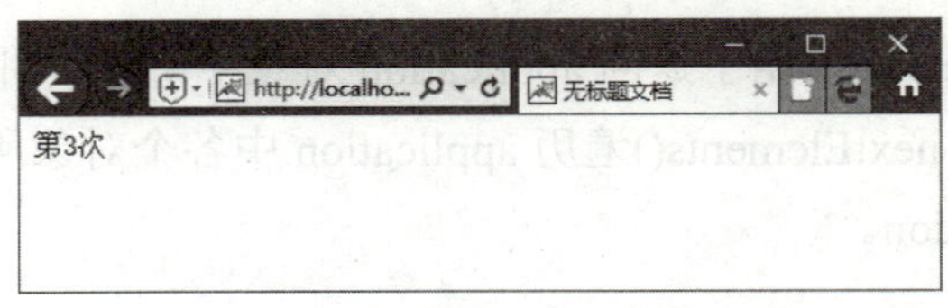

图 4-9 站点计数器

两个浏览器窗口代表有两个客户端，存储在 Servlet 容器中的 application 对象能被 Web 应用中所有 Servlet 程序所共享，因此计数值会累加。

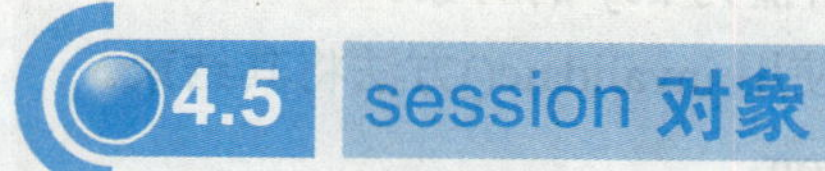

4.5 session 对象

session 是类 javax.servlet.http.HttpSession 的一个对象，用于保存每个与服务器建立连接的客户端的信息，session 的 ID 保存于客户端的 Cookie 中，这个 ID 是用户的唯一标识。session 从客户端连接服务器开始存在，直到与服务器断开连接为止。

当一个用户首次访问服务器上的一个网页时，若该网页包含了为客户端建立 session 的程序代码（使用 session 对象自动建立），则 session 便会产生，同时服务器会分配一个 String 类型的 ID 号给客户端，客户端会将该 ID 号存放在 Cookie（Cookie 是 Web 服务器保存在用户硬盘上的一段文本），这样，session 对象和客户端之间就建立了一一对应的关系。

当客户端访问连接该服务器的其他页面时，将不再给客户端新的 session 对象，直到客户端浏览器关闭，服务器端对应该客户端的 session 对象才取消，同时和客户端的会话对应关系消失。用户重新打开浏览器后，服务器会重新为该用户创建一个 session 对象。

知识库

session 有其存在的期限，当以下四种情况发生时，session 与其中的数据便会清空：（1）用户关闭当前使用的浏览器程序；（2）关闭服务器；（3）用户未向服务器提出请求的时间超过预设的时间；（4）运行程序结束 session（调用 session.invalidate()方法）。

4.5.1 session 对象的常用方法

session 对象驻留在服务器端，该对象调用以下方法处理和保存用户在访问某个 Web 服务目录期间的有关数据。

- setAttribute(String key, Object value)：用于在 session 对象中新增对象 value，并为该对象指定一个索引关键字 key。用户在当前浏览器中打开各个网页都能访问该新增对象，但打开另一个浏览器窗口将无法取得其中内容。
- getAttribute(String key)：获取 session 对象中索引关键字为 key 的对象。在 session 中设置了对象后，在其他各个网页中便可使用 getAttribute 读取其中的内容，此方法所返回的数据类型为原对象类型。
- getAttributeNames()：获取 session 对象中所有对象的名称，其结果为一个枚举类型的实例。该枚举对象使用 nextElements()遍历 session 中各个对象所对应的关键字。

- removeAttribute(String key)：清除 session 中索引值为 key 的对象。
- invalidate()：对于已经建立的 session 对象，可使用 invalidate()方法将其结束。
- isNew()：返回布尔值，表示是否为新建的 session。

4.5.2 session 对象应用实例

本节通过实例介绍 session 对象的应用。

【实例 4-9】 创建 sessionNum.jsp 页面，统计访问站点的用户量。本例通过 if(session.isNew())判断用户是否为新用户，所以在每个页面刷新时计数器并不会增加，只有在开启一个新的浏览器窗口时才会计数。一般 session 做计数器是记录访问的用户数，而不是访问的次数。

实例代码如下：

```
<%@page contentType="text/html;charset=gb2312" language="java" %>
  <%!int Num = 0;%>
  <%
    if(session.isNew()){
      Num+=1;
      session.setAttribute("Num",Num); }          //在 session 中存入 Num 变量
  %>
<html>
  <body>
  您是第<%=session.getAttribute("Num") %>个访问本站的用户
  </body>
</html>
```

程序运行效果如图 4-10 所示。

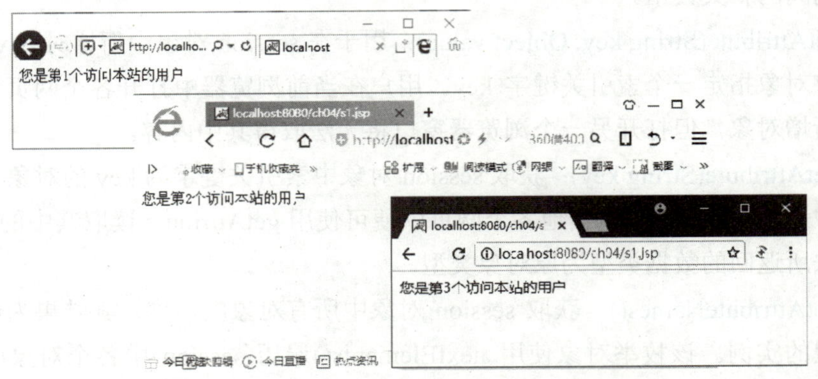

图 4-10 统计访问站点的用户数

【实例 4-10】 存取 session 对象数据。本实例需要创建 3 个文件，首先创建 sessionUserInfo.jsp 文件，用于输入用户信息；然后创建 sessionReadData.jsp 文件，用于读取输入的用户信息，并设置 session 内容变量；最后创建 usingSession.jsp 文件，取得 session 变量。

sessionUserInfo.jsp 的代码如下：

```
<%@page contentType="text/html;charset=gb2312"%>
<html>
  <body>
    <form method=get action=sessionReadData.jsp>
      <table>
      输入用户名：<br/>
      <input type=text name=name>
      <br/>
      输入密码：
      <br/>
      <input type=password name=password>
      <br/>
      <input type=submit value=login>
      </table>
    </form>
  </body>
</html>
```

sessionReadData.jsp 的代码如下：

```
<%@page contentType="text/html;charset=gb2312" language="java" %>
<%
request.setCharacterEncoding("gb2312");                  //设置浏览器编码类型
%>
<html>
  <body>
    <% String name = request.getParameter("name");    //获取用户名并赋给变量 name
       //获取密码并赋给变量 password
       String password = request.getParameter("password");
       session.setAttribute("name", name);               //在 session 中新增对象 name
       session.setAttribute("password", password);       //在 session 中新增对象 password
    %>
```

```
    <a href="usingSession.jsp">通过 session 显示登录信息</a>
  </body>
</html>
```

usingSession.jsp 的代码如下：

```
<%@page contentType="text/html;charset=gb2312" language="java" %>
<html>
  <body>
  <%
     Object id = session.getAttribute("name");     //获取 session 中关键字 name 对应的对象
     Object password = session.getAttribute("password");
     /*如果 id 不为空，输出姓名和密码，否则输出文字“无设置 session 数据！！”*/
     if(id!=null){
     out.println("姓名："+id.toString());
     out.println("<br>");
     out.println("密码："+password.toString());
     }else{
        out.println("无设置 session 数据！！");
     }
  %>
  </body>
</html>
```

程序运行效果如图 4-11 所示。

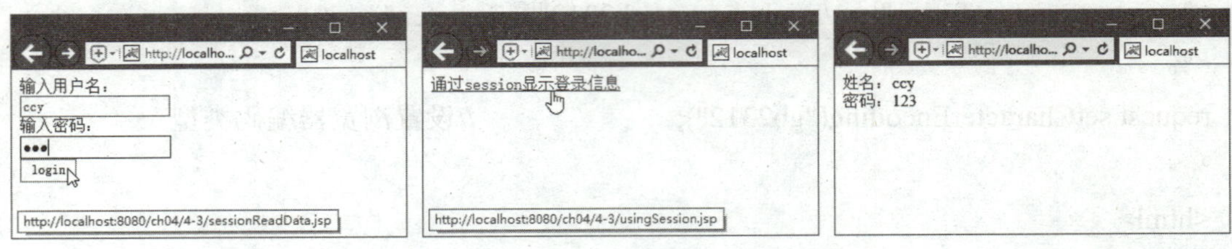

图 4-11　运行效果

以上程序首先通过 sessionUserInfo.jsp 页面输入用户名和密码，并以表单形式提交到 sessionReadData.jsp 页面；sessionReadData.jsp 页面通过 session 对象的 setAttribute()方法在 session 中存入两个变量数据，然后通过指向 usingSession.jsp 的超链接跳转到 usingSession.jsp 页面；在 usingSession.jsp 页面中，通过 session 对象的 getAttribute()方法获取 session 中的变量值，并显示在页面中。

由于这些页面中的 session 属于同一个 session，因此 usingSession.jsp 页面能够取得 sessionReadData.jsp 页面所设置的 session 数据内容。如果关闭浏览器一段时间后，再重新打开一个新的浏览器窗口，直接输入 usingSession.jsp 页面网址并按回车键，结果如图 4-12 所示。

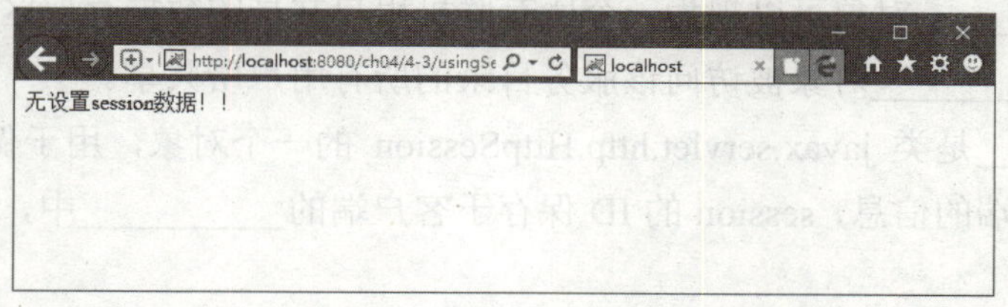

图 4-12 直接打开 usingSession.jsp 页面

这是由于它是一个新的 session，其中并没有包含任何数据。

本章小结

在 JSP 中，有些对象不用声明就可以在 JSP 页面的 Java 程序片和表达式部分使用，我们称这些对象为内置对象。本章主要介绍了 5 个内置对象，分别是 request、response、out、application 和 session。

- 内置对象 request 封装了用户提交到服务器端的数据，调用该对象的相关方法可以获取封装的信息。
- response 对象用于将服务器的数据发送到客户端，对客户端的请求作出动态响应。
- out 对象是一个输出流，它能把信息发送给客户端浏览器。
- application 对象可以视为一个所有联机用户共享的数据存取区，每个 Web 服务目录下的 application 对象被访问该服务目录的所有用户所共享，但不同 Web 服务目录下的 application 互不相同。
- session 用于保存每个与服务器建立连接的客户端的信息，session 的 ID 保存于客户端的 Cookie 中，这个 ID 是用户的唯一标识。

思考与练习

一、填空题

1．在 JSP 中，内置对象__________封装了用户提交到服务器端的数据，调用该对象的相关方法可以获取封装的信息。

2．________对象用于将服务器的数据发送到客户端，对客户端的请求作出动态响应。

3．使用 request 对象获取用户信息最常用的方法是________________。

4．________对象是一个输出流，它能把信息发送给客户端浏览器。

5．__________对象可以视为一个所有联机用户共享的数据存取区，每个 Web 服务目录下的__________对象被访问该服务目录的所有用户所共享。

6．________是类 javax.servlet.http.HttpSession 的一个对象，用于保存每个与服务器建立连接的客户端的信息，session 的 ID 保存于客户端的________中，这个 ID 是用户的唯一标识。

二、简答题

1．JSP 的常用内置对象包含哪些？简述这些对象在 JSP 中的主要功能。

2．一个用户在不同 Web 服务目录中的 session 对象相同吗？

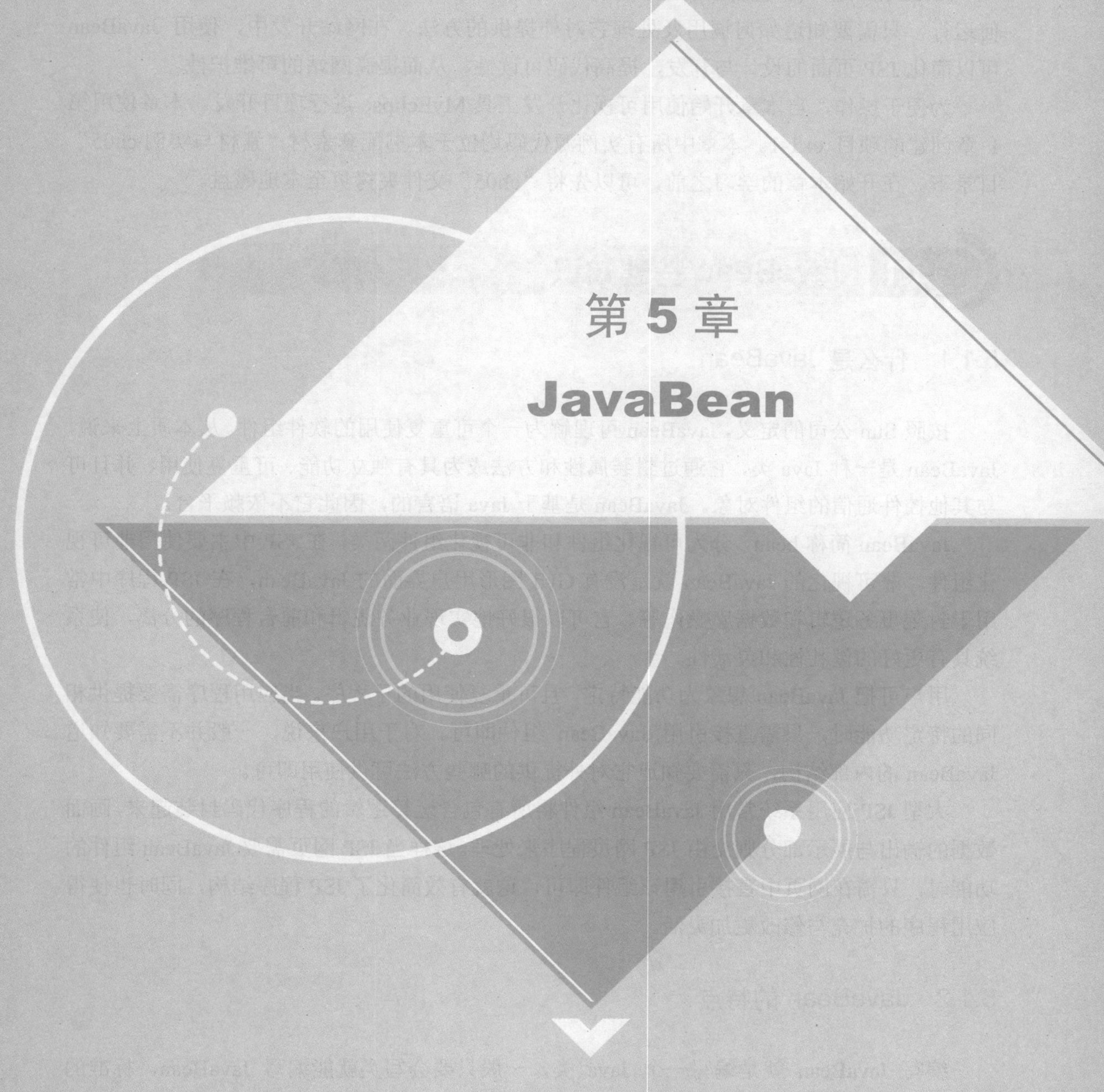

第 5 章

JavaBean

JavaBean是一种可重用的组件技术，可以将内部动作封装起来，用户不需要了解其如何运行，只需要知道如何调用及处理它对外提供的方法。在网站开发中，使用JavaBean可以简化JSP页面的设计与开发，提高代码可读性，从而提高网站的可维护性。

为便于操作，自本章开始使用可视化开发工具MyEclipse进行项目开发。本章使用第1章创建的项目ex1-1。本章中所有实例源代码均位于本书配套素材“素材与实例\ch05”目录下。在开始本章的学习之前，可以先将“ch05”文件夹拷贝至本地磁盘。

5.1 JavaBean基础知识

5.1.1 什么是JavaBean

按照Sun公司的定义，JavaBean可理解为一个可重复使用的软件组件。从本质上来说，JavaBean是一种Java类，它通过封装属性和方法成为具有独立功能、可重复使用、并且可与其他控件通信的组件对象。JavaBean是基于Java语言的，因此它不依赖平台。

JavaBean简称bean，分为可视化组件和非可视化组件两类，在JSP中主要使用非可视化组件。非可视化的JavaBean就是没有GUI图形用户界面的JavaBean，在JSP程序中常用于封装事务逻辑和数据库操作等。它可以很好地实现业务逻辑和前台程序的分离，使系统具有更好的健壮性和灵活性。

用户可把JavaBean想象为功能特定，且可重复使用的子程序。当应用程序需要提供相同的特定功能时，只需直接引用JavaBean组件即可。对于用户来说，一般并不需要知道JavaBean的内部结构，只需要知道它对外提供的哪些方法可供使用即可。

大型JSP应用系统常用JavaBean组件将所有包含运算逻辑的程序代码封装起来，画面数据的输出与展示部分则交由JSP网页程序来处理。这样当JSP网页需要JavaBean组件的功能时，只需在网页中直接引用该组件即可，这就有效简化了JSP程序结构，同时也使得应用程序的扩充与修改更加灵活。

5.1.2 JavaBean的特点

编写JavaBean就是编写一个Java类，一般只要会写类就能编写JavaBean。标准的JavaBean类必须满足以下3个条件。

（1）类中声明的构造方法必须是public的，并且无参数。例如，一个Java类名为UserBean，则该类必须包含public UserBean()这个不带有参数的构造函数。

（2）该类必须有属性接口。就是说，每个属性都要有get()和set()的属性操作方法。

例如，一个描述用户信息的 JavaBean，它的用户年龄属性是 userAge，那么必须提供 getUserAge()和 setUserAge()这两个方法。就是说，方法名以 get 或 set 为前缀，后缀是将成员变量名的首字母大写的字符序列。

对于 boolean 类型的成员变量，即布尔逻辑类型的属性，允许使用 is 代替上面的“get”和“set”。

（3）类中声明的访问属性的方法必须是 public 的。

下面列举了一个 JavaBean 源文件。

```
package servlet;
public class UserBean {
    private String name;
    private String password;
    private String phone;
    private String address;
    private int age;
    public String getName() {
        return name;
    }
    public void setName(String name) {
        this.name = name;
    }
    public String getPassword() {
        return password;
    }
    public void setPassword(String password) {
        this.password = password;
    }
    public String getPhone() {
        return phone;
    }
    public void setPhone(String phone) {
```

```
    this.phone = phone;
  }
  public String getAddress() {
    return address;
  }
  public void setAddress(String address) {
    this.address = address;
  }
  public int getAge() {
    return age;
  }
  public void setAge(int age) {
    this.age = age;
  }
}
```

在动态网站开发中，JavaBean 是用来描述业务对象的 Java 类，例如一个书籍销售系统，可能包含用户、图书、订单等业务对象，而每个业务对象都需要制作一个相应的 JavaBean 类。例如，上面的类就是针对用户信息的 JavaBean，里面包含 name，password，phone，address 和 age 共 5 个属性，每个属性都有 get()和 set()方法。

【实例 5-1】 使用 MyEclipse 创建一个 JavaBean 文件。本实例以前面创建的 UserBean 为例，详细介绍如何在 MyEclipse 中创建一个 JavaBean。

步骤 1▶ 打开第 1 章创建的项目 ex1-1，新建一个 Name 为 UserBean 的类，设置 Package 为 com.jqe.test.bean，此时 MyEclipse 左侧窗口中显示项目结构，右侧会自动打开新建的 Java 类，如图 5-1 所示。

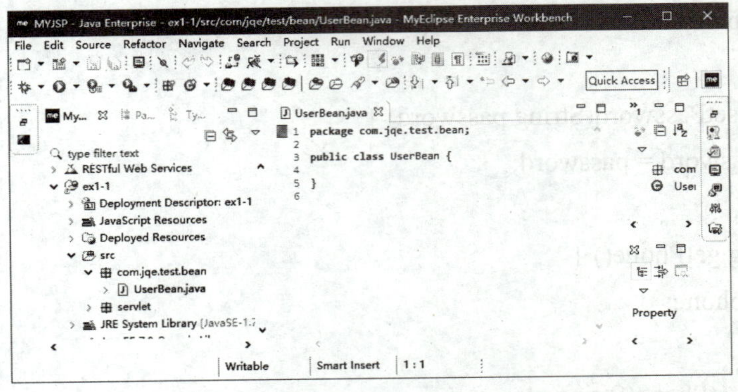

图 5-1 创建 UserBean

步骤 2▶ 在打开的 UserBean 类中输入 5.1.2 节中 UserBean 的属性，并且每个属性都设置成私有属性，使这些属性只能被本类访问到，外部类想要获取或者修改 UserBean 属性，只能通过 get 和 set 方法，修改结果如图 5-2 所示。

步骤 3▶ 创建 set 和 get 方法。使用 MyEclipse 集成开发工具创建 JavaBean，可以通过开发工具的菜单功能生成相关代码，在图 5-2 所示界面中 UserBean 的大括号中右击鼠标，在弹出的快捷菜单中选择 Source>Generate Getters and Setters…，之后打开 Generate Getters and Setters 对话框，如图 5-3 所示。

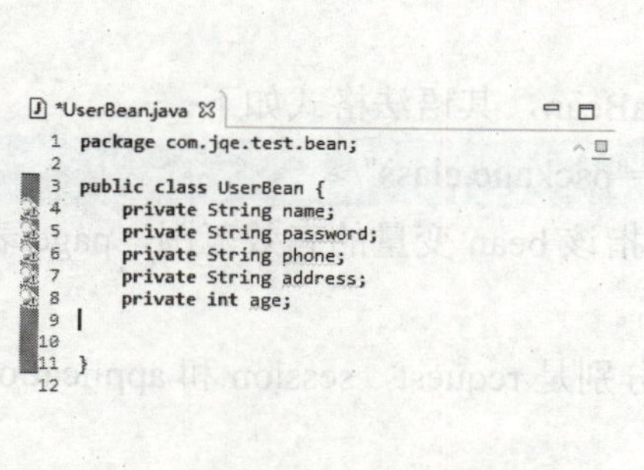

图 5-2　设置 UserBean 属性

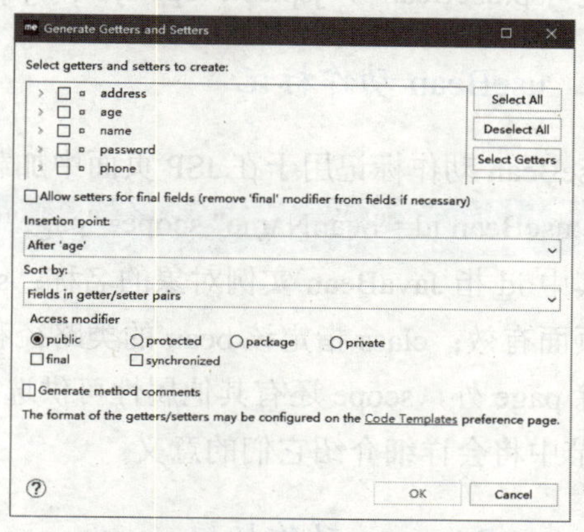

图 5-3　打开 Generate Getters and Setters 对话框

步骤 4▶ 单击对话框右上角的 Select All 按钮，程序会自动选中所有属性的 get 和 set 方法，单击下方的 OK 按钮，MyEclipse 会自动生成所有属性的 get 和 set 方法，如图 5-4 所示。至此 JavaBean 创建完成，当然如果有特殊需求，可以添加其他方法。

*UserBean.java

```
package com.jqe.test.bean;

public class UserBean {
    private String name;
    private String password;
    private String phone;
    private String address;
    private int age;
    public String getName() {
        return name;
    }
    public void setName(String name) {
        this.name = name;
    }
    public String getPassword() {
        return password;
    }
    public void setPassword(String password) {
        this.password = password;
    }
    public String getPhone() {
        return phone;
    }
    public void setPhone(String phone) {
        this.phone = phone;
    }
    public String getAddress() {
        return address;
    }
    public void setAddress(String address) {
        this.address = address;
    }
    public int getAge() {
        return age;
    }
    public void setAge(int age) {
        this.age = age;
    }
}
```

图 5-4　完整的 UserBean 类

5.2 JSP 与 JavaBean 结合

5.2.1 JSP 中与 JavaBean 相关的动作标记

除第 3 章 3.6 节介绍的动作标记外，JSP 还提供了 3 个关于 javaBean 组件的动作标记，分别是<jsp:useBean>，<jsp:setProperty>和<jsp:getProperty>。本节重点介绍这 3 个动作标记。

1. useBean 动作标记

useBean 动作标记用于在 JSP 页面中加载 JavaBean，其语法格式如下：

```
<jsp:useBean id="beanName" scope="page" class="package.class"/>
```

其中 id 指 JavaBean 实例对象的名称；scope 指该 bean 变量的有效范围，page 表示在当前页面有效；class 指定该 bean 的类路径和类名。

除 page 外，scope 还有其他属性可供选择，分别是 request，session 和 application，在 5.2.4 节中将会详细介绍它们的意义。

2. setProperty 动作标记

setProperty 动作标记用于设置 JavaBean 的属性值，其语法格式如下：

```
<jsp:setProperty name="beanInstanceName" property="someProperty" .../>
```

setProperty 动作标记可以嵌套在 useBean 动作标记中使用，如下所示：

```
<jsp:useBean id="myName" ...>
<jsp:setProperty name="beanInstanceName" property="someProperty" .../>
</jsp:useBean>
```

这种情况下，只有在新建 bean 实例对象时才会执行 setProperty，使用现有实例对象则不执行 setProperty。

setProperty 动作标记也可以在 useBean 动作标记外使用，如下所示：

```
<jsp:useBean id="myName" .../>
<jsp:setProperty name="beanInstanceName" property="someProperty" .../>
```

这种情况下，无论 useBean 动作标记是使用现有的 bean，还是新创建了一个 bean，都会执行 setProperty。

setProperty 动作标记有 4 个属性，分别是 name，property，value 和 param。

➢ name 属性是必需的，它表示要设置属性的是哪个 bean。

- property 属性是必需的，它表示要设置哪个属性，如果 property 值是*，表示所有名字和 bean 属性名匹配的请求参数都将被传递给响应属性的 set 方法。
- value 属性可选，它用于指定 bean 属性的值。value 和 param 不能同时使用。
- param 属性可选，它指定用哪个请求参数作为 bean 属性的值。

3. getProperty 动作标记

getProperty 动作标记用于获取 JavaBean 的属性值，其语法格式如下：

```
<jsp:getProperty name="beanInstanceName" property="propertyName"/>
```

getProperty 动作标记有两个属性，分别是 name 和 property。

- name 属性是必需的，用于表明对哪个 bean 实例执行下面的动作，这个值和 useBean 动作元素中定义的 id 必须对应起来，大小写也需要一致。
- property 属性是必需的，表示要获取哪个属性。

5.2.2 调用 JavaBean

简单了解3个动作标记后，本节通过实例进一步学习这些动作标记对JavaBean的操作。

【实例 5-2】 本实例首先创建一个拥有姓名和身高属性的 JavaBean，即 Person.java，然后通过 useBean 动作标记加载 Person，再通过 setProperty 动作标记为 Person 类的属性赋值，最后通过 getProperty 动作标记输出设置的属性值。

步骤 1▶ 继续在“ex1-1”项目中操作，首先参照实例 5-1 的操作，使用 MyEclipse 创建一个 JavaBean 类，类名为 Person.java，内容如下：

```
package com.jqe.javabean.bean;
public class Person {
    private String name;
    private String height;
    public String getName() {
        return name;
    }
    public void setName(String name) {
        this.name = name;
    }
    public String getHeight() {
        return height;
    }
```

```
public void setHeight(String height) {
    this.height = height;
}
}
```

步骤 2▶ 打开 MyEclipse 左侧项目结构树，在 WebRoot 根目录下新建 person.jsp 文件，创建方法为：右击 WebRoot 根目录，在弹出的快捷菜单中选择 New>JSP(Advanced Templates)，之后会打开一个对话框，修改 File Name 名为 person.jsp，单击 Finish 按钮，JSP 文件创建完成。设置其内容为以下代码：

```
<%@ page language="java" import="java.util.*" pageEncoding="GBK"%>
<html>
    <head>
    <title>JavaBean Test</title>
    </head>
    <body>
    <jsp:useBean id="person" class="com.jqe.javabean.bean.Person" scope="request">
    </jsp:useBean>
    <jsp:setProperty property="height" name="person" value="185"/>
    <jsp:setProperty property="name" name="person" value="sky"/>
    姓名是：<jsp:getProperty property="name" name="person"/>
    身高是：<jsp:getProperty property="height" name="person"/>
    </body>
</html>
```

步骤 3▶ 参考第 1 章 1.3.4 节的操作启动 Tomcat，启动成功后在浏览器地址栏中输入网址 http://localhost:8080/ex1-1/person.jsp，按回车键，运行结果如图 5-5 所示。

图 5-5　index.jsp 运行结果

5.2.3　获取和修改 bean 的属性

当使用 useBean 动作标记加载一个 bean 后，在 Java 程序片中就可以使用该 bean 对象调用类中的方法，比如修改属性，获取属性等。当使用 getProperty 和 setProperty 标记获取或修改属性时，必须保证 bean 有相应的 get 和 set 方法。

【实例 5-3】 本实例通过 bean 对象调用类中的相关方法来修改和获取属性。

继续在“ex1-1”项目中操作，JavaBean 继续使用 5.2.1 节中的 Person 类。打开 MyEclipse 左侧项目结构树，在 WebRoot 根目录下新建 personheight.jsp 文件，并设置其内容为以下代码：

```
<%@ page language="java" import="java.util.*" pageEncoding="ISO-8859-1"%>
<%-- 指定在本页面中使用 Person 类，类的实例名称为 person --%>
<jsp:useBean id="person" class="com.jqe.javabean.bean.Person" scope="page">
</jsp:useBean>
<p>高度的初始值是：<%=person.getHeight() %>
<%
    String newHeight="185";
    person.setHeight(newHeight);
%>
<p>修改之后高度为：<%=person.getHeight() %>
```

首先通过 person 对象的 getHeight()方法得到 height 属性的默认值，由于 String 的默认值是 null，因此会输出 null；之后通过 person 对象的 setHeight()方法对 height 属性进行重新赋值，最后通过 person 对象的 getHeight()方法获取并输出赋值结果，运行结果如图 5-6 所示。

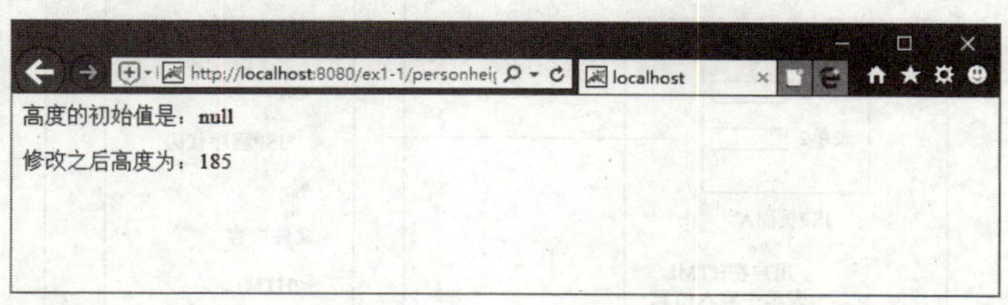

图 5-6 程序运行结果

5.2.4 JavaBean 的生命周期

在 5.2.1 节中介绍 useBean 动作标记时，已经简单介绍了 JavaBean 的 scope 属性，它表示 bean 变量的有效范围，又称生命周期。我们知道，bean 的 scope 属性可以设置为 page，request，session 和 application 这 4 个值。本节通过详细介绍 scope 属性的不同取值，来介绍 bean 的有效范围（生命周期）。

- page：page 范围的 JavaBean 的生命周期是最短的，当一个网页由 JSP 程序产生并传送到客户端后，属于 page 范围的 JavaBean 也将被清除。

- request：request 范围的 JavaBean 的生命周期与 JSP 程序的 request 对象同步，也就是说，当一个 JSP 程序通过 forward 指令将 request 对象传送到下一个 JSP 程序时，由于 request 对象还是传过来的那个，没有重新生成新的 request 对象，所以 JavaBean 对象也是同一个。简单来说，对于使用了 include 和 forward 指令的网页，request 类型的生命周期除当前网页外，还将延伸至被 include 进来的页面或 forward 出去的页面。
- session：session 范围的 JavaBean 的生命周期可以在一个用户的会话期间存在，也就是在相同浏览器的不同网页，都是一个 JavaBean 对象。
- application：application 范围的 JavaBean 的生命周期是这 4 类中最长的一个，其生命周期和 JSP 引擎（服务器）相当，同一个 JSP 引擎下的 JSP 程序都可以共享这个 JavaBean。

5.3 使用 JavaBean 处理表单数据

在网页中，标签<form>所构成的表单区块，可以获取用户在其特定属性中输入的数据内容，服务器端在进行指定的逻辑运算后，产生符合需求的网页内容，并重新返回给浏览器，整个过程如图 5-7 所示。

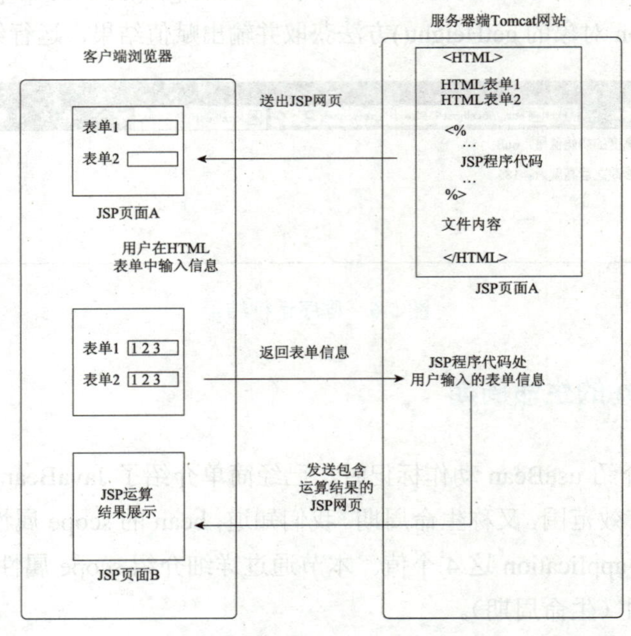

图 5-7 表单与 JSP 的应用

图 5-7 中左侧为浏览器解释网页的部分，右侧为 Tomcat 服务器，用户在 JSP 网页的表单中输入数据并提交后，重新返回至 Tomcat 启动数据处理网页，其中的 JSP 程序进行数据处理运算，同时输出结果网页至浏览器中。

在这整个过程中，原始数据网页、处理数据网页及结果输出网页，可以是同一个网页文件，也可以是不同的网页文件，这决定于 JSP 程序开发人员的设计。

5.3.1 使用 JavaBean 处理表单数据

4.1 节介绍的 request 对象可以与表单结合，获取用户提交的数据，以创建交互式动态网页。本节主要介绍使用 JavaBean 处理表单数据的方法。JavaBean 一般是通过 getProperty 和 setProperty 动作标记，或者 bean 对象本身的 set 和 get 方法来设置和获取表单元素属性。

为便于讲解，下面通过一个用户注册实例，说明使用 JSP+JavaBean 形式处理表单的方法。

【实例 5-4】 本实例包含 3 个文件：Student.java，register.jsp 和 success.jsp。其中用户在 register.jsp 页面中添加信息并提交，之后跳转到 success.jsp 页面，在该页面中同时使用 Student.java 文件中的方法和 getProperty 动作标记获取用户输入的信息。

步骤 1▶ 继续在 ex1-1 项目中操作，参照前面的方法创建一个 JavaBean 文件 Student.java，包的路径为 com.jqe.bean。从面向对象角度看，该类包含了用户名，密码，年龄等属性，方法为 set 和 get 类型，主要用来配合 JSP 页面中的<jsp:setProperty>和<jsp:getProperty>动作标记。

Student.java 文件代码如下：

```
package com.jqe.bean;
public class Student {
    public String userName;
    public String password;
    public int age;
    public String getUserName() {
        return userName;
    }
    public void setUserName(String userName) {
        this.userName = userName;
    }
    public String getPassword() {
        return password;
```

```
    }
    public void setPassword(String password) {
        this.password = password;
    }
    public int getAge() {
        return age;
    }
    public void setAge(int age) {
        this.age = age;
    }
}
```

步骤 2▶ 使用 MyEclipse 在 WebRoot 根目录下新建一个 JSP 文件 register.jsp，并在其中输入以下代码：

```
<%@ page language="java" import="java.util.*" pageEncoding="utf-8"%>
<html>
  <body>
    <form action="success.jsp" method="post">
          姓名: <input type="text" name="userName"/>
          <br/>
          密码: <input type="password" name="password"/>
          <br/>
          年龄: <input type="text" name="age">
          <br/>
          <input type="submit" value="提交"/>
     </form>
  </body>
</html>
```

步骤 3▶ 使用 MyEclipse 再次创建一个 JSP 文件 success.jsp，并在其中输入以下代码：

```
<%@ page language="java" import="java.util.*" pageEncoding="utf-8"%>
<%-- 指定在本页面中使用 Student 类，类的实例名称为 student --%>
<jsp:useBean id="student" scope="page" class="com.jqe.bean.Student"/>
<%-- 把用户从表单提交的数据直接赋值给 student 对象 --%>
<jsp:setProperty name="student" property="*"/>
<html>
```

```
    <body>
      注册成功:
      <br/>
      使用 bean 中的方法:<br/>
      <%=student.getUserName() %>
      <%=student.getPassword() %>
      <%=student.getAge() %>
      <br/>
      使用 getProperty:
      <br/>
      <jsp:getProperty name="student" property="userName"/>
      <jsp:getProperty name="student" property="password"/>
      <jsp:getProperty name="student" property="age"/>
    </body>
</html>
```

该文件通过<jsp:useBean>，<jsp:setProperty>和<jsp:getProperty>3 个动作标记来设置和获取用户注册信息。

程序运行结果如图 5-8 和图 5-9 所示。

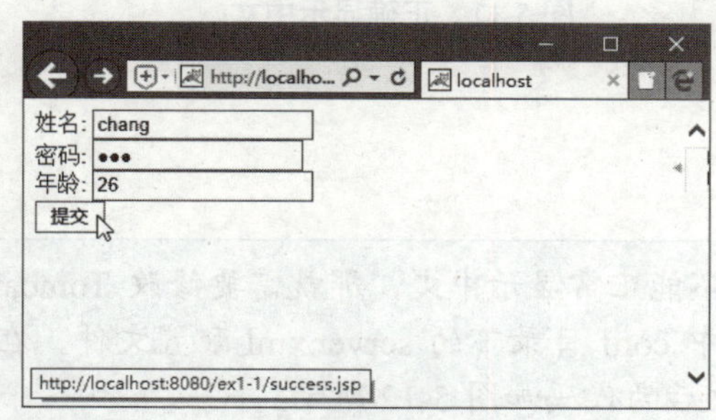

图 5-8　register.jsp 运行结果

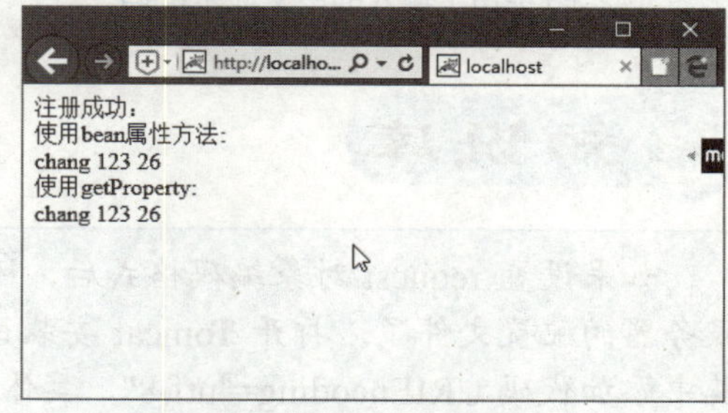

图 5-9　success.jsp 运行结果

本例中，success.jsp 中的代码通过<jsp:useBean id="student" scope="page" class="com.bw.bean.Student"/>指定在本页面中使用 Student 类，类的实例名称为 student，由于在 register.jsp 表单中的参数名和 Student 类中的属性名完全一样，所以可通过<jsp:setProperty name="student" property="*"/>把用户从表单提交的数据直接赋值给 student 对象，如果修改表单中的数据 userName 为 yonghuming，那么在给 student 对象的 userName 属性赋值时，需要添加一条指令。

```
<jsp:setProperty name="student" property="userName" param="yonghuming"/>
```

由于 age 和 password 没有变化，所以另外两个属性的赋值，依然可以用以下代码。

```
<jsp:setProperty name="student" property="*">
```

5.3.2 设置中文编码

不知读者有没有注意到，前面介绍的几个实例都存在一个重大的缺陷，它们都无法处理中文数据。读者可以重新运行实例，并输入中文内容，可以看到输出结果的中文内容均变成了乱码，如图 5-10 所示。

为解决上述问题，需要设置 request 对象的编码格式。具体方法为在网页中<html>起始标签前面加入 setCharacterEncoding()方法。格式如下：

```
<%request.setCharacterEncoding("utf-8"); %>
```

其中的 utf-8 表示中文编码。

完成设置之后，重新运行程序，结果如图 5-11 所示。

图 5-10 输入的中文显示乱码

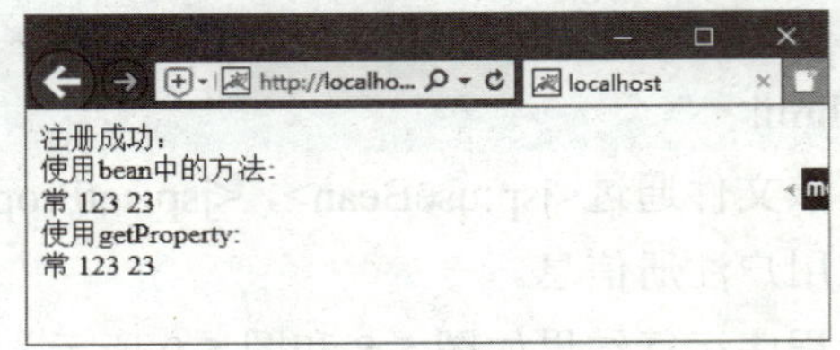

图 5-11 正确显示中文

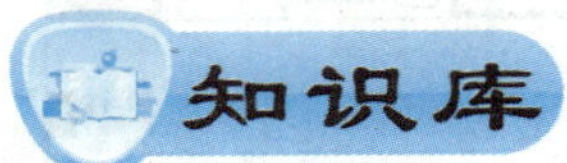

如果设置 request 对象编码格式后，还是不能正常显示中文，那就需要修改 Tomcat 服务器的配置文件了。打开 Tomcat 安装目录中 conf 目录下的 server.xml 配置文件，在其中添加代码 URIEncoding="utf-8"，具体修改后的代码如图 5-12 所示。

server.xml - 记事本

文件(F) 编辑(E) 格式(O) 查看(V) 帮助(H)

```
<!-- A "Connector" represents an endpoint by which requests are received
     and responses are returned. Documentation at :
     Java HTTP Connector: /docs/config/http.html
     Java AJP  Connector: /docs/config/ajp.html
     APR (HTTP/AJP) Connector: /docs/apr.html
     Define a non-SSL/TLS HTTP/1.1 Connector on port 8080
-->
<Connector port="8080" protocol="HTTP/1.1" URIEncoding="utf-8"
           connectionTimeout="20000"
           redirectPort="8443" />
<!-- A "Connector" using the shared thread pool-->
<!--
<Connector executor="tomcatThreadPool"
```

图 5-12 修改 Tomcat 配置文件

5.3.3 Post 与 Get

在前面的实例中，凡用到表单传送数据时，都使用了其 Method 属性。该属性有两个可能值，一个是 Post，另一个是 Get，它们表示两种不同的数据传送方式。Post 将所要传送的数据包含在 HTTP 文件头中，而 Get 将数据直接串接在网址栏的后端，如图 5-13 所示。两者都可以使用 getParameter()方法取得传送的数据内容。

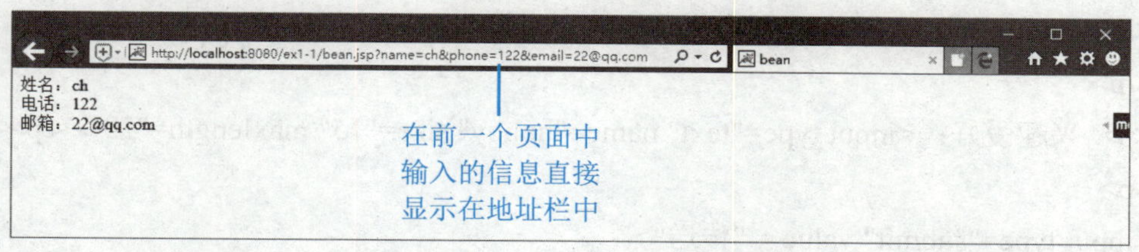

图 5-13　设置 Method 属性值为 get

尽管 Post 和 Get 都可以取得所需数据内容，但是当网页所要传送的内容属于机密信息时，使用 Get 方式传送数据会造成数据外泄，因此 JSP 程序设计人员需要慎重选择数据传送方式。

5.3.4 使用 JavaBean 制作简单用户注册页面

此处要制作的用户注册页面包括两个文件，分别是 re.jsp 和 UserBean.java。首先通过 re.jsp 文件让用户输入个人信息，在服务器取得这些信息之后，再利用 UserBean 中的方法将其在 re.jsp 页面中一一输出。

re.jsp 文件的代码如下：

```
<%@ page language="java" import="java.util.*" pageEncoding="utf-8"%>
<%-- 设置中文编码 --%>
<%request.setCharacterEncoding("utf-8"); %>
<html>
  <head><title>输出用户信息</title></head>
  <body>
  <%-- 指定在本页面中使用 UserBean 类，类的实例名称为 user --%>
  <jsp:useBean
  id="user" scope="session"   class="com.jqe.userbean.UserBean"></jsp:useBean>
  <%-- 把用户从表单提交的数据直接赋值给 user 对象 --%>
  <jsp:setProperty property="*" name="user"/>
```

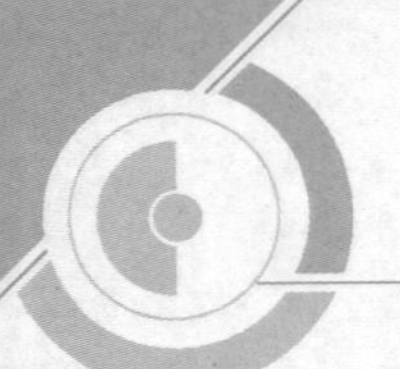


```
    <%-- 进行判断，如果 name 属性值为空，输出文字及表单对象 --%>
    <% if(request.getParameter("name")==null){ %>
    <form action="" method="post" >
    <p> 姓名：<input type="text" name="name" size="15" maxlength="10"></p>
    <p> 密码：<input type="password" name="password" size="15" maxlength="10"></p>
    <p> 性别：<input type="radio" name="sex" value="Male" checked>男
    <input type="radio" name="sex" value="Female" >女
    </p>
    <p> 兴趣爱好：<input type="text" name="hobby" size="15" maxlength="20"></p>
    <p>
    <input type="submit" value = "传送">
    <input type="reset" value = "清除">
    </p>
    </form>
    <%-- 如果 name 属性值不为空，则输出文字和各属性值 --%>
    <% }else{ %>
    姓名：<%=user.getName() %> <br>
    密码：<%=user.getPassword() %> <br>
    性别：<%=user.getSex() %> <br>
    爱好：<%=user.getHobby() %> <br>
    <%} %>
    </body>
</html>
```

UserBean.java 文件的代码如下：

```
package com.jqe.userbean;
public class UserBean {
    private String name;
    private String password;
    private String sex;
    private String hobby;
    public String getName() {
        return name;
    }
    public void setName(String name) {
```

```
        this.name = name;
    }
    public String getPassword() {
        return password;
    }
    public void setPassword(String password) {
        this.password = password;
    }
    public String getSex() {
        return sex;
    }
    public void setSex(String sex) {
        if(sex.equals("Male")){
            this.sex = "男";
        }else{
            this.sex = "女";
        }
    }
    public String getHobby() {
        return hobby;
    }
    public void setHobby(String hobby) {
        this.hobby = hobby;
    }
}
```

re.jsp页面提供了用户输入数据的画面，在该输入表单中定义了4个属性，分别是name，password，sex和hobby。在用户提交数据后，由于表单没有指定action地址，所以默认就是提交到当前URL，通过if…else判断后，输出提交信息，程序运行结果如图5-14所示。

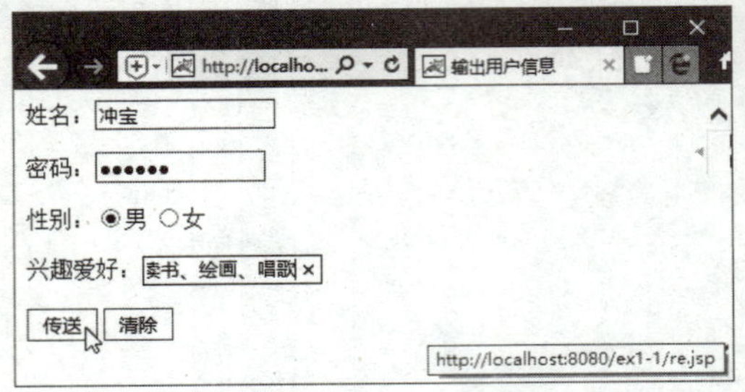

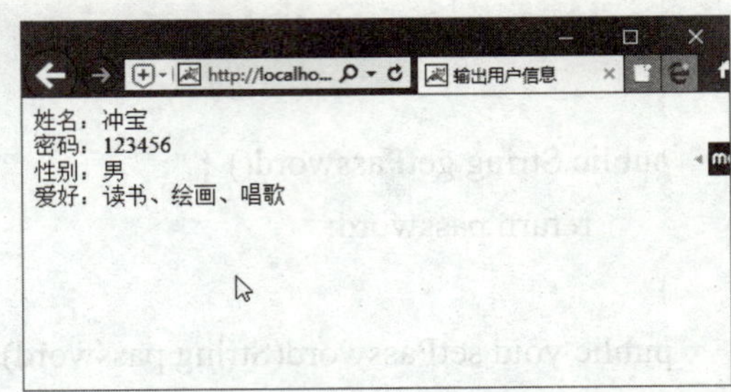

图 5-14　程序运行结果

本章小结

本章主要介绍了 JavaBean 的基础知识及其应用，在学完本章内容后，读者应重点掌握以下知识。

- JavaBean 是一种 Java 类，它通过封装属性和方法成为具有独立功能、可重复使用、并且可与其他控件通信的组件对象。
- 对于大型 JSP 应用系统，常用 JavaBean 组件将所有包含运算逻辑的程序代码封装起来，画面数据的输出与展示部分则交由 JSP 网页程序来处理，当 JSP 网页需要 JavaBean 组件的功能时，只需在网页中直接引用该组件即可。
- 标准的 JavaBean 类必须满足 3 个条件：（1）类中声明的构造方法必须是 public 的，并且无参数；（2）该类必须有属性接口；（3）类中声明的访问属性的方法必须是 public 的。
- JSP 提供了 3 个关于 javaBean 组件的动作标记，分别是<jsp:useBean>，<jsp:setProperty>和<jsp:getProperty>，它们分别用于加载、设置和获取 JavaBean。
- bean 的 scope 属性可以设置为 page，request，session 和 application 这 4 个值，表示 bean 的生命周期。
- JavaBean 一般是通过 getProperty 和 setProperty 动作标记，或者 bean 对象本身的 set 和 get 方法来设置和获取表单元素属性，读者需掌握其具体用法。

思考与练习

一、填空题

1. ____________动作标记用于在 JSP 页面中加载 JavaBean。

2．____________动作标记用于设置 JavaBean 的属性值。

3．____________动作标记用于获取 JavaBean 的属性值。

4．JavaBean 的_______属性表示 bean 变量的有效范围，又称生命周期。bean 的 scope 属性可以设置为_________，__________，__________和_______________这 4 个值。

二、简答题

1．什么是 JavaBean？

2．简述 JavaBean 的特点。

3．简述表单属性 method 取值 Post 和 Get 的区别。

4．如何在 JSP 网页中加载 JavaBean？

第 6 章

Java Servlet 基础

在第 1 章学习了 JSP 页面的运行原理，当用户请求一个 JSP 页面时，服务器会将 JSP 页面转换成一个 Java 文件，之后生成响应内容并将其传给服务器，最后服务器将响应内容返回给客户端展示。有些 Web 应用只需要 JSP 和 JavaBean 就能实现想要的效果，但有些复杂的 Web 应用，需要 JSP、JavaBean 和 Servlet 共同完成。本章将带领读者学习 Servlet 的相关知识。

本章使用的 Web 服务目录是 ch06。本章中所有实例源代码均位于本书配套素材“素材与实例\ch06”目录下。在开始本章的学习之前，可以先将“ch06”文件夹拷贝至本地磁盘。

6.1 什么是 Servlet

Servlet 是 1997 年 Sun 和其他厂商为了将 Java 浏览器端的 Applet 技术扩展到 Web 服务器端提出的技术，主要用于在 Web 服务器端获得客户端的访问请求信息和动态生成对客户端的响应消息。

Servlet 是一个基于 Java 技术的 Web 组件，用于扩展服务器能力，提供动态内容。由于 Servlet 类是用 Java 编写的，所以它与平台无关，可被编译成字节码，动态地载入并有效扩展主机的处理能力。

使用 Servlet 的基本流程如下：

（1）客户端向 Web 服务器发起一个 HTTP 请求，Web 服务器将客户的 HTTP 请求提交给 Servlet 容器，Servlet 容器调用相应的 Servlet，并将 request 对象和 response 对象传给它。

（2）Servlet 通过 request 对象获取客户端的请求信息，并根据特定方法处理请求，生成返回给客户端的数据，Servlet 处理完请求后把数据放入 response 对象。

（3）Servlet 引擎刷新 response，把控制权返回给 Web 服务器，并进而由 Web 服务器将响应传输给客户端。

Servlet 容器是 Web 服务器的一部分，是支持 Servlet 功能的 Web 服务的扩展，Servlet 之间的通信是通过客户端请求被容器执行成 request 和 response 对象来进行的。

6.2 Servlet 的工作原理

6.2.1 Servlet 对象的生命周期

Servlet 是 javax.servlet 包中 HttpServlet 类的子类的一个实例，由服务器创建并完成初始化工作。一个 Servlet 的生命周期主要有 4 个过程，加载和实例化阶段、Servlet 初始化阶段、请求处理阶段和服务终止阶段。

- 加载和实例化阶段：Servlet 容器负责加载和实例化 Servlet，当 Servlet 容器启动后，通过 Servlet 路径利用类加载器加载 Servlet 类，成功加载后，容器创建 Servlet 实例。由于容器是通过 Java 的反射 API 来创建 Servlet 实例，调用的是 Servlet 的默认构造方法，所以在编写 Servlet 类的时候，不应提供带参数的构造方法。
- Servlet 初始化阶段：在 Servlet 实例化之后，服务器初始化这个 Servlet，即调用 Servlet 的 init()方法初始化这个对象，在此方法中通常用来建立数据库的连接，获取配置信息等，对于每一个 Servlet 实例，init()方法只被调用一次。
- 请求处理阶段：在 init()方法成功执行之后，Servlet 容器调用 Servlet 的 service ()方法对请求进行处理。在 service()方法中，通过 request 对象得到客户端的相关信息和请求信息，在对请求进行处理后，调用 response 对象的方法设置响应信息。
- 服务终止阶段：当容器检测到一个 Servlet 实例应该从服务中被移除时，容器就会调用实例的 destroy()方法，以便让该实例释放它所使用的资源。

6.2.2 Servlet 的 init()方法

init()方法是 Servlet 程序的初始化方法。该方法是 HttpServlet 类中的方法，可以在子类中重写这个方法。init()方法的声明格式如下：

```
public void init(ServletConfig config) throws ServletException
```

Servlet 第一次被请求加载时，服务器创建一个 Servlet 实例，并调用 init()方法完成实例的初始化。在初始化期间，Servlet 实例可以使用服务器传递给它的 ServletConfig 类型的对象，接收服务设置信息。ServletConfig 类型的对象被保存在 Servlet 中，直到 Servlet 被销毁。

6.2.3 Servlet 的 service()方法

service()方法是 HttpServlet 类中的方法，可以在子类中直接继承或重写这个方法。service()方法的声明格式如下：

```
public void service(HttpServletRequest req, HttpServletResponse resp)
        throws ServletException, IOException
```

当 Servlet 初始化完成之后，会调用 service()方法来处理用户请求并返回响应。此方法有两个参数，分别是 HttpServletRequest 类型的对象和 HttpServletResponse 类型的对象，前者封装了用户的请求信息，后者用来响应用户的请求。

init()方法只被执行一次，而 service()方法可能会被多次调用。也就是说，当后来的用户请求该 Servlet 时，服务器将会创建一个新的线程。在新线程中，Servlet 调用 service()方法响应用户请求，每个用户的请求都会导致 service()方法被调用执行，调用过程运行在不同的线程中，互不干扰。

6.2.4　Servlet 的 destroy()方法

destroy()方法是 HttpServlet 类中的方法，子类可直接继承。一般情况下不需要重写此方法。destroy()方法的声明格式如下：

```
public destroy()
```

当服务器终止服务时，destroy()方法会被执行，销毁 Servlet。

6.3　Servlet 的创建、部署与运行

Java Servlet 的核心思想是在服务器端创建 Servlet 对象，以响应用户请求。所以学习 Java Servlet 的首要任务是掌握创建 Servlet 类的方法，在 Tomcat 服务器上保存编译该类所得到的字节码文件的方法，以及编写部署文件的方法。

6.3.1　Servlet 源文件和字节码文件

1. Servlet 源文件

Servlet 源文件就是 Servlet 类。编写一个 Servlet 类就是编写一个特殊类的子类，这个特殊类就是 javax.servlet.http 包中的 HttpServlet 类。该类实现了 Servlet 接口，实现了响应用户的方法。HttpServlet 类的子类被习惯地称作一个 Servlet 类，而 Servlet 类创建的对象被习惯地称作一个 Servlet。

2. 字节码文件

字节码文件就是第 5 章介绍 JavaBean 时所说的包，使用 MyEclipse 开发程序时，它会

根据包路径自动创建并生成该文件。如果使用记事本编写代码，就需要使用命令行窗口手动编译字节码文件。字节码文件一般位于项目根目录下的 WEB-INF\classes 目录下。比如，实例 5-4 中 Student.java 文件包的路径为 com.jqe.bean，则该实例的字节码文件就可以在 WEB-INF\classes\com\jqe\bean 目录下找到，扩展名为 class。

6.3.2 编写部署文件 web.xml

除 Servlet 源文件和字节码文件外，还需要为 Tomcat 服务器编写一个部署文件。这样 Tomcat 服务器才能按用户的请求使用 Servlet 字节码文件创建对象。

部署文件名为 web.xml，由 Tomcat 服务器管理。此处不需要深入学习 XML 文件，只要知道该文件由很多标记组成，使用该类文件的应用程序（比如本书使用的 Tomcat 服务器）内置解析器，可以解析该类文件标记中的数据。

web.xml 文件一般位于 Web 服务目录的 WEB-INF 目录中。使用 MyEclipse 创建项目时，会自动在该目录下创建一个 web.xml 文件，读者可在其基础上进行修改。以下为 web.xml 文件的基本结构。

```
<?xml version="1.0" encoding="UTF-8"?>
<web-app>
  <display-name>ex1-1</display-name>
  <servlet>
    <servlet-name>myservlet</servlet-name>                    <!--注册的 Servlet 的名字-->
    <servlet-class>servlet.ServletDemo</servlet-class>        <!--注册的 Servlet 的类地址-->
</servlet>
<servlet-mapping>
    <servlet-name>myservlet</servlet-name>                    <!--注册的 Servlet 的名字 -->
    <url-pattern>/servlet</url-pattern>                       <!--配置组件的访问路径-->
</servlet-mapping>
</web-app>
```

在 Tomcat 服务器的 webapps 目录的 root 目录下也有一个 web.xml 文件，没有使用 MyEclipse 的用户可以参照它编写自己的部署文件。

由以上 web.xml 文件的基本结构可以看出，XML 文件以 XML 声明作为第一行，其前面不能有空白、其他处理指令或注释。XML 声明以“<?xml”标记开始，以“?>”标记结

束，并且“<?”和“xml”之间，以及“?”和“>”之间不能有空格。

除 XML 声明外，web.xml 文件中还有根标记、<servlet>标记及其子标记，以及<servlet-mapping>标记及其子标记。

1）根标记

XML 文件必须有一个根标记，web.xml 文件的根标记是<web-app></web-app>。

2）<servlet>标记及其子标记

<servlet>标记的内容由 Tomcat 服务器处理。<servlet>标记需要有两个子标记：<servlet-name>和<servlet-class>，<servlet-name>表示 Tomcat 服务器创建的 Servlet 实例的名字，<servlet-class>表示 Tomcat 服务器用于创建 Servlet 实例的 Servlet 类。web.xml 文件中可以有若干个<servlet>标记，但它们的<servlet-name>子标记内容必须不同，就是说服务器可以创建多个名字不同的 Servlet 实例。

3）<servlet-mapping>标记及其子标记

web.xml 文件中，<servlet-mapping>标记与<servlet>标记是一一对应的，该标记与<servlet>标记一样，都是根标记的直接子标记。<servlet-mapping>标记也需要有两个子标记：<servlet-name>和<url-pattern>，<servlet-name>表示 Tomcat 服务器创建的 Servlet 实例的名字，该名字必须与某个<servlet>标记的子标记<servlet-name>的内容相同；<url-pattern>标记表示用户用什么样的 URL 格式来请求 Servlet 实例。

> Web 服务目录的 WEB-INF 目录下的 web.xml 文件负责管理整个 Web 服务目录下的所有 Servlet，只需要在该文件中添加<servlet>和<servlet-mapping>子标记即可添加新的 Servlet。

6.3.3 创建与运行 Servlet

Servlet 由 Tomcat 服务器创建，Web 设计者只需要创建好 Servlet 类及其字节码文件，并配置好 web.xml 文件，用户就可以根据配置文件来请求服务器创建并运行一个 Servlet。下面通过一个实例，进一步理解创建与运行 Servlet 的过程。

【实例 6-1】 通过 Servlet 向浏览器输出信息。本例以 MyEclipse 为开发环境开发部署一个简单的 Servlet。在前面第 1 章已经介绍过 MyEclipse 的详细使用步骤，所以此处简单叙述。

步骤 1▶ 启动 MyEclipse，参照第 1 章 1.3.4 节的操作新建一个 Web Project，命名为 ch06，本章中的所有实例都将放在该项目中。

步骤 2▶　新建一个 Servlet 类 OutputServlet，并在其中编写以下代码：

```
package com.jqe.example;
import java.io.IOException;
import java.io.PrintWriter;
import javax.servlet.ServletException;
import javax.servlet.http.HttpServlet;
import javax.servlet.http.HttpServletRequest;
import javax.servlet.http.HttpServletResponse;
public class OutputServlet   extends HttpServlet{
@Override
  public void init() throws ServletException {
        super.init();
  }
@Override
protected void service(HttpServletRequest req, HttpServletResponse resp)
        throws ServletException, IOException {
  req.setCharacterEncoding("utf-8");                        //设置请求正文中所使用的字符编码
  resp.setContentType("text/html;charset=utf-8");   //设置响应数据内容的类型
  PrintWriter out = resp.getWriter();                       //获取字符类型的输出流对象
  out.println("此处为 Servlet 输出的信息");             //向浏览器输出信息
}
}
```

步骤 3▶　查看 Servlet 的部署文件 web.xml，并根据需要修改内容，如图 6-1 所示。

OutputServlet.java　web.xml

```
<?xml version="1.0" encoding="UTF-8"?>
<web-app xmlns:xsi="http://www.w3.org/2001/XMLSchema-instance" xmlns="http://xmlns.jcp.org/xml/ns/javaee" xsi:schemaLoc
  <display-name>ch06</display-name>
  <welcome-file-list>
    <welcome-file>index.html</welcome-file>
    <welcome-file>index.htm</welcome-file>
    <welcome-file>index.jsp</welcome-file>
    <welcome-file>default.html</welcome-file>
    <welcome-file>default.htm</welcome-file>
    <welcome-file>default.jsp</welcome-file>
  </welcome-file-list>
    <servlet>
      <servlet-name>output</servlet-name>                    <!--注册的Servlet的名字-->
      <servlet-class>com.jqe.example.OutputServlet</servlet-class>    <!--注册的Servlet的类地址-->
</servlet>
<servlet-mapping>
      <servlet-name>output</servlet-name>                    <!--注册的Servlet的名字 -->
      <url-pattern>/output</url-pattern>                        <!--配置组件的访问路径-->
</servlet-mapping>
</web-app>
```

Design　Source

图 6-1　web.xml 配置信息

步骤 4▶ 参照第 1 章 1.3.4 节的操作将项目部署到 Tomcat，并启动 Tomcat。在浏览器地址栏中输入网址 http://localhost:8080/ch06/output，并按回车键访问 Servlet，运行效果如图 6-2 所示。

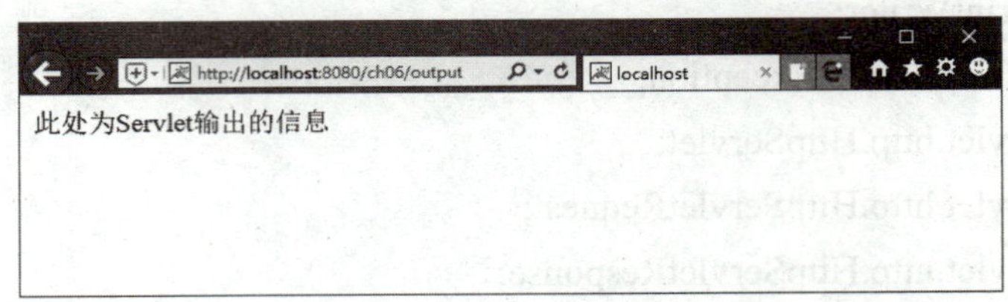

图 6-2　运行效果图

6.4 通过 JSP 页面访问 Servlet

用户除根据 Servlet 的请求格式在浏览器地址栏中直接输入网址来请求运行一个 Servlet 外，还可以通过 JSP 页面请求一个 Servlet，这样就可以让 JSP 页面展示数据，而 Servlet 负责处理数据。

如果部署文件 web.xml 中<servlet-mapping>标记的子标记<url-pattern>指定的请求 Servlet 的格式是"/myservlet"，则 JSP 页面请求 Servlet 时表单的 action 属性值必须要写成"myservlet"，而不能写成"/myservlet"，这样将成为请求 root 服务目录下的某个 Servlet。为加深理解，下面通过实例进行介绍。

【实例 6-2】　本实例通过表单向 Servlet 提交数据，共包括两个文件：JSP 页面"register.jsp"和 Servlet。首先通过 JSP 页面中的表单向 Servlet 提交数据，Servlet 通过 request 对象获取提交的数据，然后通过 response 对象获取输出流对象，最后通过输出流将数据输出到浏览器。

步骤 1▶ 在实例 6-1 新建的项目 ch06 中 WebRoot 目录下新建 JSP 网页 register.jsp，并设置其页面代码如下：

```
<%@page contentType="text/html;charset=utf-8"%>
<html>
  <body>
  <form method=get action=formservlet>
  <table>
  输入用户名：<br/>
  <input type=text name=name>
  <br/>
```

```
    输入密码：
    <br/>
    <input type=password name=password>
    <br/>
    输入性别：
    <br/>
    <input type=text name=sex>
    <br/>
    输入年龄：
    <br/>
    <input type=text name=age>
    <br/>
    <input type=submit value=login>
    </table>
    </form>
    </body>
</html>
```

步骤 2▶ 在项目 ch06 中新建 Servlet 类“FormServlet.java”，并设置其代码如下：

```
package com.jqe.example;
import java.io.IOException;
import java.io.PrintWriter;
import javax.servlet.ServletException;
import javax.servlet.http.HttpServlet;
import javax.servlet.http.HttpServletRequest;
import javax.servlet.http.HttpServletResponse;
public class FormServlet extends HttpServlet{
@Override
public void init() throws ServletException {
  super.init();
}
@Override
protected void service(HttpServletRequest req, HttpServletResponse resp)
        throws ServletException, IOException {
  req.setCharacterEncoding("utf-8");                    //设置请求正文中所使用的字符编码
```

```
    resp.setContentType("text/html;charset=utf-8");          //设置响应数据内容的类型
    String name = req.getParameter("name");                  //从客户端获取参数为name的值
    String password = req.getParameter("password");          //从客户端获取参数为password的值
    String sex = req.getParameter("sex");                    //从客户端获取参数为sex的值
    String age = req.getParameter("age");                    //从客户端获取参数为age的值
    PrintWriter out = resp.getWriter();                      //获取字符类型的输出流对象
    out.println("<html><body>");                             //向浏览器输出信息
    out.println("姓名是"+name);
    out.println("<br/>");
    out.println("密码是"+password);
    out.println("<br/>");
    out.println("性别是"+sex);
    out.println("<br/>");
    out.println("年龄是"+age);
    out.println("</body></html>");
  }
}
```

步骤 3▶ 在部署文件 web.xml 中</web-app>标签前面添加以下代码:

```
<servlet>
   <servlet-name>form</servlet-name>
   <servlet-class>com.jqe.example.FormServlet</servlet-class>
</servlet>
<servlet-mapping>
   <servlet-name>form</servlet-name>
   <url-pattern>/formservlet</url-pattern>
</servlet-mapping>
```

启动 Tomcat，在浏览器地址栏中输入网址 http://localhost:8080/ch06/register.jsp，按下回车键，打开页面，在各输入框中输入用户信息，之后单击 login 按钮，运行效果如图 6-3 所示。

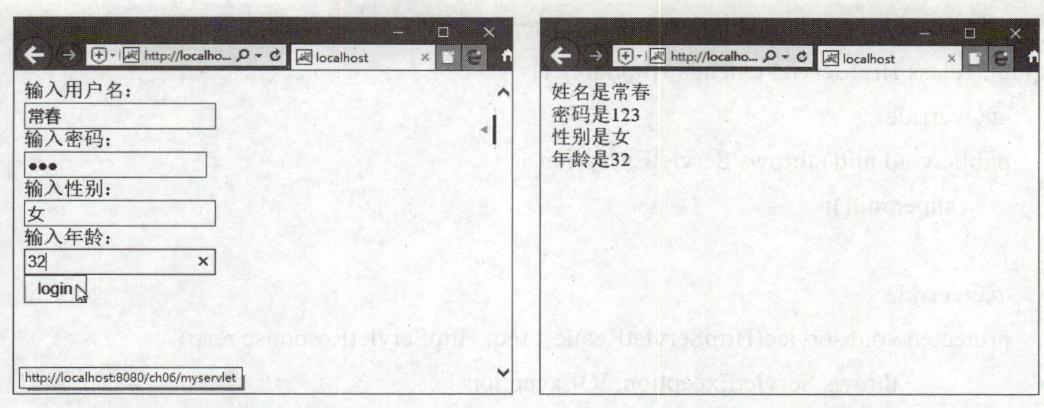

图 6-3 使用表单请求 Servlet

上述实例通过表单向 Servlet 提交数据，实际上使用超链接也可以访问 Servlet。接下来通过实例介绍使用超链接访问 Servlet 的方法。如果部署文件 web.xml 中 <servlet-mapping>标记的子标记<url-pattern>指定的请求 Servlet 的格式是/myhref，那么<a>超链接标记中 href 的值是 myhref。

【实例 6-3】 本实例使用超链接访问 Servlet，共包括两个文件：JSP 页面“square.jsp”和 Servlet。

步骤 1▶ 继续在实例 6-1 新建的项目 ch06 中操作。在 WebRoot 目录下新建 JSP 网页 square.jsp，并设置其页面代码如下：

```
<%@page contentType="text/html;charset=utf-8"%>
<html>
<body>
<a href="myhref?length=6">
假设正方形的边长为 6，则其面积为
</a>
</body>
</html>
```

步骤 2▶ 在项目 ch06 中新建 Servlet 类“HrefServlet.java”，并设置其代码如下：

```
package com.jqe.example;
import java.io.IOException;
import java.io.PrintWriter;
import javax.servlet.ServletException;
import javax.servlet.http.HttpServlet;
import javax.servlet.http.HttpServletRequest;
```

```
import javax.servlet.http.HttpServletResponse;
public class HrefServlet extends HttpServlet{
    @Override
    public void init() throws ServletException {
        super.init();
    }
    @Override
    protected void service(HttpServletRequest req, HttpServletResponse resp)
            throws ServletException, IOException {
        req.setCharacterEncoding("utf-8");                    //设置请求正文中所使用的字符编码
        resp.setContentType("text/html;charset=utf-8");  //设置响应数据内容的类型
        String lengthstr = req.getParameter("length");     //从客户端获取参数为 length 的值
        int length = Integer.parseInt(lengthstr);           //类型转换
        PrintWriter out = resp.getWriter();                 //得到字符型的输出流对象
        out.println("<html><body>");                         //向浏览器输出信息
        out.println("面积是"+length*length);
        out.println("</body></html>");
    }
}
```

步骤 3▶ 在部署文件 web.xml 中</web-app>标签前面添加以下代码:

```
<servlet>
<servlet-name>href</servlet-name>
<servlet-class>com.jqe.example.HrefServlet</servlet-class>
</servlet>
<servlet-mapping>
<servlet-name>href</servlet-name>
<url-pattern>/myhref</url-pattern>
</servlet-mapping>
```

启动 Tomcat，在浏览器地址栏中输入网址 http://localhost:8080/ch06/square.jsp，按下回车键运行页面，之后单击文字超链接，效果如图 6-4 所示。

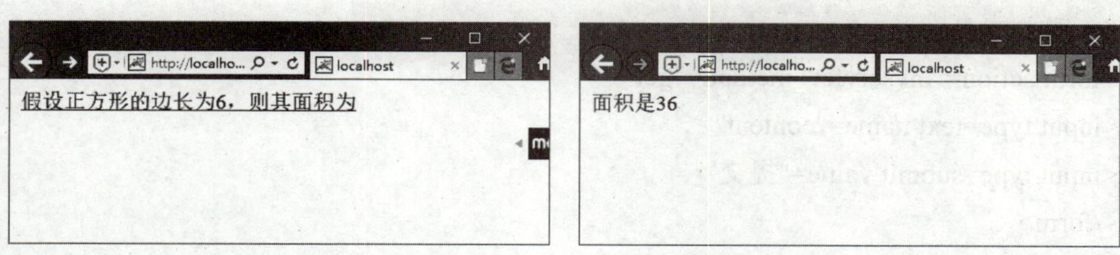

图 6-4　使用超链接请求 Servlet

6.5 doGet()与 doPost()方法

除 init()，service()和 destroy()方法外，HttpServlet 类还有两个很重要的方法——doGet()和 doPost()，用于处理用户请求并作出响应。

服务器创建 Servlet 后，该 Servlet 会调用 init()方法初始化自己，然后每当服务器接受一个对该 Servlet 的请求时，就会产生一个新线程，并在新线程中调用 service()方法。service()方法的功能是检查 HTTP 请求类型（get，post 等），并根据用户的请求方式，在 service()方法中对应地调用 doGet()或 doPost()方法。为了增加响应灵活性，并降低服务器负担，在编写 Servlet 类时，可以不重写 service()方法，而通过重写 doGet()或 doPost()方法来响应用户请求。

如果不论用户请求类型是 get 还是 post，Servlet 的处理过程都相同，那么可以在 doPost 方法中编写处理过程，在 doGet 方法中再调用 doPost 方法即可；或者在 doGet 方法中编写处理过程，在 doPost 方法中再调用 doGet 方法。如果根据请求类型进行不同的处理，就要在两个方法中编写不同的处理过程。接下来通过一个例子来理解 doGet 和 doPost 方法的应用。

【实例 6-4】　本实例分别利用表单的 get 和 post 请求方式访问 Servlet。共包括两个文件：JSP 页面“gp.jsp”和 Servlet。在 gp.jsp 文件中有两个表单请求同一个 Servlet，一个表单的请求方式是 get，另一个表单的请求方式是 post。当表单的请求方式是 get 时，Servlet 在 doGet 方法中输出提交的信息；当表单的请求方式是 post 时，Servlet 在 doPost 方法中输出提交的信息。

步骤 1▶　继续在实例 6-1 新建的项目 ch06 中操作。在 WebRoot 目录下新建 JSP 网页 gp.jsp，并设置其页面代码如下：

```
<%@page contentType="text/html;charset=utf-8"%>
<html>
<body>
```

```
get 请求方式：
<form action="myservlet" method="get">
<input type=text name="content">
<input type=submit value="提交">
</form>
post 请求方式：
<form action="myservlet" method="post">
<input type=text name="content">
<input type=submit value="提交">
</form>
</body>
</html>
```

步骤 2▶ 在项目 ch06 中新建 Servlet 类 "GetPostServlet.java"，并设置其代码如下：

```
package com.jqe.example;
import java.io.IOException;
import java.io.PrintWriter;
import javax.servlet.ServletException;
import javax.servlet.http.HttpServlet;
import javax.servlet.http.HttpServletRequest;
import javax.servlet.http.HttpServletResponse;
public class GetPostServlet extends HttpServlet{
  @Override
  public void init() throws ServletException {
      // TODO Auto-generated method stub
      super.init();
  }
  @Override
  protected void doGet(HttpServletRequest req, HttpServletResponse resp)
            throws ServletException, IOException {
      // TODO Auto-generated method stub
      req.setCharacterEncoding("utf-8");                //设置请求正文中所使用的字符编码
      resp.setContentType("text/html;charset=utf-8");   //设置响应数据内容的类型
      String content = req.getParameter("content");     //从客户端获取参数为 length 的值
      PrintWriter out = resp.getWriter();               //得到字符型的输出流对象
```

```
        out.println("用户的请求方式是:GET");          //向浏览器输出信息
        out.println("</br>");
        out.println("提交的内容是:"+content);
    }
    @Override
    protected void doPost(HttpServletRequest req, HttpServletResponse resp)
            throws ServletException, IOException {
        // TODO Auto-generated method stub
        req.setCharacterEncoding("utf-8");                //设置请求正文中所使用的字符编码
        resp.setContentType("text/html;charset=utf-8");   //设置响应数据内容的类型
        String content = req.getParameter("content");     //从客户端获取参数为content的值
        PrintWriter out = resp.getWriter();               //得到字符型的输出流对象
        out.println("用户的请求方式是:POST");         //向浏览器输出信息
        out.println("</br>");
        out.println("提交的内容是:"+content);
    }
}
```

步骤3▶ 在部署文件 web.xml 中</web-app>标签前面添加以下代码:

```
<servlet>
<servlet-name>servletdemo</servlet-name>
<servlet-class>com.jqe.example.GetPostServlet</servlet-class>
</servlet>
<servlet-mapping>
<servlet-name>servletdemo</servlet-name>
<url-pattern>/myservlet</url-pattern>
</servlet-mapping>
```

启动 Tomcat，在浏览器地址栏中输入网址 http://localhost:8080/ch06/gp.jsp，按下回车键运行页面，效果如图 6-5 所示。

在 get 请求方式对应的文本框中输入“Happy”，单击“提交”按钮，效果如图 6-6 所示。

图 6-5　gp.jsp 页面运行效果　　图 6-6　Servlet 调用 doGet 方法

在 post 请求方式对应的文本框中输入“Happy”，单击“提交”按钮，效果如图 6-7 所示。

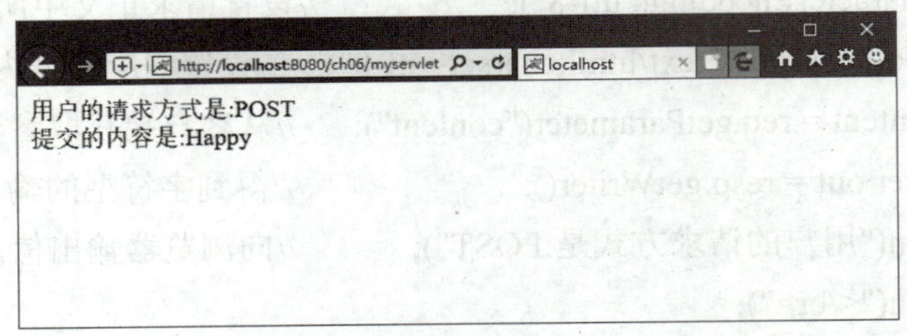

图 6-7　Servlet 调用 doPost 方法

由图 6-6 和图 6-7 可以看出，以 get 请求方式提交数据时，数据在 URL 中可见；以 post 请求方式提交数据时，数据被放在 form 的数据体内提交，数据在 URL 中不可见。所以考虑到安全问题，有些敏感数据一般用 post 请求方式。

6.6 重定向与转发

6.6.1 重定向

重定向是 JSP 中实现程序跳转至目标资源的方法之一，它的基本原理是：服务器将目标资源完整的 URL 通过 HTTP 响应报头发送给客户端浏览器，浏览器接收到 URL 后更新地址栏，并将 URL 提交给服务器。重定向使 URL 从服务器传给客户端浏览器，再从客户端通过 HTTP 请求传回服务器。重定向的目标页面或 Servlet 无法使用 request 获取用户提交的数据。

重定向方法为 void sendRedirect(String location)，此方法是 HttpServletResponse 类中的方法。

6.6.2 转发

转发可以把用户对当前 JSP 页面或 Servlet 的请求转发给另一个 JSP 页面或 Servlet，而且将用户对当前 JSP 页面或 Servlet 的请求和响应（HttpServletRequest 对象和 HttpServletResponse 对象）传递给转发到的 JSP 页面或 Servlet，也就是说，当前页面所要转发到的目标页面或 Servlet 可以使用 request 获取用户提交的数据。

转发的方法为 void forward(ServletRequest request,ServletResponse response)，调用此方法需要先用 request 对象调用 public RequestDispatcher getRequestDispatcher(String path)这个方法，得到一个 RequestDispatcher 对象，其中参数 path 是要转发到的 JSP 页面或 Servlet，然后利用此对象调用 void forward(ServletRequest request,ServletResponse response)方法，完成转发。

转发与重定向的区别主要有以下几点：

- 转发是在服务器端切换程序，目标 URL 不会出现在浏览器的地址栏中，而重定向会导致浏览器地址更新。
- 转发能够把当前 JSP 页面的 request 和 response 对象转发给目标资源，而重定向不可以。
- 转发跳转直接在服务器端进行，而重定向使目标资源的 URL 从服务器传到客户端，再从客户端通过 HTTP 请求传回服务器，所以重定向会有网络传输时延。

接下来通过实例来验证它们区别的第一点和第二点。

【实例 6-5】 本实例共包括 3 个文件：enter.jsp，show.jsp 和 Servlet。在 enter.jsp 文件中有一个表单，当用户在表单文本框中输入“JSP”，并单击“提交”按钮时，页面通过转发跳转至 show.jsp 页面；当用户在表单文本框中输入其他字符，并单击“提交”按钮时，页面通过重定向跳转至 show.jsp 页面。

步骤 1▶ 继续在实例 6-1 新建的项目 ch06 中操作。在 WebRoot 目录下新建 JSP 网页 enter.jsp，并设置其页面代码如下：

```
<%@page contentType="text/html;charset=utf-8"%>
<html>
<body>
<form action="twomethod" method="get">
输入“JSP”通过转发跳转至 show.jsp 页面，否则通过重定向跳转至 show.jsp 页面！
<input type=text name="content">
<input type=submit value="提交">
</form>
</body>
```

```
</html>
```

步骤 2▶ 继续在 WebRoot 目录下新建 JSP 网页 show.jsp，并设置其页面代码如下：

```
<%@ page language="java" import="java.util.*" pageEncoding="utf-8"%>
<html>
    <body>
    <b>如果 index.jsp 页面提交的数据为 JSP，那么 Servlet 就会转发到此页面，所以可以通过 request 对象获取提交的数据，如果数据不是 JSP，那么将获取不到提交的数据。</b>
    <br>
    <% String content = request.getParameter("content");
    if(content!=null){%>
    提交的数据是：<%=content %>
    <% }else{ %>
    没有获取到提交的数据
    <% } %>
    </body>
</html>
```

步骤 3▶ 在项目 ch06 中新建 Servlet 类 “ServletDemo.java”，并设置其代码如下：

```
package com.jqe.example;
import java.io.IOException;
import java.io.PrintWriter;
import javax.servlet.RequestDispatcher;
import javax.servlet.ServletException;
import javax.servlet.http.HttpServlet;
import javax.servlet.http.HttpServletRequest;
import javax.servlet.http.HttpServletResponse;
public class ServletDemo extends HttpServlet{
    @Override
    public void init() throws ServletException {
        // TODO Auto-generated method stub
        super.init();
    }
    @Override
    protected void doGet(HttpServletRequest req, HttpServletResponse resp)
            throws ServletException, IOException {
```

```
        req.setCharacterEncoding("utf-8");                    //设置请求正文中所使用的字符编码
        resp.setContentType("text/html;charset=utf-8");   //设置响应数据内容的类型
        String content = req.getParameter("content");       //从客户端获取参数为 content 的值
        PrintWriter out = resp.getWriter();                  //得到字符型的输出流对象
        if(content.equals("JSP")){                           //判断内容是否为 JSP
            RequestDispatcher requestDispatcher = req.getRequestDispatcher("show.jsp");
            requestDispatcher.forward(req, resp);          //转发
        }else{
            resp.sendRedirect("show.jsp");                 //重定向
        }
    }
}
```

步骤 4▶ 在部署文件 web.xml 中</web-app>标签前面添加以下代码:

```
<servlet>
<servlet-name>servletmo</servlet-name>
<servlet-class>com.jqe.example.ServletDemo</servlet-class>
</servlet>
<servlet-mapping>
<servlet-name>servletmo</servlet-name>
<url-pattern>/twomethod</url-pattern>
</servlet-mapping>
```

启动 Tomcat，在浏览器地址栏中输入网址 http://localhost:8080/ch06/enter.jsp，并按下回车键运行页面，效果如图 6-8 所示。

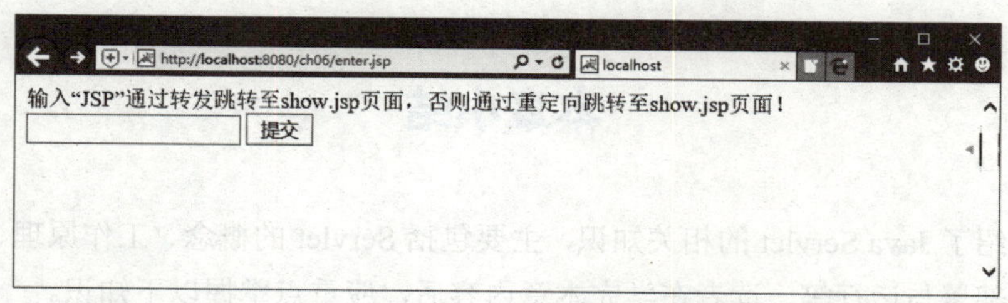

图 6-8　enter.jsp 文件运行效果

首先在文本框中输入 JSP，然后提交数据，运行效果如图 6-9 所示。

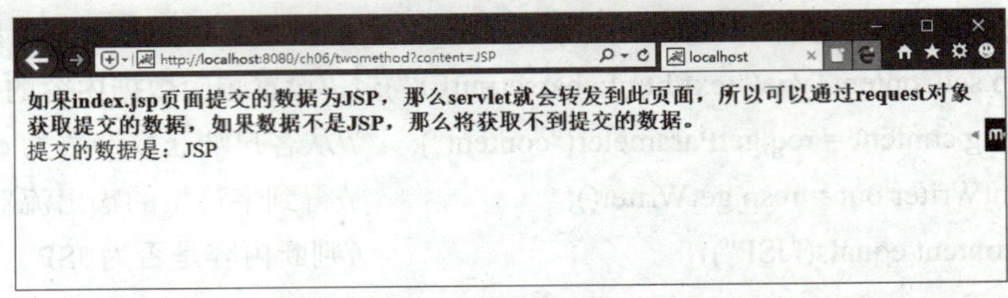

图 6-9　转发跳转到 show.jsp 页面

由图 6-9 可以看出两点：

（1）转发跳转到 show.jsp 页面，可以将 request 和 response 对象转发给目标资源，然后目标资源通过 request 对象获取上一个页面提交的数据 JSP。

（2）转发不会导致浏览器更新地址。

接下来输入其他字符串，比如 JavaWeb，运行效果如图 6-10 所示。

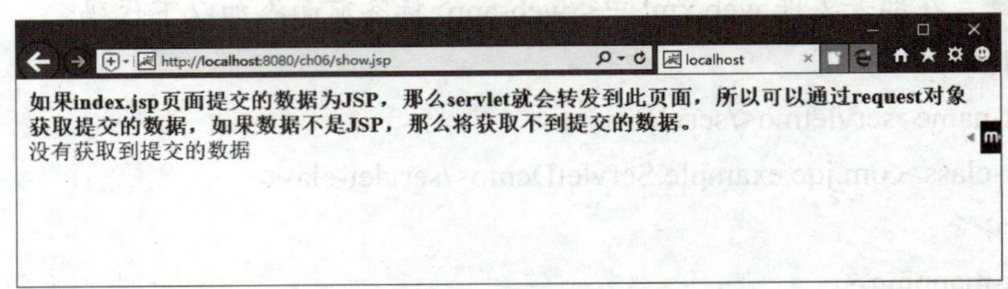

图 6-10　重定向跳转到 show.jsp 页面

由图 6-10 可以看出两点：

（1）重定向跳转到 show.jsp 页面，不能将 request 和 response 对象转发给目标资源，所以获取不到上一个页面提交的数据。

（2）重定向会导致浏览器更新地址。

本章小结

本章介绍了 Java Servlet 的相关知识，主要包括 Servlet 的概念、工作原理、生命周期，及其创建、部署与运行等。读者在学完本章内容后，应重点掌握以下知识。

- Servlet 主要用于在 Web 服务器端获得客户端的访问请求信息和动态生成对客户端的响应消息。
- 一个 Servlet 的生命周期主要有 4 个过程，加载和实例化阶段、Servlet 初始化阶段、请求处理阶段和服务终止阶段。

- 除 Servlet 源文件和字节码文件外，还需要为 Tomcat 服务器编写一个部署文件。部署文件名为 web.xml，一般位于 Web 服务目录的 WEB-INF 目录中，由 Tomcat 服务器管理。
- 用户除可以在浏览器地址栏中直接输入网址来请求运行一个 Servlet 外，还可以通过 JSP 页面请求一个 Servlet，这样就可以让 JSP 页面展示数据，而 Servlet 负责处理数据。
- 转发与重定向的区别主要有以下几点：（1）转发是在服务器端切换程序，目标 URL 不会出现在浏览器地址栏中，而重定向会导致浏览器地址更新；（2）转发能够把当前 JSP 页面的 request 和 response 对象转发给目标资源，而重定向不可以；（3）转发跳转直接在服务器端进行，而重定向使目标资源的 URL 从服务器传到客户端，再从客户端通过 HTTP 请求传回服务器，所以重定向会有网络传输时延。

思考与练习

一、填空题

1．Servlet 第一次被请求加载时，服务器创建一个 Servlet 实例，并调用______方法完成实例的初始化。

2．当 Servlet 初始化完成之后，会调用________方法来处理用户的请求并返回响应。

3．Java Servlet 的核心思想是在__________端创建 Servlet 对象，以响应用户请求。

4．部署文件名为__________，由 Tomcat 服务器管理。

二、简答题

1．简述 Servlet 的生命周期。

2．简述重定向和转发的区别。

3．简述 Servlet 和 JSP 的关系。

第 7 章 JSP 中的文件操作

文件是存放在磁盘上的一系列数据的集合，它可以永久地存储信息。应用程序如果想长期保存数据，就必须将数据存储到文件中。有时候服务器需要将用户提交的数据保存到文件，或者用户需要读取服务器上的文件，此时就需要用到文件的读写操作。JSP 通过 Java 的输入输出流实现文件的读写操作。

本章使用的 Web 服务目录是 ch07。本章中所有实例源代码均位于本书配套素材“素材与实例\ch07”目录下。在开始本章的学习之前，可以先将“ch07”文件夹拷贝至本地磁盘。

7.1 File 类

File 对象用于获取文件本身的信息，如文件长度、文件所在目录、文件读写权限等。File 类只描述了文件本身的属性，它没有涉及文件的读取和存储操作。

创建一个 File 对象的构造方法有以下 3 个：

```
File(String filename)
File(String directoryPath,String filename)
File(File f,String filename)
```

第一个构造方法通过文件名或文件的绝对路径来创建对象，filename 可以是文件名或文件绝对路径；第二个构造方法通过文件父目录和文件名来创建对象，directoryPath 表示文件父目录，filename 表示文件名；第三个构造方法同样是通过文件父目录和文件名来创建对象，所不同的是，文件父目录由一个 File 对象提供，比如 f = new File("D:/MYJSP")。

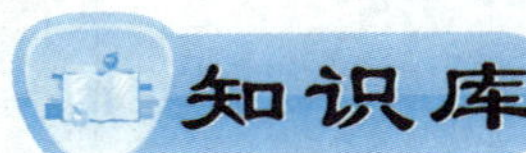

文件路径有两种形式：绝对路径和相对路径。绝对路径是指文件在硬盘上真正存在的路径，是此文件的完整路径信息。相对路径就是相对于自己的目标文件位置，是针对于“其他某个路径”的，“其他某个路径”和相对路径共同定位一个文件的位置。

子目录和父目录是相对于当前目录而言的（文件夹），子目录是当前所在目录的下一层目录，父目录是当前所在目录的上一层目录（文件夹）。

下面简单介绍 File 对象的几个常用方法：

- getName()：获取文件名称。
- canRead()：判断文件是否可读。
- canWrite()：判断文件是否可写。
- isFile()：判断文件是否是一个文件，而不是目录。

- isDirectory()：判断是否是一个目录。
- getAbsolutePath()：获取文件绝对路径。
- exists()：判断文件是否存在。
- mkdir()：在指定位置创建一个单级文件夹，创建成功就返回 true，否则返回 false。此方法不能在不存在的文件夹下建立新的文件夹。
- delete()：删除当前对象代表的文件或目录。如果代表目录，则该目录必须为空。

在下面的实例 7-1 中，使用上述方法中的一些实现了创建目录的操作。

【实例 7-1】　本例中首先创建 File 对象，然后使用 File 对象的 exists()方法判断所要创建的目录（image）是否存在，如果不存在就创建，如果存在就删除。

步骤 1▶　启动 MyEclipse，参照第 1 章 1.3.4 节的操作新建一个 Web Project，命名为 ch07，本章中的所有实例都将放在该项目中。

步骤 2▶　在名为 ch07 的 web 项目中创建 JSP 文件 7-1.jsp，JSP 文件代码如下所示：

```
<%@page language="java" import="java.util.*" pageEncoding="utf-8"%>
<%@page import="java.io.*"%>
<html>
  <head>
    <title>create Directory</title>
  </head>
  <body>
  <%
  File file = new File("D://image");                    //创建 File 对象
  if(file.exists()){                                    //判断此目录是否存在
    file.delete();                                      //删除目录
    out.println("目录已存在，现被删除");
  }else{
       file.mkdir();                                    //建立目录
  out.println("目录不存在，现被创建");
  }
  %>
  </body>
</html>
```

步骤 3▶　启动 Tomcat，在浏览器地址栏中输入网址，运行网页，如图 7-1（a）所示。打开目录可以看到新建的文件夹，如图 7-1（b）所示。

（a）

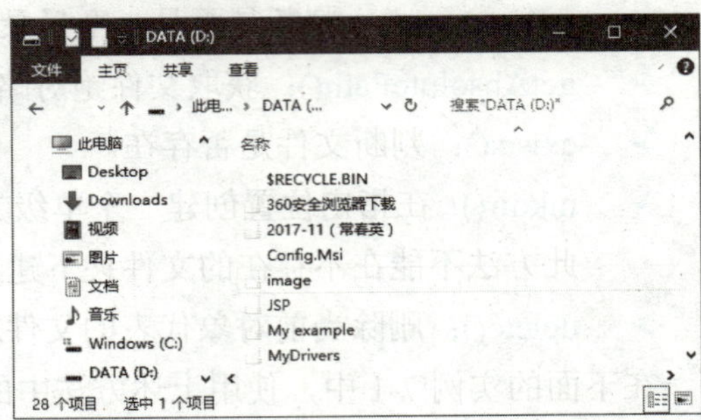

（b）

图 7-1　创建目录

步骤 4▶　刷新网页，如图 7-2（a）所示。打开目录可看到新建的文件夹已被删除，如图 7-2（b）所示。

（a）

（b）

图 7-2　删除目录

7.2 I/O 流

大多数应用程序都需要与外部设备进行数据交换，最常见的外部设备包含磁盘和网络。I/O 就是指应用程序对这些设备中数据的输入与输出。Java 的 I/O 流提供一条通道程序，可以使用这条通道把数据源中的数据发送到目的地，输入流的指向称作源，输出流的指向是数据要去的一个目的地，程序通过向输出流写入数据把信息传送到目的地。

InputStream，OutputStream，Reader 和 Writer 类是 java.io 包提供的最重要的四个抽象流类。其中，InputStream 类及其子类对象为字节输入流；OutputStream 类及其子类对象为字节输出流；Reader 类及其子类对象为字符输入流；Writer 类及其子类对象为字符输出流。

7.2.1 字节输入流

1. 字节输入流的使用步骤

使用输入流通常需要以下 4 个基本步骤：

（1）设定输入流的源；

（2）创建指向源的输入流；

（3）让输入流读取源中的数据；

（4）关闭输入流。

假设有一个文本文件 content.txt，要通过输入流读取此文件的内容并输出，那么 content.txt 就是输入流的源；如果对文件读取需求比较简单，可以使用 FileInputStream 类读取文件内容，这样 FileInputStream 即为指向源的输入流；读取数据时需要用到 int read()方法，当读取结束时，此方法返回“-1”；最后通过 close()方法关闭输入流。

要实例化一个 FileInputStream 类的对象，可以使用以下两种构造方法。

```
FileInputStream(String name);
FileInputStream(File file);
```

第一个构造方法使用给定的文件名 name 创建 FileInputStream 输入流，第二个构造方法使用 File 对象创建 FileInputStream 输入流。参数 name 和 file 指定的文件为输入流的源。

2. 字节输入流的常用方法介绍

- available( )：返回当前可读的输入字节数。
- read( )：输入流调用该方法从源中读取单个字节的数据，如果下个字节可读则返回字节值（一个整数），遇到文件结尾时返回-1。
- read(byte buffer[ ])：输入流调用该方法从源中试图读取 buffer.length 个字节到字节数组 buffer 中，并返回实际成功读取的字节数，遇到文件结尾时返回-1。
- read(byte buffer[ ], int offset,int numBytes)：输入流调用该方法从源中试图读取 buffer 中从 offset 指定位置开始的 numBytes 个字节，返回实际读取的字节数，遇到文件结尾时返回-1。
- reset( )：重新设置输入指针到先前设置的标志处。
- skip(long numBytes)：忽略 numBytes 个输入字节，返回实际忽略的字节数。
- close( )：关闭输入流，关闭之后若再读取就会产生 IOException 异常。

需要注意的是，InputStream 类的所有方法在出错条件下都会引发一个 IOException 异常，因此需要利用第 2 章学过的异常处理语句来捕获异常。

下面给出一个例子说明字节输入流的使用方法。

【实例 7-2】 本实例通过字节输入流实现读取文件内容的目的，主要涉及两个文件：7-2.jsp 和 contentread.txt。首先在 F 盘的根目录下创建一个内容为“JSP”，名字为 contentread.txt 的文件；然后在前面创建的项目 ch07 中创建一个 JSP 文件 7-2.jsp，其内容如下：

```
<%@page language="java" import="java.util.*" pageEncoding="utf-8"%>
<%@page import="java.io.*"%>
<html>
  <head>
    <title>create Directory</title>
  </head>
  <body>
  <%
  try {                                         //进行异常捕获
          //创建指向源的输入流
          FileInputStream fileInputStream = new FileInputStream("f://contentread.txt");
          int len = 0;                          //定义局部整型变量 len，用来接收读取的内容
          //循环读取文件内容，直到返回-1（返回-1，说明到达文件末尾）
          while((len = fileInputStream.read())!=-1){   %>
          <%=(char)len %>                <!--将读取的内容强制转换为字符型并输出-->
          <%  }
          fileInputStream.close();        //关闭输入流
      } catch (FileNotFoundException e) {
          e.printStackTrace();
      } catch (IOException e) {
          e.printStackTrace();
      }
  %>
```

```
</body>
</html>
```

在浏览器地址栏中输入网址 http://localhost:8080/ch07/7-2.jsp，按回车键运行页面，结果如图 7-3 所示。

图 7-3 读取文本文件内容

7.2.2 字节输出流

1. 字节输出流的使用步骤

OutputStream 类及其子类对象为字节输出流，使用输出流通常需要以下 4 个基本步骤：

（1）指定输出流的目的地；

（2）创建指向目的地的输出流；

（3）用输出流将数据写入到目的地；

（4）关闭输出流。

假设有一个文本文件 content.txt，要通过输出流将数据写入到该文件中，那么 content.txt 就是输出流的目的地；如果对文件写入需求比较简单，可以使用 FileOutputStream 类，此类即为指向目的地的输出流；写入数据到目的地时使用 void write（int n）方法；最后通过 close()方法关闭输出流。

要实例化一个 FileOutputStream 类的对象，可以使用以下两种构造方法。

```
FileOutputStream(String name);
FileOutputStream(File file);
```

第一个构造方法使用给定的文件名 name 创建 FileOutputStream 输出流，第二个构造方法使用 File 对象创建 FileOutputStream 输出流。同输入流相同，OutputStream 类的所有方法同样会在出错条件下引发一个 IOException 异常，因此也需要异常处理语句来捕获异常。

2. 字节输出流的常用方法介绍

- void flush( )：定制输出状态以使每个缓冲器都被清除，也就是清空缓冲区的数据流。

- void write(int b)：输出流调用该方法向目的地写入单个字节，注意参数是一个整型数，它允许设计者不必把参数转换成字节型就可以调用。
- void write(byte buffer[ ])：输出流调用该方法向目的地写入一个完整的字节数组。
- void write(byte buffer[ ], int offset, int numBytes)：从给定字节数组 buffer 中，取出以 offset 为起点的 numBytes 个字节内容，写入目的地。
- void close( )：关闭输出流。关闭后再进行写操作会产生 IOException 异常。

下面给出一个例子说明字节输出流的使用方法。

【实例 7-3】 本实例通过字节输出流实现向文件中写入内容的目的。主要涉及 3 个文件：7-3.jsp，contentread.txt 和 contentwrite.txt。首先在 F 盘的根目录下创建一个内容为“JSP”，名字为 contentread.txt 的文件，以及一个内容为空，名字为 contentwrite.txt 的文件；然后在前面创建的项目 ch07 中创建一个 JSP 文件 7-3.jsp，其内容如下：

```
<%@page language="java" import="java.util.*" pageEncoding="utf-8"%>
<%@page import="java.io.*"%>
<html>
  <head>
    <title>create Directory</title>
  </head>
  <body>
  <%
  try {                              //进行异常捕获
    //创建指向源的输入流
    FileInputStream fileInputStream = new FileInputStream("f://contentread.txt");
    //创建指向目的地的输出流
    FileOutputStream fileOutputStream=new FileOutputStream("f://contentwrite.txt");
    int len = 0;                          //定义局部整型变量 len，用于接收读取的内容
    //循环读取文件内容，直到返回-1（返回-1，说明到达文件末尾）
    while((len = fileInputStream.read())!=-1){
        fileOutputStream.write(len);    //将读取的内容通过输出流写入到目的地
        }
        fileInputStream.close();          //关闭输入流
        fileOutputStream.close();         //关闭输出流
    } catch (FileNotFoundException e) {
        e.printStackTrace();
    } catch (IOException e) {
```

```
            e.printStackTrace();
        }
    %>
    </body>
</html>
```

在浏览器地址栏中输入网址 http://localhost:8080/ch07/7-3.jsp，按回车键运行页面，打开原来为空白的文件 contentwrite.txt，可以看到文件中已写入 contentread.txt 中的内容"JSP"，也就是说此时两个文本文件的内容是一样的。

7.2.3　字符流

尽管字节流提供了处理 I/O 操作的足够的功能，但它们不能直接操作 Unicode 字符。比如，一个汉字在文件中占用两个字节，如果使用字节流，读取不当会出现乱码现象。既然 Java 的一个主要目标是支持"一次编写，处处运行"，那么包含直接的字符输入/输出的支持是必要的。与字节流 FileInputStream 和 FileOutputStream 对应的字符流是 FileReader 和 FileWriter，其构造方法如下：

```
FileReader(String filename);
FileReader(File filename);
FileWriter(String filename);
FileWriter(File filename);
```

字符流的 read 和 write 方法以字符为单位读写数据，使用方法和字节流类似。

7.2.4　缓冲流

缓冲流可以增强读写文件的能力，比如 Student.txt 是一个学生名单，每个名字占一行。如果我们想要读取名字，则必须每次读一行，使用 FileReader 流很难完成这样的任务，因为我们不清楚一行有多少字符，FileReader 类并没有提供读取一行的方法，这样就用到了缓冲流。

BufferedReader 和 BufferedWriter 类创建的对象称为缓冲输入、输出流。二者的源和目的地必须是字符输入流和字符输出流。就是说，如果把文件字符输入流作为 BufferedReader 流的源，把文件字符输出流作为 BufferedWriter 流的目的地，则这样创建的流将比单纯使用字符输入流和字符输出流有更强的读写能力。比如，BufferedReader 流就可以按行读取文件。

BufferedReader 类和 BufferedWriter 类的构造方法如下：

```
BufferedReader(Reader in);
BufferedWriter (Writer out);
```

使用缓冲流读写文件的常用方法如下：

➢ readLine()：BufferedReader 流调用该方法读取文本行。

➢ write(String s,int off,int len)：BufferedWriter 流调用该方法把字符串 s 写入文件中，参数 off 是 s 开始处的偏移量，len 是写入的字符数量。

➢ newLine()：BufferedWriter 流调用该方法向文件中写入一个回行符。

在下面的实例 7-4 中，使用字符流和缓冲流完成文件的读取和写入，以便加深读者对字符流和缓冲流的理解。

【实例 7-4】 本实例主要涉及 3 个文件：7-4.jsp，contentread.txt 和 contentwrite.txt。首先在 F 盘的根目录下创建一个内容为“使用字符流和缓冲流完成文件的读取和写入”，名字为 contentread.txt 的文件；然后在前面创建的 ch07 项目中创建一个 JSP 文件 7-4.jsp，在该文件中判断 F 盘根目录下是否有一个 contentwrite.txt 文件，如果没有就生成该文件，之后通过字符输入输出流和缓冲流将 contentread.txt 中的内容写入到 contentwrite.txt 文件中。

文件 7-4.jsp 的内容如下：

```
<%@page language="java" import="java.util.*" pageEncoding="utf-8"%>
<%@page import="java.io.*"%>
<html>
  <head>
    <title>create Directory</title>
  </head>
  <body>
  <%
  try {                                                          //进行异常捕获
      FileReader fileReader = new FileReader("f://contentread.txt"); //创建指向源的输入流
      //通过向 BufferedReader 传递 FileReader 的实例，创建一个 BufferedReader 对象
      BufferedReader bufferedReader = new BufferedReader(fileReader);
      File file =new File("f://contentwrite.txt");               //创建 File 对象
      if(!file.exists()){                                        //判断文件是否存在
      file.createNewFile();                                      //不存在则新建一个
      }
      FileWriter fileWriter = new FileWriter(file);   //创建指向目的地的输出流
      //通过向 BufferedWriter 传递 FileWriter 的实例，创建一个 BufferedWriter 对象
      BufferedWriter bufferedWriter = new BufferedWriter(fileWriter);
```

```
        String str = null;
        //当读取内容不为空时循环读取，每次读取一行内容
        while((str=bufferedReader.readLine())!=null){
        bufferedWriter.write(str);              //将读取的内容通过输出流写到目的地
        bufferedWriter.newLine();               //换行
            bufferedWriter.flush();             //刷新
        }
        bufferedWriter.close();                           //关闭缓冲流
        bufferedReader.close();                           //关闭缓冲流
    } catch (FileNotFoundException e) {
        e.printStackTrace();
    } catch (IOException e) {
        e.printStackTrace();
    }
 %>
 </body>
</html>
```

在浏览器地址栏中输入网址 http://localhost:8080/ch07/7-4.jsp，按回车键运行页面，打开原来为空白的文件 contentwrite.txt，可以看到文件中已写入 contentread.txt 中的内容，也就是说此时两个文本文件的内容是一样的。

知识库

流的关闭顺序，一般情况下是先打开的后关闭，后打开的先关闭。另一种情况是看依赖关系，如果流 a 依赖流 b，应该先关闭流 a，再关闭流 b。例如，处理流 a 依赖节点流 b，应该先关闭处理流 a，再关闭节点流 b。也可以只关闭处理流，不用关闭节点流。处理流关闭的时候，会调用其处理的节点流的关闭方法。

7.3 文件上传和下载

7.3.1 文件上传

用户通过 JSP 页面上传文件时，该 JSP 页面必须含有 File 类型的表单，同时需要将表

单的 enctype 属性值设为 multipart/form-data。下面是一个 File 类型的表单示例：

```
<form action="接受上传文件的对象" method="post" enctype="multipart/form-data">
<input type="File" name="im">
<input type="submit" value="开始上传">
</form>
```

JSP 引擎可以通过内置对象 request 调用方法 getInputStream()获得一个输入流，通过该输入流读取用户上传的全部信息。通过这种方法上传的信息不仅包括文件内容，同时还有表单域的信息。

为解决上述问题，接下来通过实例，介绍使用输入、输出流技术获取文件内容，同时去掉表单域信息的方法。

【实例 7-5】 本实例通过 servlet 首先将用户上传的文件的相关属性和文件内容保存到临时文件中，在保存到临时文件的过程中，通过整型变量 maxNumLine 来记录文件的总行数；然后将临时文件的内容通过输入输出流保存到名为 save.txt 的文件中（若文件不存在会自动创建），临时文件的前四行和最后一行通过判断不写入到 save.txt 文件中。本实例共包括 3 个文件：7-5.jsp，UploadServlet.java，和要上传的文件 content.txt。

步骤 1▶ 在项目 ch07 中 WebRoot 目录下新建 JSP 网页 7-5.jsp，该页面用于提交上传文件。设置其页面代码如下：

```
<%@page language="java" import="java.util.*" pageEncoding="utf-8"%>
<html>
   <head>
      <title>upload </title>
   </head>
   <body>
         <form action="upload" method="post" enctype="multipart/form-data">
         <input type="file" name="file">
         </br>
         <input type="submit" value="开始上传">
         </form>
   </body>
</html>
```

步骤 2▶ 在项目 ch07 中新建 Servlet 文件 “UploadServlet.java”，用于将用户提交的信息保存到硬盘中，保存成功或者失败会在浏览器中提示。设置其代码如下：

```
package com.jqe.file.servlet;
import java.io.BufferedOutputStream;
```

```
import java.io.BufferedReader;
import java.io.BufferedWriter;
import java.io.File;
import java.io.FileOutputStream;
import java.io.FileReader;
import java.io.FileWriter;
import java.io.IOException;
import java.io.InputStreamReader;
import java.io.LineNumberInputStream;
import java.io.LineNumberReader;
import java.io.PrintWriter;
import java.io.RandomAccessFile;
import java.io.UnsupportedEncodingException;
import javax.servlet.ServletException;
import javax.servlet.ServletInputStream;
import javax.servlet.http.HttpServlet;
import javax.servlet.http.HttpServletRequest;
import javax.servlet.http.HttpServletResponse;
public class UploadServlet extends HttpServlet{
    private PrintWriter out;
    @Override
    protected void doPost(HttpServletRequest req, HttpServletResponse resp)
    {
    try {
        req.setCharacterEncoding("utf-8");          //设置请求正文中所使用的字符编码
        resp.setContentType("text/html;charset=utf-8");      //设置响应数据内容的类型
        //将字节输入流转换成缓冲字符流
        BufferedReader bufferedReader = new BufferedReader(new
        InputStreamReader(req.getInputStream()));
        File file = new File("f://save.txt");         //创建 File 对象，用于保存提交的信息
        if(!file.exists()){                           //判断文件是否存在
            file.createNewFile();                     //创建文件
        }
        File fileTemp = new File("f://temp.txt");     //创建 Flie 对象，用于保存临时数据
```

```
        if(!fileTemp.exists()){                         //判断临时文件是否存在
            fileTemp.createNewFile();                   //创建文件
        }
        BufferedWriter bufferedWriter = new BufferedWriter(new
        FileWriter(fileTemp));                          //将字符输出流转换成缓冲输出流
        String str = null;                              //定义 String 类型变量
        int maxNumLine = 0;                             //定义整型变量
        while((str = bufferedReader.readLine())!=null){ //逐行读取用户提交的信息
            maxNumLine++;                               //自加
            bufferedWriter.write(str);                  //将读取的一行数据写入
            bufferedWriter.newLine();                   //换行
            bufferedWriter.flush();                     //刷新
        }
        bufferedWriter.close();                         //关闭流
        bufferedReader.close();                         //关闭流
        BufferedReader  bufferedReader1  =  new  BufferedReader(new  FileReader(new
File("f://temp.txt")));                                 //创建缓冲流包装字符输入流
        //创建缓冲流包装字符输出流
        BufferedWriter bufferedWriter1 = new BufferedWriter(new FileWriter(file));
        String str1 = null;                             //定义 String 类型变量
        int num = 0;                                    //定义整型变量
        while((str1 = bufferedReader1.readLine())!=null){ //读取临时文件信息
        num++;                                          //自增
            if(num>4&&num<maxNumLine){                  //通过此判断保存提交的文件信息
                bufferedWriter1.write(str1);            //将读取的一行数据写入
                bufferedWriter1.newLine();              //换行
                bufferedWriter1.flush();                //刷新
            }
        }
        bufferedReader1.close();                        //关闭流
        bufferedWriter1.close();                        //关闭流
        fileTemp.delete();                              //将临时文件删除
        out.println("文件提交成功");
    } catch (UnsupportedEncodingException e) {
```

```
            // TODO Auto-generated catch block
            e.printStackTrace();
        } catch (IOException e) {
            // TODO Auto-generated catch block
            out.println("文件提交失败");
            e.printStackTrace();
        }
    }
}
```

步骤 3▶ 在部署文件 web.xml 中</web-app>标签前面添加以下代码:

```
<servlet>
<servlet-name>upload</servlet-name>
<servlet-class>com.jqe.file.servlet.UploadServlet</servlet-class>
</servlet>
<servlet-mapping>
<servlet-name>upload</servlet-name>
<url-pattern>/upload</url-pattern>
</servlet-mapping>
```

启动 Tomcat，在浏览器地址栏中输入网址 http://localhost:8080/ch07/7-5.jsp，按回车键打开页面，单击“浏览”按钮选择要上传的文件（此处为 F 盘根目录下的 content.txt 文件，文件内容如图 7-4 所示），之后单击“开始上传”按钮，如图 7-5 所示。

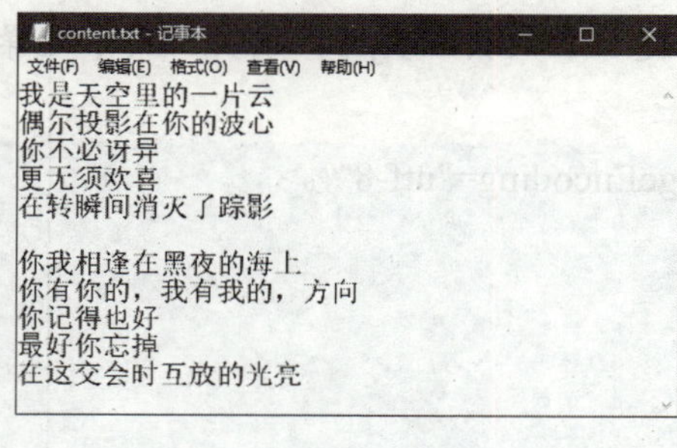

图 7-4 要上传的文件内容

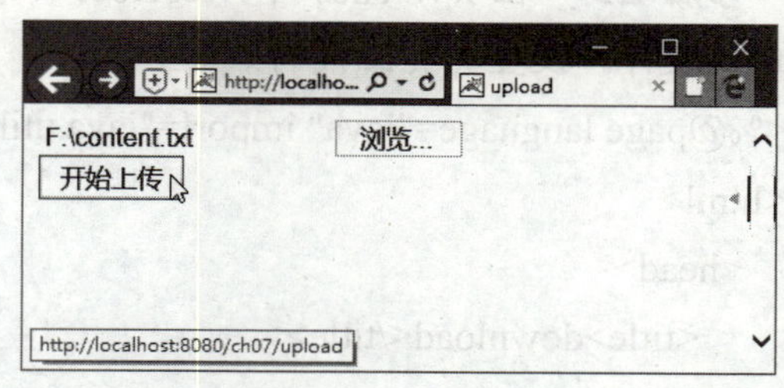

图 7-5 网页运行效果

网页显示提交成功，如图 7-6 所示。最后查看 save.txt 文件内容，如图 7-7 所示。

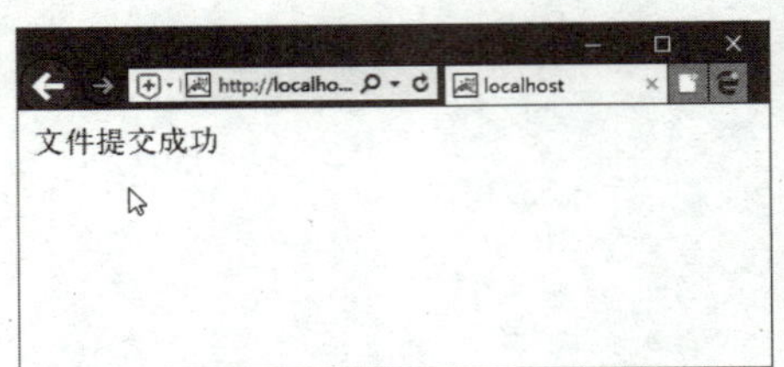

图 7-6 提交成功

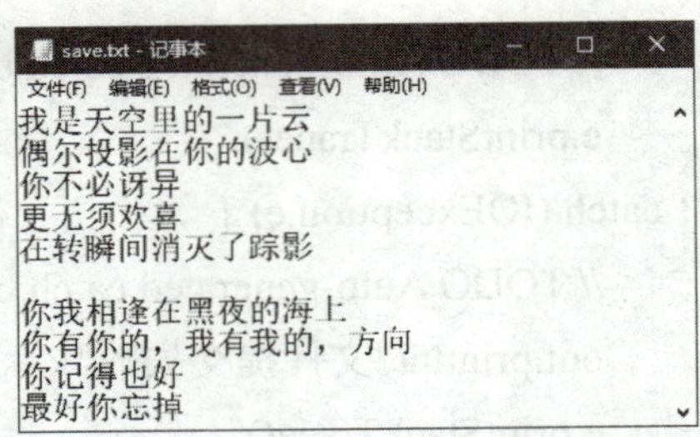

图 7-7 save.txt 文件内容

7.3.2 文件下载

要在 JSP 页面中实现下载文件的功能，需要通过 JSP 内置对象 response 调用方法 getOutputStream()获取一个指向用户的输出流，服务器将文件写入这个流，用户就可以下载该文件了。当提供下载功能时，需要使用 response 对象向用户发送 HTTP 头信息，这样用户浏览器才会调用相应外部程序打开下载文件。添加下载头的方法为 setHeader()，使用格式如下：

```
response.setHeader("Content-disposition","attachment;filename="+"下载文件名");
```

接下来通过实例介绍从服务器下载文件的实现方法。

【实例 7-6】 本实例共涉及到 5 个文件：JSP 页面 7-6.jsp，Servlet 文件 DownloadServlet.java，以及提供下载的 3 个文本文档：a.txt、b.txt 和 c.txt。在 JSP 页面中用户可以选择一个要下载的文件，将该文件的路径提交给 Servlet，Servlet 负责将用户选择的文件下载到本地。

步骤 1▶ 首先在 F 盘的根目录下创建了 3 个文本文件：a.txt，b.txt 和 c.txt。

步骤 2▶ 在项目 ch07 中 WebRoot 目录下新建 JSP 网页 7-6.jsp，该页面用于选择要下载的文件。设置其页面代码如下：

```
<%@page language="java" import="java.util.*" pageEncoding="utf-8"%>
<html>
  <head>
    <title>download</title>
  </head>
  <body>
      <form action="download" method="post" >
      选择要下载的文件：
      </br>
      <Select name = "filePath" size=3>
```

```
            <Option Selected value = "f:/a.txt">a.txt
            <Option value="f:/b.txt">b.txt
            <Option value="f:/c.txt">c.txt
        </Select>
        <input type="submit" value="下载">
        </form>
    </body>
</html>
```

步骤 3▶ 在项目 ch07 中新建 Servlet 文件“DownloadServlet.java”，用于将用户选择的文件下载到本地。设置其代码如下：

```
package com.jqe.file.servlet;
import java.io.File;
import java.io.FileInputStream;
import java.io.IOException;
import java.io.UnsupportedEncodingException;
import javax.servlet.ServletException;
import javax.servlet.ServletOutputStream;
import javax.servlet.http.HttpServlet;
import javax.servlet.http.HttpServletRequest;
import javax.servlet.http.HttpServletResponse;
public class DownloadServlet extends HttpServlet{
    @Override
    protected void doPost(HttpServletRequest req, HttpServletResponse resp)
    {
        try {
            req.setCharacterEncoding("utf-8");    //设置请求正文中所使用的字符编码
            resp.setContentType("text/html;charset=utf-8");    //设置响应数据内容的类型
            String filePath = req.getParameter("filePath");    //获取参数名为 filePath 的值
            String fileName = filePath.substring(filePath.lastIndexOf("/")+1); //截取文件名
            //添加下载头
            resp.setHeader("Content-disposition", "attachment;filename="+fileName);
            //创建文件输入流对象
            FileInputStream fileInputStream = new FileInputStream(new File(filePath));
            //获取指向用户的输出流对象
```

```
            ServletOutputStream outputStream = resp.getOutputStream();
            int len = 0;                            //定义整型变量
            byte[] arr = new byte[1024];            //定义字节数组，每次读取 1024 个字节
            while((len=fileInputStream.read(arr))!=-1){        //读取文件内容
                outputStream.write(arr,0,len);                 //通过输出流写出文件内容
                outputStream.flush();                          //刷新
            }
            fileInputStream.close();                           //关闭流
            outputStream.close();                              //关闭流
        } catch (UnsupportedEncodingException e) {
            e.printStackTrace();
        } catch (IOException e) {
            e.printStackTrace();
        }
    }
}
```

步骤 4▶ 在部署文件 web.xml 中</web-app>标签前面添加以下代码:

```
<servlet>
<servlet-name>download</servlet-name>
<servlet-class>com.jqe.file.servlet.DownloadServlet</servlet-class>
</servlet>
<servlet-mapping>
<servlet-name>download</servlet-name>
<url-pattern>/download</url-pattern>
</servlet-mapping>
```

启动 Tomcat，在浏览器（此处使用 360 浏览器）地址栏中输入网址 http://localhost:8080/ch07/7-6.jsp，按回车键打开页面，在复选框中选择一个文件，之后单击“下载”按钮，如图 7-8 所示。弹出下载提示框，如图 7-9 所示。

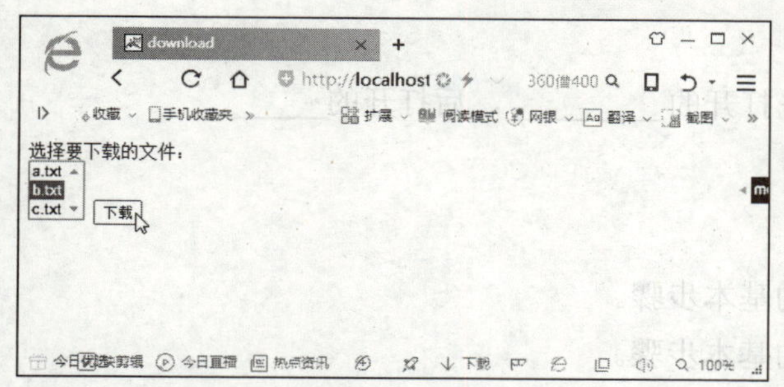

图 7-8　7-6.jsp 页面运行效果

图 7-9　弹出下载提示框

单击“下载”按钮即可执行文件的下载。

本章小结

本章介绍了 JSP 中与文件操作相关的知识，包括 File 类、I/O 流，以及文件上传和下载。学完本章内容后，读者应重点掌握以下知识。

- 掌握使用 File 类创建对象的方法。
- Java 的 I/O 流提供一条通道程序，可以使用这条通道把数据源中的数据发送给目的地，输入流的指向称作源，输出流的指向是数据要去的一个目的地，程序通过向输出流写入数据把信息传递到目的地。
- 了解使用字节输入流读取文件，以及使用字节输出流写入文件的基本方法。
- 了解使用字符流和缓冲流共同完成文件读取和写入的方法。
- 文件上传和下载实际上就是文件的复制，读者应重点掌握使用输入输出流实现文件上传和下载的方法。

思考与练习

一、填空题

1．__________用于获取文件本身的信息，如文件长度、文件所在目录、文件读写权限等。

2．Java 的 I/O 流提供一条通道程序，可以使用这条通道把数据源中的数据发送到目的地，输入流的指向称作______，输出流的指向是数据要去的一个__________，程序通过向__________写入数据把信息传递到目的地。

3．InputStream，________________，Reader 和________类是 java.io 包提供的最重要

的四个抽象流类。

4．流的关闭顺序，一般情况下是先打开的________，后打开的________。

二、简答题

1．File 对象能读写文件吗？

2．简述使用字节输入流读取文件的基本步骤。

3．简述使用字节输出流写入文件的基本步骤。

第 8 章

MySQL 数据库基础

在大多数 Web 应用中，服务器都需要和用户进行必要的数据交互，数据主要是存储在数据库中。由于数据库在数据查询、修改、保存、安全等方面有着其他数据处理手段无法替代的地位，因此 JSP 开发离不开数据库。

本章中所有数据库备份文件均位于本书配套素材“素材与实例\ch08”目录下。在开始本章的学习之前，可以先将“ch08”文件夹拷贝至本地磁盘。

8.1 MySQL 数据库介绍

MySQL 是目前广受欢迎的开源数据库管理系统，它是由瑞典 MySQL AB 公司开发的关系型数据库管理系统。关系型数据库管理系统就是管理关系型数据库，并将数据组织为相关的行和列的系统。MySQL 目前属于 Oracle 公司。

知识库

> 关系型数据库的层次结构可以分为四级：数据库（Database）、表（Table）、记录（Record）和字段（Field），相应的关系理论中的术语是数据库、关系、记录和属性。目前，我们所熟知的数据库管理系统，如 MySQL、Oracle、SQL Server 等，大都是关系型数据库管理系统。

MySQL 在过去由于其体积小、速度快、总体拥有成本低，并且开放源码，被广泛地应用在互联网上的中小型网站中。不过，随着 MySQL 的不断发展和完善，它也逐渐用于大型网站和应用。例如，Baidu，Sina，Tencent，Alibaba，Google，Facebook，Twitter 等大型互联网公司都用到了 MySQL。

8.2 在 Windows 上安装和配置 MySQL

在 Windows 操作系统下，MySQL 官方提供了两种安装版本，分别是二进制分发版（.msi 文件）和免安装版（.zip 压缩文件）。本节将介绍在 Windows 10 操作系统下安装与配置 MySQL 5.7.18 免安装版的过程。

8.2.1 下载 MySQL

在安装与配置 MySQL 之前，需要登录官网下载安装文件，具体步骤如下：

步骤 1▶ 打开浏览器，在其地址栏中输入网址“https://dev.mysql.com/downloads/mysql”，

按回车键进入下载页面，然后根据操作系统选择安装文件，此处选择“Windows (x86, 64-bit), ZIP Archive”版本，单击右侧的“Download”按钮，如图 8-1 所示。

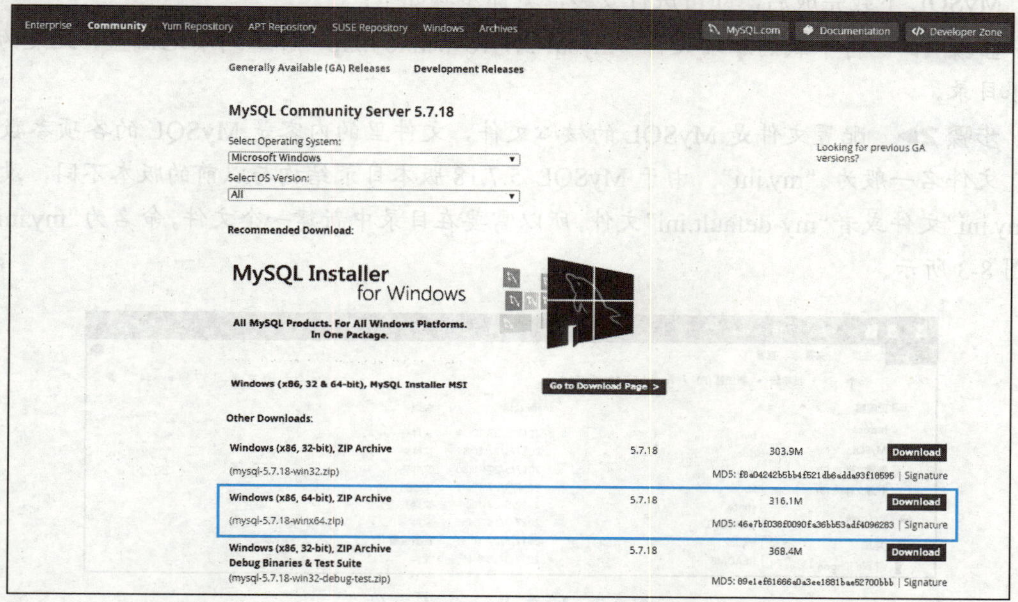

图 8-1　选择 MySQL 版本

步骤 2▶　跳转到另一个页面后，页面会提示用户选择登录或者注册，不用管它，直接单击下方的文字链接“No thanks, just start my download.”，即可开始下载，如图 8-2 所示。

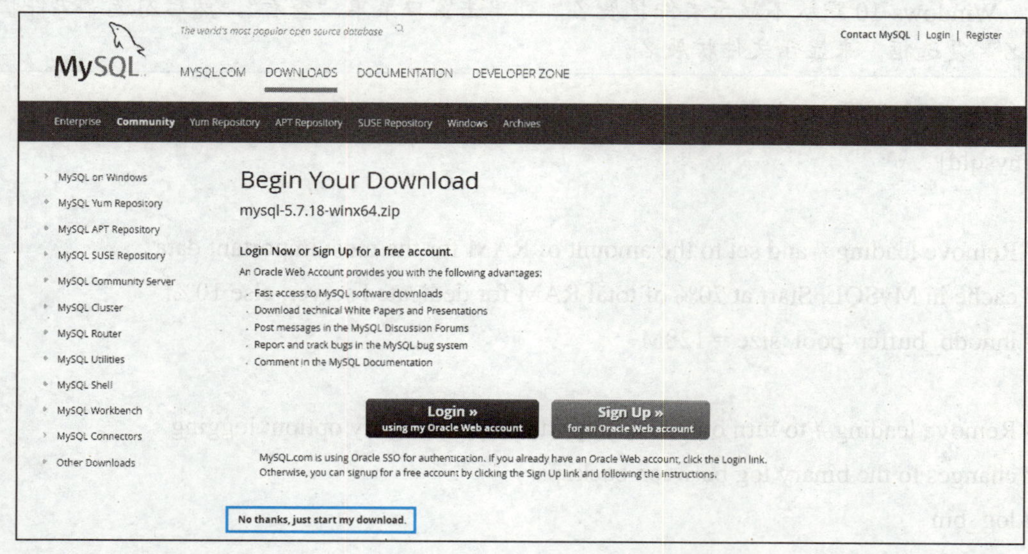

图 8-2　开始下载 MySQL

8.2.2 安装与配置 MySQL

MySQL 下载完成后，即可进行安装，具体步骤如下：

步骤 1▶ 将下载的压缩文件“mysql-5.7.18-winx64.zip”解压到本地磁盘，此处为 F 盘根目录。

步骤 2▶ 配置文件是 MySQL 的核心文件，文件里的内容是 MySQL 的各项参数配置，文件名一般为“my.ini”。由于 MySQL 5.7.18 版本目录结构与以前的版本不同，没有“my.ini”文件或者“my-default.ini”文件，所以需要在目录中新建一个文件，命名为“my.ini”，如图 8-3 所示。

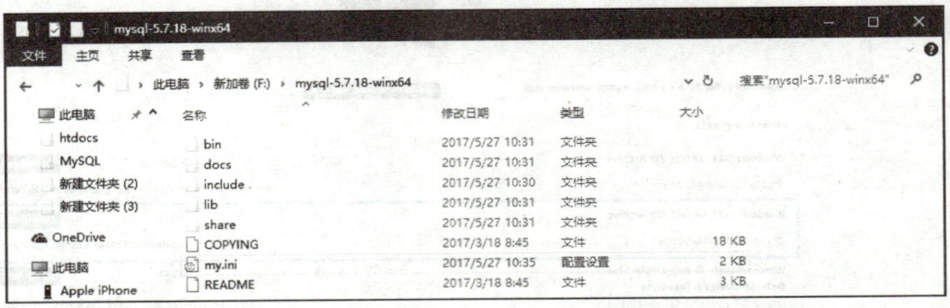

图 8-3 建立“my.ini”文件

Windows 10 默认不显示文件扩展名，可单击窗口菜单“查看”，然后勾选“文件扩展名”复选框，来显示文件扩展名。

步骤 3▶ 使用记事本打开文件“my.ini”，在其中添加以下配置内容并保存。

```
[mysqld]

# Remove leading # and set to the amount of RAM for the most important data
# cache in MySQL. Start at 70% of total RAM for dedicated server, else 10%.
# innodb_buffer_pool_size = 128M

# Remove leading # to turn on a very important data integrity option: logging
# changes to the binary log between backups.
# log_bin

# These are commonly set, remove the # and set as required.
```

```
# 设置 MYSQL 的安装目录
basedir=F:\mysql-5.7.18-winx64
# 设置 MYSQL 的数据目录
datadir=F:\mysql-5.7.18-winx64\data
# 设置端口
port=3306
# server_id = .....

# Remove leading # to set options mainly useful for reporting servers.
# The server defaults are faster for transactions and fast SELECTs.
# Adjust sizes as needed, experiment to find the optimal values.
# join_buffer_size = 128M
# sort_buffer_size = 2M
# read_rnd_buffer_size = 2M
#设置 SQL 模式
sql_mode=NO_ENGINE_SUBSTITUTION,STRICT_TRANS_TABLES
```

用户可以把 MySQL 安装在系统盘，也可以安装在其他盘，但实际应用中，数据目录一般不会设在系统盘，因为随着系统运行时间的推移，数据量会越来越大。

步骤 4▶ 右击桌面左下角的“开始”按钮，选择“命令提示符（管理员）”命令，打开命令行窗口，如图 8-4 所示。

步骤 5▶ 在窗口中输入“F:”命令并按回车键确认，跳转到 F 盘根目录，然后输入“cd mysql-5.7.18-winx64\bin”并按回车键确认，跳转到“F:\mysql-5.7.18-winx64\bin”目录，如图 8-5 所示。

步骤 6▶ 在命令行窗口中输入以下命令，然后按回车键确认，此时 MySQL 会进行初始化，自动创建“data”文件夹，如图 8-6 所示。

```
mysqld --initialize-insecure --user=mysql
```

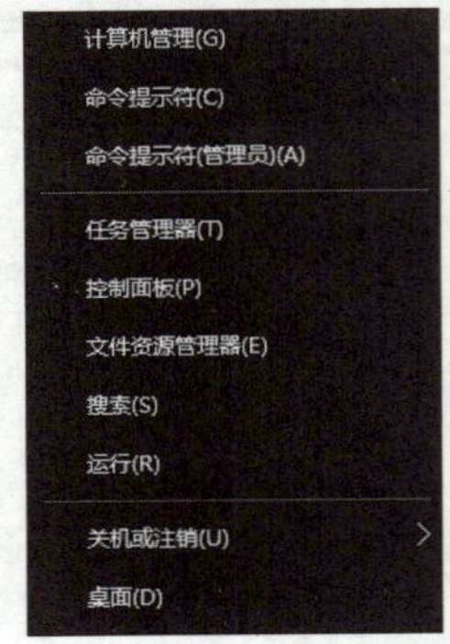

图 8-4 打开命令行窗口

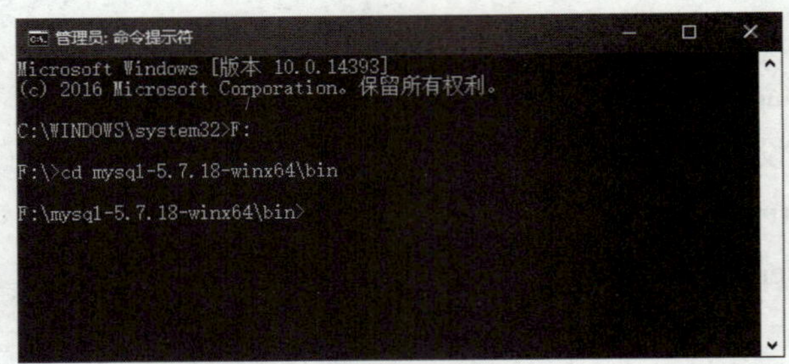

图 8-5 进入 bin 目录

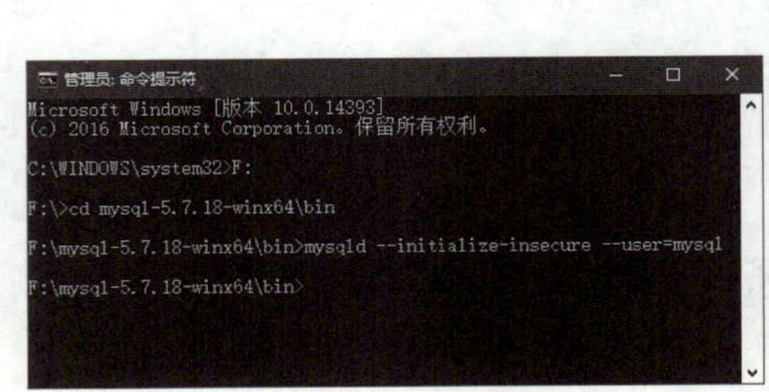

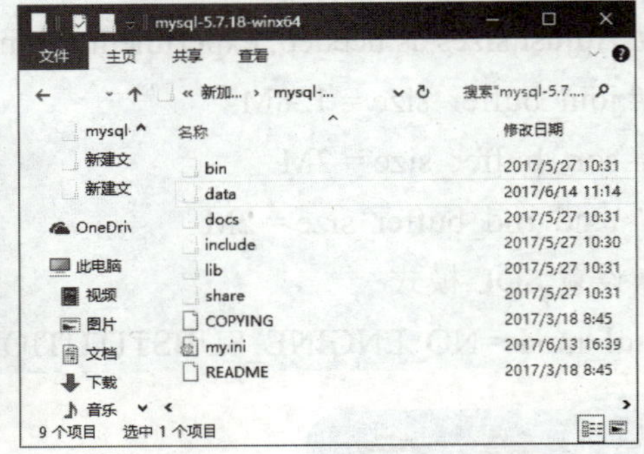

图 8-6 初始化 MySQL

MySQL 中的日志文件和数据库存放在“data”文件夹中。由于 MySQL 5.7 版本的根目录缺少“data”文件夹，所以需要进行初始化。

步骤 7▶ 在命令窗口中输入以下命令，然后按回车键确认，即可安装 MySQL 服务并指定配置文件位置，此时系统会提示服务安装成功，如图 8-7 所示。

```
mysqld --install MySQL --defaults-file="F:\mysql-5.7.18-winx64\my.ini"
```

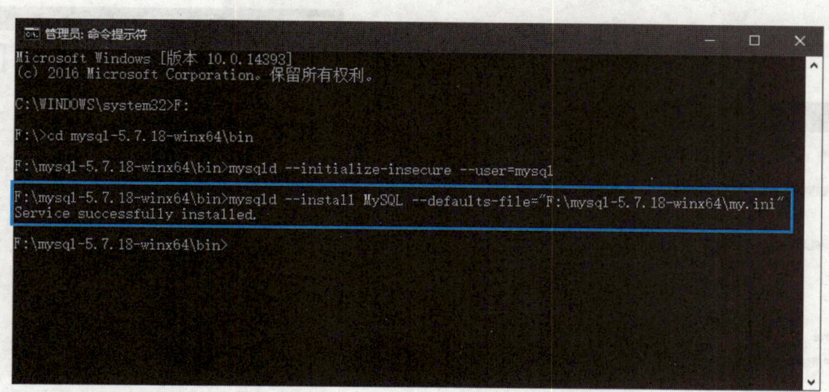

图 8-7　安装 MySQL

如果 MySQL 没有安装在系统盘的默认位置，那么安装命令中 MySQL 配置文件的路径应该为绝对路径。例如，此处是将 MySQL 安装在 F:\mysql-5.7.18-winx64 目录下，那么路径值就应该为 F:\mysql-5.7.18-winx64\my.ini。

步骤 8▶　右击“此电脑”图标，在弹出的快捷菜单中选择“属性”，打开“系统”窗口，然后单击窗口中左侧列表中的“高级系统设置”项，如图 8-8 所示。

图 8-8　打开高级系统设置

步骤 9▶　打开“系统属性”对话框，单击对话框下方的“环境变量”按钮，打开“环境变量”对话框，在下方的“系统变量”列表框中选择“Path”，并单击“编辑”按钮，打开“编辑环境变量”对话框，单击“新建”按钮，然后在输入框中输入路径“F:\mysql-5.7.18-winx64\bin\”，之后连续单击“确定”按钮完成设置，如图 8-9 所示。

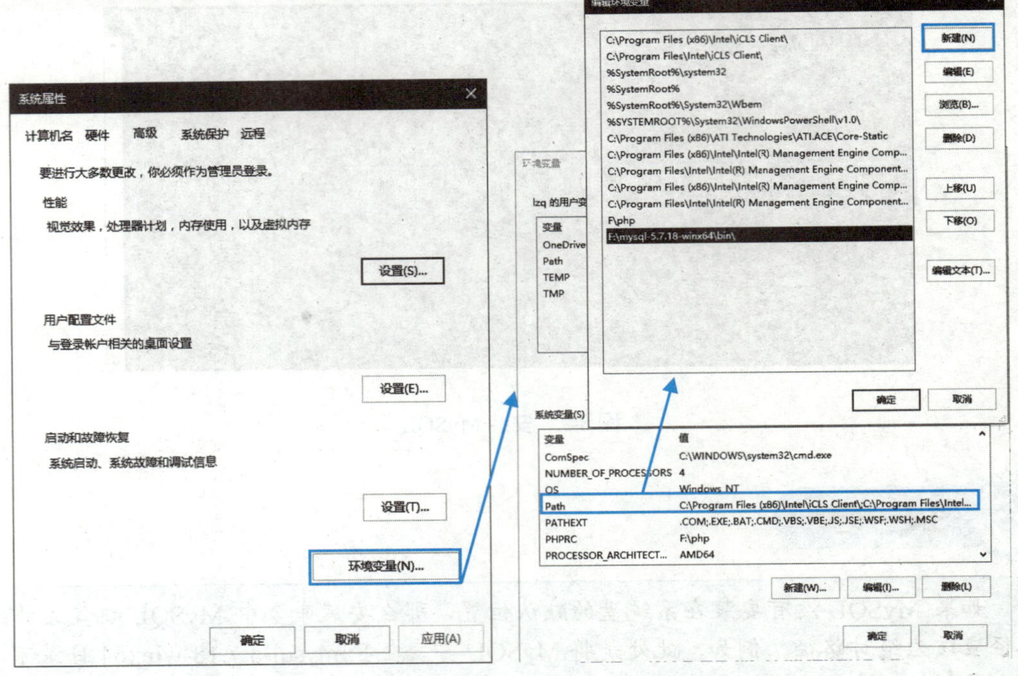

图 8-9　添加环境变量

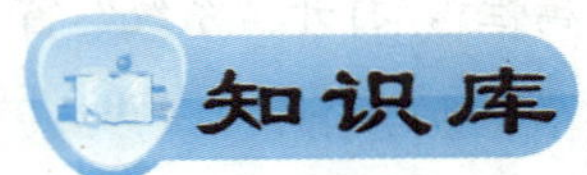

> 环境变量是操作系统中一个具有特定名字的对象，它包含应用程序运行时所用到的信息。例如，当系统运行某个程序但不知道程序所在的完整路径时，系统除了会在当前目录下寻找此程序外，还会到 Path 中指定的路径去寻找。
>
> 此处为 MySQL 配置了环境变量，这样就可以在进入命令行窗口后直接输入 MySQL 命令；否则就需要先跳转到 MySQL 安装目录中的 bin 目录下再输入 MySQL 命令。

8.3　MySQL 服务的基本操作

8.3.1　启动 MySQL 服务

在 Windows 系统下，启动 MySQL 服务有两种方法，一种是在服务管理器中启动，还有一种是在命令行窗口中启动。此处使用命令行窗口启动 MySQL 服务。

步骤 1▶ 右击桌面左下角的“开始”按钮，选择“命令提示符（管理员）”命令，打开命令行窗口。

步骤 2▶ 在命令行窗口中输入“net start mysql”命令，按回车键确认，即可启动 MySQL 服务，如图 8-10 所示。

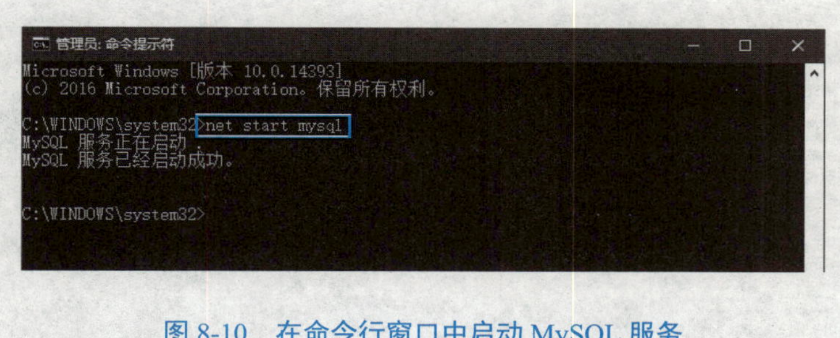

图 8-10　在命令行窗口中启动 MySQL 服务

8.3.2　登录和退出 MySQL 服务

在启动 MySQL 服务后，可以通过客户端的命令行窗口来登录和退出 MySQL。

1. 登录 MySQL

步骤 1▶ 右击桌面左下角的“开始”按钮，选择“命令提示符”命令，打开命令行窗口，如图 8-11 所示。

图 8-11　打开命令行窗口

安装和启动 MySQL 必须使用管理员身份，登录 MySQL 可以使用管理员身份，也可以使用普通用户，此处使用普通用户身份登录。

步骤 2▶ 在命令行窗口中输入以下命令：

```
mysql –h localhost –u root -p
```

其中“-h”后跟随的参数值是服务端的主机地址，由于客户端和服务端在同一台计算机上，所以可以输入“127.0.0.1”或者“localhost”；“-u”后跟随的是用户名称，此处为“root”；“-p”后跟随的是用户登录密码，但密码不需要在本行输入。按回车键确认后，系统会提示输入密码：Enter password，由于当前还没有设置密码，所以直接按回车键确认就可以登录了，如图 8-12 所示。

```
命令提示符 - mysql -h localhost -u root -p
Microsoft Windows [版本 10.0.14393]
(c) 2016 Microsoft Corporation。保留所有权利。

C:\Users\lzq>mysql -h localhost -u root -p
Enter password:
Welcome to the MySQL monitor.  Commands end with ; or \g.
Your MySQL connection id is 4
Server version: 5.7.18 MySQL Community Server (GPL)

Copyright (c) 2000, 2017, Oracle and/or its affiliates. All rights reserved.

Oracle is a registered trademark of Oracle Corporation and/or its
affiliates. Other names may be trademarks of their respective
owners.

Type 'help;' or '\h' for help. Type '\c' to clear the current input statement.

mysql>
```

图 8-12　登录数据库

登录 MySQL 后，会输出一段内容和一个“mysql>”命令提示符，下面简单介绍其中的主要命令及其意义：

- Commands end with ; or \g：可以使用“;”或者“\g”结束命令。
- Your MySQL connection id is 4：提示登录 MySQL 服务的次数，目前是第 4 次。
- Server version: 5.7.18 MySQL Community Server (GPL)：MySQL 的版本。
- Type 'help;' or '\h' for help：输入“help;”或者“\h”可以查看帮助信息。
- Type '\c' to clear the current input statement：输入“\c”可以清除以前的命令。

步骤 3▶　初次登录 MySQL 默认是不需要密码的，为提高安全性，最好设置 MySQL 登录密码，命令的格式如下，结果如图 8-13 所示。

```
set password for root@localhost = 'newpassword';
```

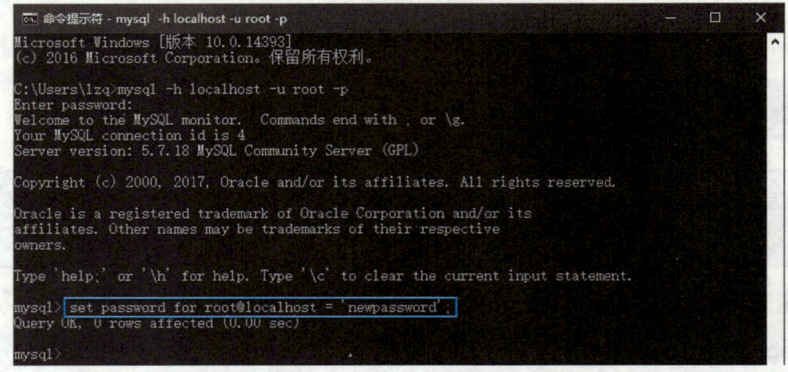

图 8-13　修改登录密码

2. 退出 MySQL

退出 MySQL 非常简单，在命令行窗口中执行以下命令中的任意一个，均可退出 MySQL：

① exit

② quit

③ \q

8.3.3　停止 MySQL 服务

右击桌面左下角的“开始”按钮，选择“命令提示符（管理员）”命令，打开命令行窗口，输入“net stop mysql”命令，并按回车键确认，即可停止 MySQL 服务，如图 8-14 所示。

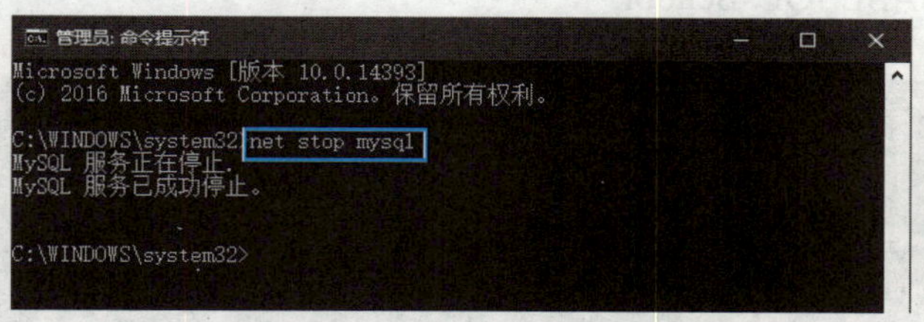

图 8-14　停止 MySQL 服务

8.4 MySQL 基本操作

8.4.1　数据库和数据表基本操作

数据定义语句主要用于定义数据库、表、列、索引等数据库对象。常用语句关键字主要包括 create，drop，alter 等。

1. 数据库基本操作

数据库基本操作主要包括查看数据库、创建数据库、删除数据库、选择数据库等，下面分别介绍。

1）查看数据库

查看当前 MySQL 数据库管理工具中有哪些数据库存在（当前登录用户可见的）：

```
show databases;
```

复数有 s，最后用;（英文状态下）结束。

2）创建数据库

```
create database 数据库名;
```

此处的 database 最后没有 s。

3）删除数据库

```
drop database 数据库名;
```

4）选择数据库

```
use 数据库名;
```

数据库管理系统中一般会存在多个数据库，因此，在操作数据库对象之前要先选择一个数据库。

【实例 8-1】 创建数据库 JQE_School。

启动和登录 MySQL 后，输入以下语句并按回车键创建数据库，如图 8-15 所示。

```
CREATE DATABASE JQE_School;
```

```
Windows PowerShell
PS C:\Users\ccy> mysql -h localhost -u root -p
Enter password:
Welcome to the MySQL monitor.  Commands end with ; or \g.
Your MySQL connection id is 3
Server version: 5.7.18 MySQL Community Server (GPL)

Copyright (c) 2000, 2017, Oracle and/or its affiliates. All rights reserved.

Oracle is a registered trademark of Oracle Corporation and/or its
affiliates. Other names may be trademarks of their respective
owners.

Type 'help;' or '\h' for help. Type '\c' to clear the current input statement.

mysql> CREATE DATABASE JQE_School;
Query OK, 1 row affected (0.09 sec)

mysql> _
```

图 8-15 创建数据库

一般在创建数据库之前，最好先设置服务器默认字符集和排序规则。可以通过修改配置文件来实现。

打开 my.ini 配置文件，在“[mysqld]”组下面添加以下内容，然后保存文件即完成修改。

```
#设置默认字符集和排序规则
character-set-server=utf8
collation-server=utf8_general_ci
```

修改完毕后，需要重启 MySQL 服务，修改才能生效。

如果不设置字符集，在数据库中插入中文时有可能会出错。

2. 数据表基本操作

1）创建数据表

一般在创建表的时候，直接就创建约束了。如果在创建表时没有创建约束，可以在修改表结构时创建约束。下面给出一个比较全面的建表语句来介绍一下数据表的创建。

```
create table 表名(
  字段 1  数据类型  primary key unique not null auto_increment,
  字段 2  数据类型  not null default 默认值,
  字段 3  数据类型,
  字段 4  数据类型,
  字段 5  数据类型  unique,
);
```

字段 1 为主键，主键默认就是唯一和非空的，所以此处可以省略 unique 和 not null；字段 2 为非空，并且设置了默认值；字段 5 设置了唯一性约束，一个表中可以有多个唯一性约束，但约束列的值必须唯一。

【实例 8-2】 在实例 8-1 创建的数据库 JQE_School 中创建数据表 Student 和 Score，可参照表 8-1 和表 8-2 所示信息设置表结构。

表 8-1 Student 表结构

字段名	字段描述	数据类型	主键	外键	非空	唯一	自增
id	学号	int(10)	是	否	是	是	是
name	姓名	varchar(20)	否	否	是	否	否
sex	性别	varchar(4)	否	否	否	否	否
birth	出生年份	year	否	否	否	否	否
department	院系	varchar(20)	否	否	是	否	否
address	家庭住址	varchar(50)	否	否	否	否	否

表 8-2 Score 表结构

字 段 名	字段描述	数据类型	主 键	外 键	非 空	唯 一	自 增
Id	编号	int(10)	是	否	是	是	是
Stu_id	学号	int(10)	否	否	是	否	否
C_name	课程名	varchar(20)	否	否	否	否	否
Grade	分数	int(10)	否	否	否	否	否

步骤 1▶ 打开命令提示符窗口，登录 MySQL，输入以下语句并按回车键，以选择数据库 JQE_School。

```
USE JQE_School;
```

步骤 2▶ 输入以下语句并按回车键，在数据库 JQE_School 中创建数据表 Student。

```
create table Student(
id int(10) primary key auto_increment,
name varchar(20) not null,
sex varchar(4),
birth year,
department varchar(20) not null,
address varchar(50)
);
```

步骤 3▶ 输入以下语句并按回车键，在数据库 JQE_School 中创建数据表 Score。

```
create table Score(
id int(10) primary key auto_increment,
stu_id int(10) not null,
c_name varchar(20),
grade int(10),
foreign key(stu_id) references student(id)
);
```

foreign key(stu_id) references student(id)定义了外键约束。外键用于与另一张表关联。它能确定另一张表记录的字段，用于保持数据的一致性。最直观的作用是防止非法数据录入，也就是说录入外键数据时必须在它所属的主表中存在相应数据。在此处的学生表和成绩表中，学生表的学号为主键，成绩表是用学号作为外键约束。

2）删除表

```
drop table 表名;
```

3）查看表基本结构

```
desc 表名;
```

4）修改表结构

（1）添加列：

```
alter table 表名 add 列名 数据类型 unique not null;
```

上述语句会向已有的表中添加一列，新加入的列会出现在表中最后一列的后面。如果希望添加新列在指定位置，可以使用以下语句：

```
alter table 表名 add addr varchar(20) not null after user1;
```

上述语句的意思是添加 addr 列到 user1 列后面。如果想添加在第一列，可以使用以下语句：

```
alter table 表名 add addr varchar(20) not null first;
```

（2）删除列：

```
alter table 表名 drop 列名;
```

（3）重命名表：

```
alter table 表名 rename 新表名;
```

或者

```
rename table 表名 to 新表名;
```

（4）修改列类型：

```
alter table 表名 modify 列名 数据类型;
```

或者

```
alter table 表名 modify 列名 数据类型 unique not null;
```

如果要修改的列之前没有唯一性和非空约束，使用 unique not null 可以增加约束。

（5）修改列名：

```
alter table 表名 change 列名 新列名 数据类型;
```

或者

```
alter table 表名 change 列名 新列名 数据类型 unique not null;
```

如果要修改的列之前没有唯一性和非空约束，使用 unique not null 可以增加约束。

8.4.2 数据记录基本操作

1）添加数据

```
insert into 表名(列 1,…..列 n) values(值 1,…..值 n);
```

允许不写第一个括号中的列名，如果不写则默认插入所有列，如下所示。

```
insert into 表名 values(值 1,.....值 n);
```

values 对应的值的输入顺序与表中字段顺序一致

2）修改数据

```
update 表名 set 字段 1=新值 1,字段 2=新值 2 ... where 条件;
```

条件可以限制要修改哪几列的值，要修改为什么值，在哪些行生效。

3）删除数据

```
delete from 表名 where 条件;
```

条件可以限制要删掉哪些行。

4）清空表数据

```
truncate 表名;
```

truncate 相当于删表再重建一张同样结构的表，操作后得到一张全新表。

【实例 8-3】 在实例 8-2 创建的数据表 Student 和 Score 中添加数据。

步骤 1▶ 打开命令提示符窗口，登录 MySQL 并选择数据库 JQE_School，之后输入以下语句并按回车键，在数据表 Student 中添加数据。

```
INSERT INTO Student VALUES( 901,'张老大', '男',1985,'计算机系', '北京市海淀区');
INSERT INTO Student VALUES( 902,'张老二', '男',1986,'中文系', '北京市昌平区');
INSERT INTO Student VALUES( 903,'张三', '女',1990,'中文系', '湖南省永州市');
INSERT INTO Student VALUES( 904,'李四', '男',1990,'英语系', '辽宁省阜新市');
INSERT INTO Student VALUES( 905,'王五', '女',1991,'英语系', '福建省厦门市');
INSERT INTO Student VALUES( 906,'王六', '男',1988,'计算机系', '湖南省衡阳市');
```

步骤 2▶ 输入以下语句并按回车键，在数据表 Score 中添加数据。

```
INSERT INTO Score VALUES(NULL,901, '计算机',98);
INSERT INTO Score VALUES(NULL,901, '英语', 80);
INSERT INTO Score VALUES(NULL,902, '计算机',65);
INSERT INTO Score VALUES(NULL,902, '中文',88);
INSERT INTO Score VALUES(NULL,903, '中文',95);
INSERT INTO Score VALUES(NULL,904, '计算机',70);
INSERT INTO Score VALUES(NULL,904, '英语',92);
INSERT INTO Score VALUES(NULL,905, '英语',94);
INSERT INTO Score VALUES(NULL,906, '计算机',90);
INSERT INTO Score VALUES(NULL,906, '英语',85);
```

步骤 3▶ 输入以下语句并按回车键，查询 Student 表中的所有记录。

```
SELECT * from Student;
```

步骤 4▶ 输入以下语句并按回车键，查询 Student 表中第 2 条至第 4 条记录。

```
SELECT * from Student limit 1,3;
```

步骤 5▶ 输入以下语句并按回车键，查询 Student 表中计算机系和英语系的学生信息。

```
select * from Student s where s.department in('计算机系','英语系');
```

步骤 6▶ 输入以下语句并按回车键确认，查询 Student 表中年龄在 25～28 岁之间的学生信息。

```
select * from (select *,(year(now())-s.birth) b from Student s) sr where sr.b between 25 and 28;
```

步骤 7▶ 输入以下语句并按回车键确认，查询 Student 表中每个院系有多少人。

```
select s.department,count(*) from Student s group by s.department;
```

步骤 8▶ 输入以下语句并按回车键确认，查询 Score 表中每个科目的最高分。

```
select s.c_name ,max(grade) from Score s group by s.c_name;
```

步骤 9▶ 输入以下语句并按回车键确认，查询李四的考试科目（c_name）和考试成绩（Grade）。

```
select c.c_name,c.grade from Student s,Score c where s.id=c.stu_id and s.name='李四';
```

步骤 10▶ 输入以下语句并按回车键确认，查询所有学生的信息和考试信息。

```
select * from Student s ,Score c where s.id=c.stu_id;
```

步骤 11▶ 输入以下语句并按回车键确认，查询每个学生的总成绩。

```
select s.name,sum(c.grade) from Student s ,Score c where s.id=c.stu_id group by s.name;
```

步骤 12▶ 输入以下语句并按回车键确认，查询每个考试科目的平均成绩。

```
select c.c_name ,avg(c.grade) from Score c group by c.c_name;
```

8.5 MySQL 图形化管理工具

通过实例 8-1、实例 8-2 和实例 8-3 可以看出，使用命令行方式操作 MySQL 极为不便，并且需要记住大量命令。为此许多公司开发了 MySQL 图形化管理工具。使用图形化管理工具可以在不熟悉 MySQL 命令的情况下对数据库进行可视化操作，从而有效提高工作效率。

MySQL 图形化管理工具有很多种，如香港卓软数码科技有限公司开发的 Navicat for MySQL，MySQL 官方开发的 MySQL-Workbench，Webyog 公司开发的 SQLyog，还有 phpMyAdmin 团队开发的 phpMyAdmin。此处以 Navicat for MySQL 为例进行介绍。

8.5.1 Navicat for MySQL 简介

Navicat for MySQL 是一款专为 MySQL 设计的强大的数据库管理及开发工具。它可以

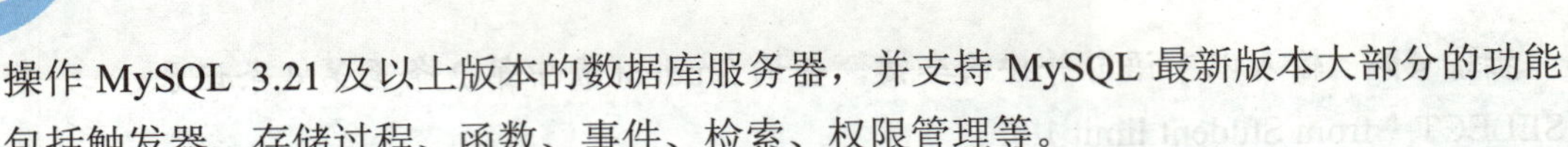

操作 MySQL 3.21 及以上版本的数据库服务器，并支持 MySQL 最新版本大部分的功能，包括触发器、存储过程、函数、事件、检索、权限管理等。

Navicat for MySQL 可以在三种平台上使用，分别为微软 Windows、Mac OS X 和 Linux 操作系统。其下载地址为“https://www.navicat.com.cn/download”，下载后运行安装程序，然后根据提示进行安装即可。

8.5.2 Navicat for MySQL 基本操作

为便于应用，本节简单介绍使用 Navicat for MySQL 创建数据库的基本方法。

步骤 1▶ Navicat 只是一个客户端软件，如果需要操作 MySQL，必须与 MySQL 建立连接。打开安装完成的 Navicat for MySQL 客户端软件，单击“文件”菜单，在其下拉菜单中选择“新建连接”命令，如图 8-16 所示。

步骤 2▶ 打开“新建连接”窗口，在“常规”选项卡下，输入正确的主机名或 IP 地址、端口、用户名和密码之后，单击“确定”按钮，就可以和 MySQL 建立连接了，如图 8-17 所示。

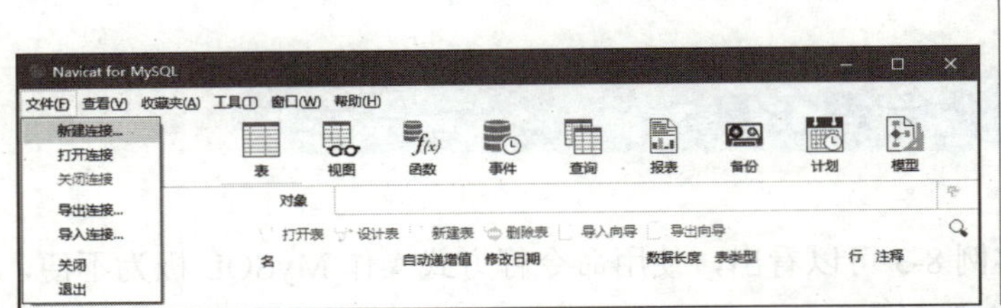

图 8-16 新建连接

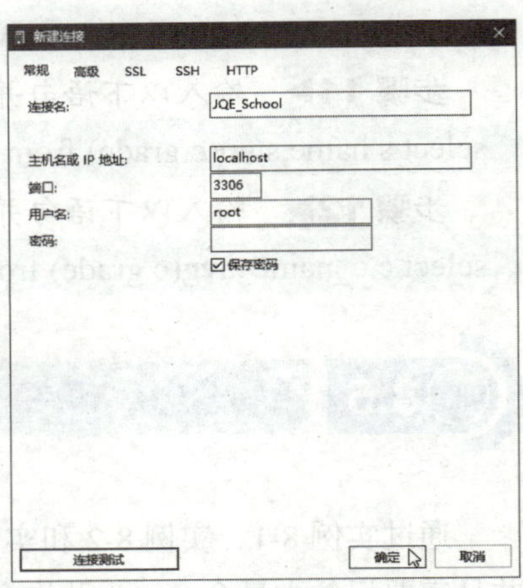

图 8-17 填写连接信息

为便于记忆，可输入一个连接名，如果不输入连接名，软件会自动生成一个由主机名和端口组成的名称。

步骤 3▶ 双击创建的连接将其展开，右击连接名并选择“新建数据库...”，打开“新建数据库”对话框，如图 8-18 所示。输入数据库名并选择字符集和排序规则（建议选择

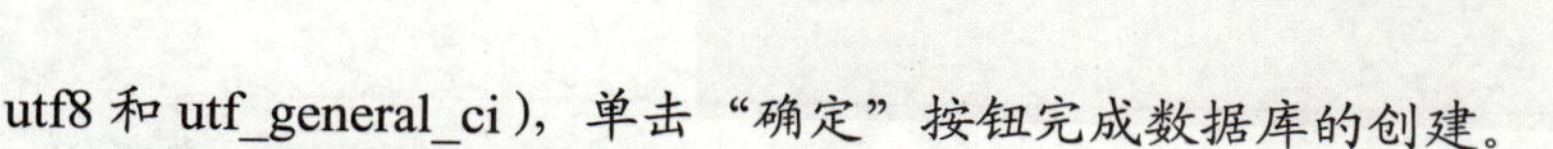

utf8 和 utf_general_ci），单击“确定”按钮完成数据库的创建。

步骤 4▶　双击创建的数据库将其展开，右击“表”并选择“新建表”，如图 8-19 所示。进入表格设计界面，在默认的空字段上设置 id 字段名和属性，如图 8-20 所示。

创建连接后可以看到前面在命令行窗口中创建的数据库 JQE_School 自动出现在连接中。

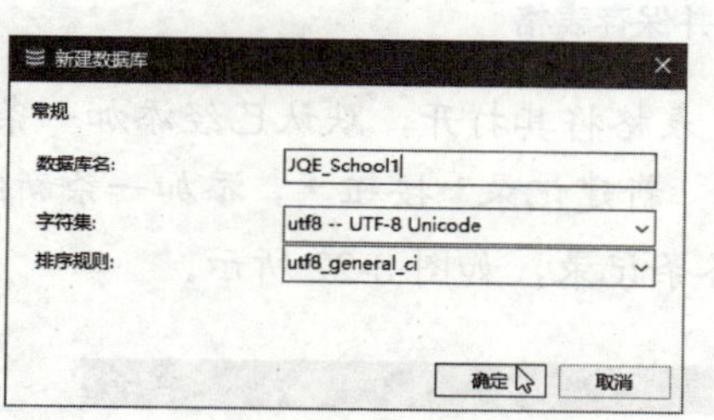

图 8-18　“新建数据库”对话框

图 8-19　右击“表”并选择“新建表”

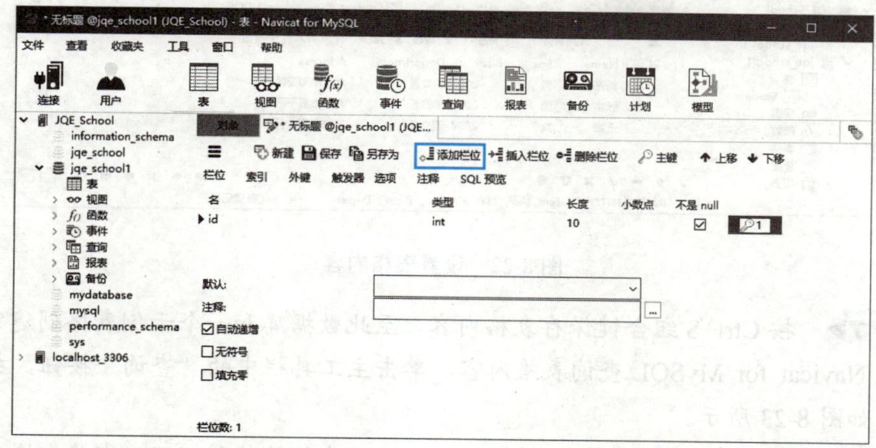

图 8-20　添加字段 id

步骤 5▶　单击表格设计区域上方的“添加栏位”按钮添加新字段，参照 id 字段设置其属性，并采用同样方法添加其他字段，最后单击“保存”按钮，系统将提示输入表格名称，如图 8-21 所示，输入 Student，然后单击“确定”按钮。

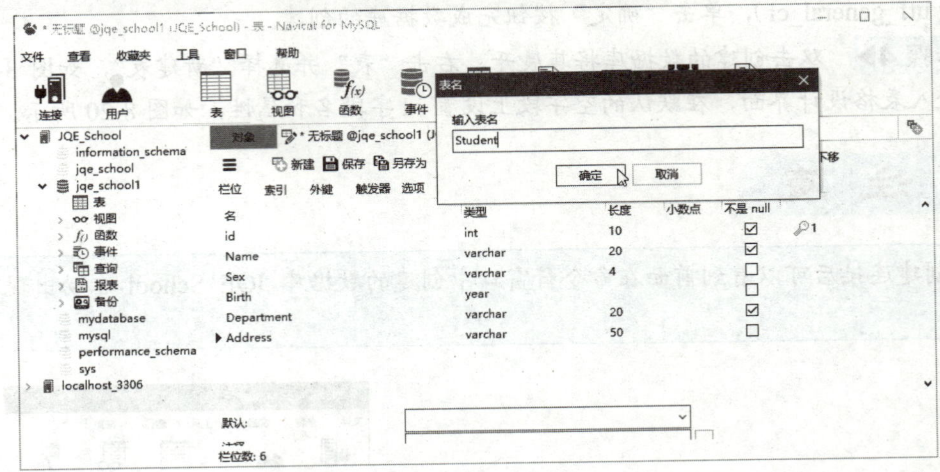

图 8-21　添加其他字段并保存表格

步骤 6▶　在左侧列表中双击新建的 Student 表格将其打开，默认已经添加一条空记录，设置记录内容；之后单击内容设置区左下角的“新建记录”按钮 +，添加一条新纪录，并设置其内容；接着采用同样方法依次输入其他各条记录，如图 8-22 所示。

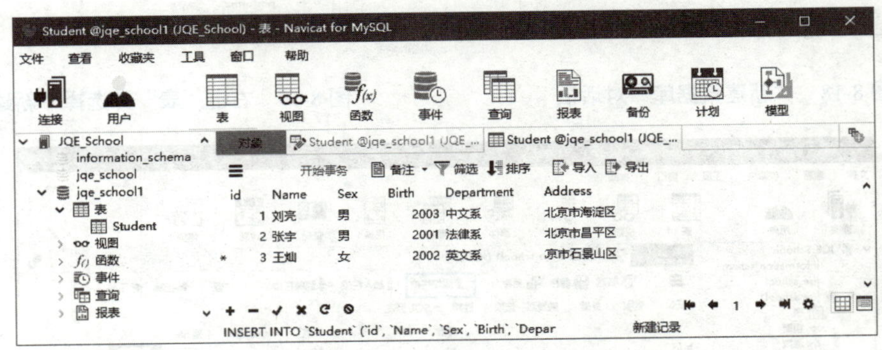

图 8-22　设置表格内容

步骤 7▶　按 Ctrl+S 组合键保存表格内容，至此数据库和一个示例表格创建完成。接下来通过 Navicat for MySQL 查询表格内容，单击主工具栏中的“查询”按钮，打开查询设置区，如图 8-23 所示。

步骤 8▶　单击“新建查询”按钮 新建查询，打开查询编辑器，可以在其中输入查询语句，输入完成后，按下“运行”按钮，即可执行查询语句，如图 8-24 所示。

图 8-23　打开查询设置区

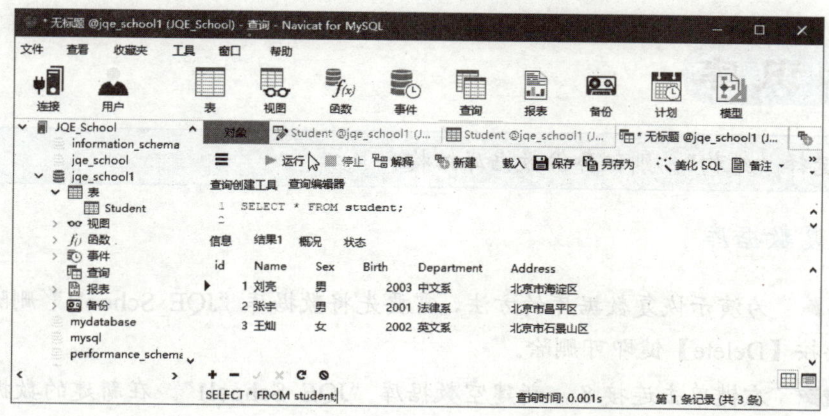

图 8-24　执行查询语句

8.5.3　使用 Navicat for MySQL 备份与恢复数据库

使用 Navicat for MySQL 可以非常方便地备份和恢复数据库。此处以前面创建的“JQE_School1”为例进行讲解。

1. 备份数据库

步骤 1▶ 启动 Navicat for MySQL，首先双击数据库名“JQE_School1”将其变为可编辑状态，然后右击数据库名，在弹出的快捷菜单中选择“转储 SQL 文件”>“结构和数据”，如图 8-25 所示。

步骤 2▶ 在打开的“另存为”对话框中选择文件保存位置，单击“保存”按钮即成功创建备份文件。

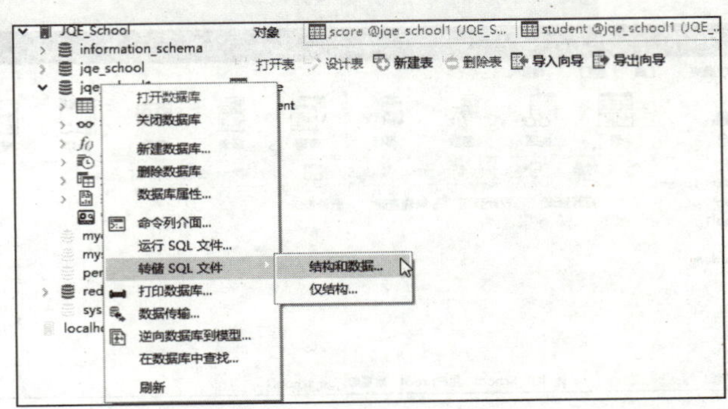

图 8-25 备份数据库

如果选择“结构”，则仅备份数据库结构。

2. 恢复数据库

步骤 1▶ 为演示恢复数据库的方法，需要先将数据库“JQE_School1”删除，选中数据库后直接按【Delete】键即可删除。

步骤 2▶ 右键单击连接名，新建空数据库“JQE_School1”。在新建的数据库上单击鼠标右键，在弹出的快捷菜单中选择“运行 SQL 文件”，打开“运行 SQL 文件”对话框，如图 8-26 所示。

步骤 3▶ 单击“文件”编辑框右侧的□图标，在“打开”对话框中选择前面创建的备份文件 jqe_school1.sql，然后单击“打开”按钮，如图 8-27 所示。

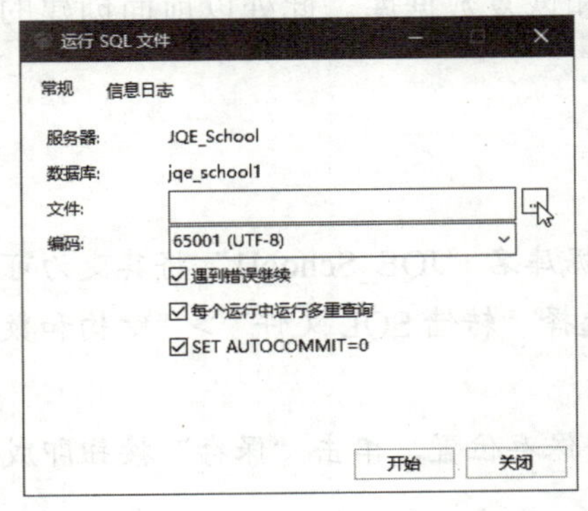

图 8-26 “运行 SQL 文件”对话框

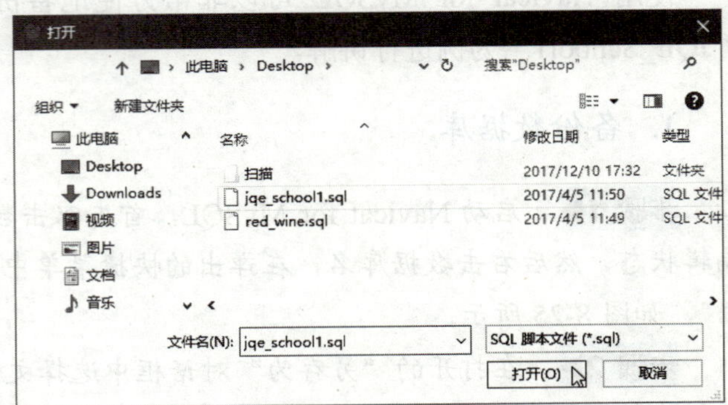

图 8-27 打开备份文件

步骤 4▶ 回到“运行 SQL 文件”对话框，单击“开始”按钮开始恢复数据库，之后

单击“关闭”按钮关闭对话框即成功恢复数据库。

8.5.4　使用 Navicat for MySQL 创建数据表

本节根据表 8-2 的结构信息，使用 Navicat for MySQL 创建数据表 Score，然后输入表 8-3 中的内容。

表 8-3　Score 表内容

name	subject	score
张　三	数　学	80
张　三	语　文	53
张　三	英　语	59
李　四	数　学	55
李　四	语　文	56
李　四	英　语	50
王　五	数　学	100
王　五	语　文	90

步骤 1▶　启动 Navicat for MySQL，双击前面创建的连接“JQE_School”将其展开，之后双击数据库名“jqe_school1”将其展开，右击“表”并选择“新建表”，进入表格设计界面，设置 id 字段名和属性，如图 8-28 所示。

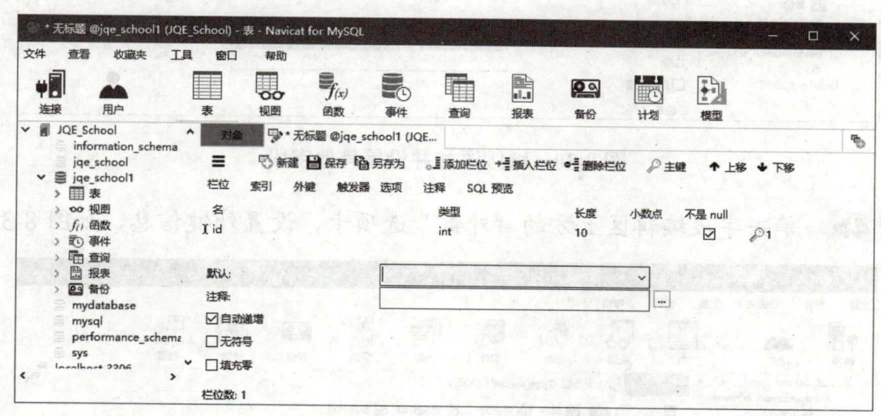

图 8-28　新建表并设置其 id 字段名和属性

步骤 2▶　单击表格设计区上方的“索引”选项卡，在“名”一栏填写索引名称，“栏位”一栏填写字段名称，然后单击“索引类型”列，在其下拉列表中选择“Unique”，为该字段设置唯一性约束，如图 8-29 所示。

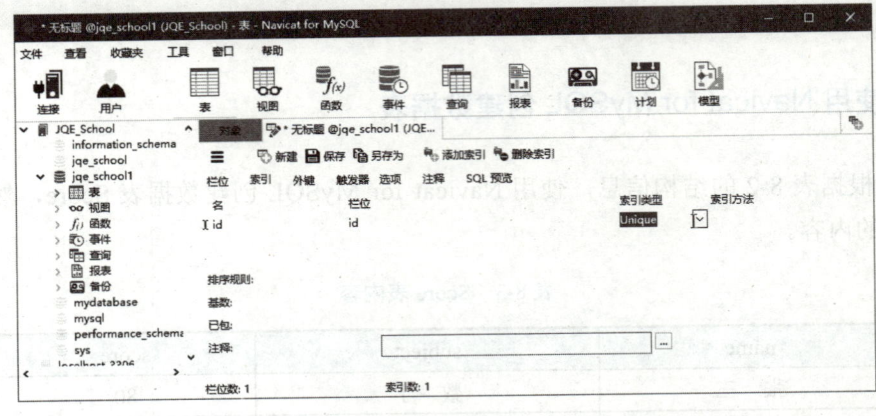

图 8-29　设置唯一性约束

步骤 3▶　回到“栏位”选项卡，单击“添加栏位”按钮继续添加并设置其他字段，如图 8-30 所示。

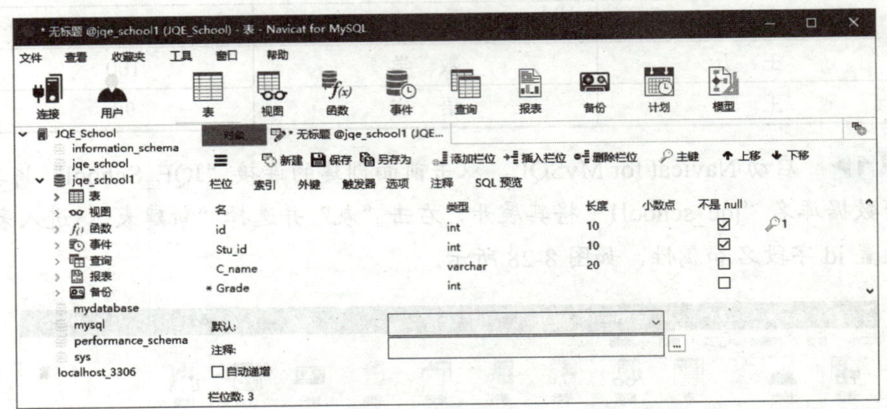

图 8-30　继续添加并设置其他字段

步骤 4▶　单击字段编辑区上方的“外键”选项卡，设置外键信息，如图 8-31 所示。

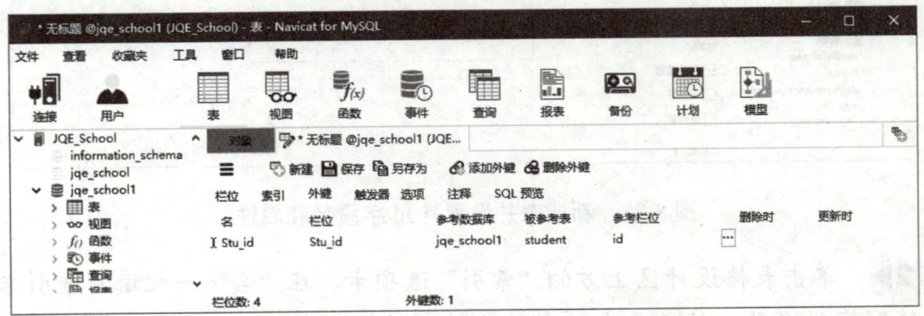

图 8-31　设置外键信息

步骤 5▶ 回到“栏位”选项卡，单击“保存”按钮，在弹出的“表名”对话框中输入表名“Score”，并单击“确定”按钮保存表，如图 8-32 所示。

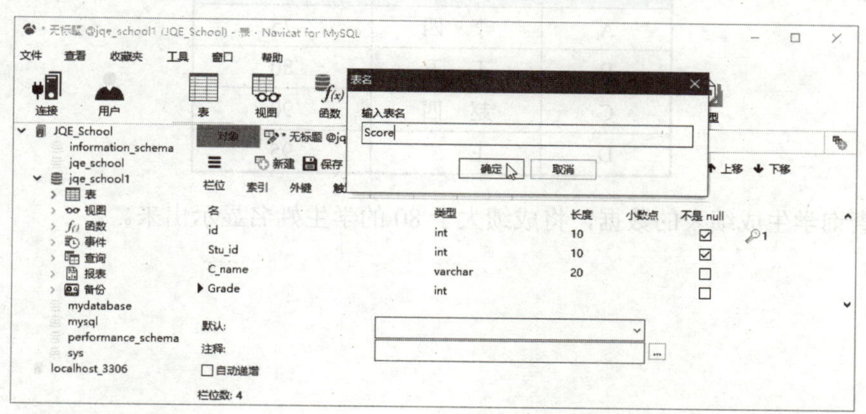

图 8-32 保存 Score 表

本章小结

本章介绍了 MySQL 数据库的安装和基本操作，并介绍了一款强大的 MySQL 数据库管理和开发工具 Navicat for MySQL。在学完本章内容后，读者应重点掌握以下知识。

- 关系型数据库的层次结构可以分为四级：数据库（Database）、表（Table）、记录（Record）和字段（Field），相应的关系理论中的术语是数据库、关系、记录和属性。
- 在命令行窗口中输入“net start mysql”命令，按回车键确认，即可启动 MySQL 服务。读者需掌握启动和登录 MySQL 服务的方法。
- 选择“命令提示符（管理员）”命令，打开命令行窗口，输入“net stop mysql”命令，并按回车键确认，即可停止 MySQL 服务。
- 掌握数据库、数据表和数据记录的基本操作语句。
- 掌握 Navicat for MySQL 的应用，并能使用它创建数据库和数据表。

思考与练习

1．使用 Navicat for MySQL 创建一张学生成绩表，包含“编号”“学号”“姓名”和“成绩”字段。

2．向学生成绩表中添加表 8-4 所示的信息。

表 8-4 学生成绩表

学　号	姓　名	成　绩
A	李　四	75
B	王　五	80
C	赵　四	90
D	王　二	95

3．查询学生成绩表的数据，将成绩大于 80 的学生姓名显示出来。

第 9 章

JDBC 的介绍与使用

与数据库交互是 Web 应用程序的一项必备功能。JSP 使用 JDBC（Java DataBase Connectivity，Java 数据库连接）技术实现与数据库的连接。JDBC 提供了 JSP 访问数据库的各种接口程序，它对 Web 开发非常重要。

本章使用的 Web 服务目录是 ch09。本章中所有实例源代码均位于本书配套素材“素材与实例\ch09”目录下。在开始本章的学习之前，可以先将“ch09”文件夹拷贝至本地磁盘。

9.1 JDBC 概述

JDBC 是一种用于执行 SQL 语句的 Java API（Application Programming Interface 应用程序设计接口），可以为多种关系数据库提供统一访问，它由一组用 Java 语言编写的类和接口组成。

JDBC API 主要包括 6 种接口，下面简单介绍：

- java.sql.DriverManager：用于处理驱动程序的调用，并对后续数据库连接提供支持。
- java.sql.Connection：用于处理特定的数据库连接。
- java.sql.Statement：代表一个特定的 SQL 执行语句。
- java.sql.PreparedStatement：代表一个预编译的 SQL 执行语句。
- java.sql.CallableStatement：代表一个内嵌过程的 SQL 调用语句。
- java.sql.ResultSet：控制一个特定的 SQL 语句的执行结果。

9.1.1 JDBC 的作用

在 Web 开发中，应用程序与数据库进行信息交换已经非常普遍，可以说，一种程序设计语言对数据库开发能力的支持直接影响着该语言的流行程度。在 JDK1.1 版本之前，Java 语言对数据库的访问能力还很弱，编程人员不得不使用 ODBC（Open Database Connectivity）函数调用。JDBC 的出现使 Java 程序对各种数据库的访问能力大大增强。

JDBC 是 Java 运行平台核心类库的一部分。在 JSP 中可以使用它对数据库中表的记录进行查询、修改和删除等操作。JDBC 技术在数据库开发中占有非常重要的地位，用 JDBC 操作不同数据库仅仅是连接方式上的差异而已。使用 JDBC 的应用程序一旦和数据库建立连接，就可以使用 JDBC 提供的 API 操作数据库。

JDBC 主要有以下 3 个作用：

- 与数据库建立连接；

- 向已连接的数据库发送 SQL 语句；
- 处理 SQL 语句的执行结果。

通过 JDBC 可以方便地向各种数据库发送 SQL 语句并获得执行结果，也就是说程序员只需要调用 JDBC API 就可以连接数据库。

9.1.2 JDBC 的体系结构

JDBC 由两部分组成：JDBC API 和 JDBC Driver Interface。

- JDBC API：是提供给开发者的一组独立于数据库的 API，对任何数据库的操作，都可以用这组 API 来进行。那么要把这些通用的 API 翻译成特定数据库能懂的“指令”，就要由 JDBC Driver Interface 来实现了。
- JDBC Driver Interface：是面向 JDBC 驱动程序开发商的编程接口，它会把我们通过 JDBC API 发给数据库的通用指令翻译给它们自己的数据库。为了使客户端程序独立于特定数据库驱动程序，JDBC 规范建议开发者使用接口编程方式，即尽量使应用依赖 java.sql 及 javax.sql 中的接口和类。

JDBC 的体系结构如图 9-1 所示。

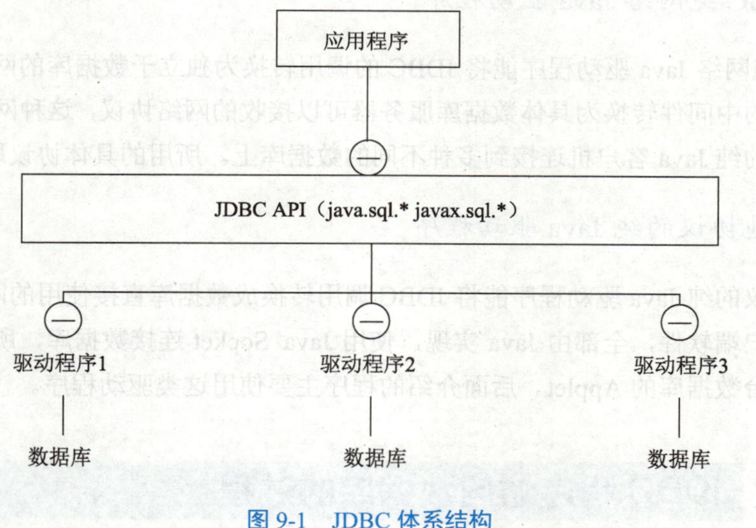

图 9-1 JDBC 体系结构

由图 9-1 可以看出，JDBC API 的作用就是屏蔽不同数据库驱动程序之间的区别，使程序设计人员有一个标准的、纯 Java 的数据库程序设计接口，为在 Java 中访问任意类型的数据库提供技术支持。

9.1.3 JDBC 的驱动器类型

要通过 JDBC 存取某一特定数据库，必须有相应的 JDBC 驱动程序，它通常由生产数据库的厂家提供，JDBC 驱动程序是连接 JDBC API 与具体数据库之间的桥梁。

JDBC 驱动程序主要包括 4 种类型，下面分别介绍。

1. JDBC-ODBC 桥驱动程序

使用 JDBC-ODBC 桥驱动程序，可以使客户端通过 JDBC 连接到一个使用 ODBC 驱动程序的数据库。使用此类驱动程序，需要每个客户端计算机都安装数据库对应的 ODBC 驱动程序。

2. 本地 API Java 驱动程序

本地 API Java 驱动程序将 JDBC 调用转换为特定的数据库标准调用，同 JDBC-ODBC 桥驱动程序一样，调用这种类型的驱动程序，也要求将某些二进制代码加载到每个客户端计算机上。这类驱动程序不适于使用数据库的 Applet。

3. JDBC 纯网络 Java 驱动程序

JDBC 纯网络 Java 驱动程序能将 JDBC 的调用转换为独立于数据库的网络协议，然后由服务器端的中间件转换为具体数据库服务器可以接收的网络协议，这种网络服务器中间件能够将它的纯 Java 客户机连接到多种不同的数据库上。所用的具体协议取决于提供者。

4. 本地协议的纯 Java 驱动程序

本地协议的纯 Java 驱动程序能将 JDBC 调用转换成数据库直接使用的网络协议，它不需要安装客户端软件，全部由 Java 实现，使用 Java Socket 连接数据库，所以适合于通过网络使用后台数据库的 Applet。后面介绍的程序主要使用这类驱动程序。

9.2 JDBC 程序访问数据库的过程

JDBC 程序访问数据库的过程，大体上可以分为连接数据库和操作数据库两大步，具体来说又可分为加载驱动程序、获得数据库连接、执行 SQL 语句等。图 9-2 显示了用 JDBC 程序访问数据库的一般步骤。

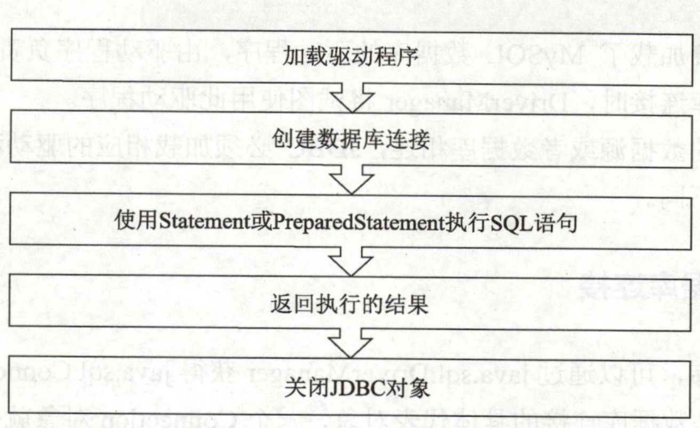

图 9-2 JDBC 程序访问数据库的一般步骤

9.2.1 加载 JDBC 数据库驱动程序

应用程序要和数据库交互信息，必须首先和数据库建立连接。目前在开发中常用连接数据库的方式是加载 JDBC 数据库驱动程序。

用 Java 语言编写的数据库驱动程序称为 JDBC 数据库驱动程序。JDBC 通过调用本地的 JDBC 数据库驱动程序，同相应的数据库建立连接。

使用 JDBC 数据库驱动程序方式和数据库建立连接需要两个步骤：（1）加载 JDBC 数据库驱动程序；（2）创建数据库连接。

本节主要介绍第一步加载 JDBC 数据库驱动程序的方法。加载 JDBC 驱动程序之前必须要先安装驱动器，本书以 MySQL 为例进行介绍。

MySQL 的驱动程序称为 Connector/J，可以登录 MySQL 官方网站 www.mysql.com，并进入其产品页进行下载；也可以直接输入下载网址 https://dev.mysql.com/downloads/connector/j/ 下载该驱动程序。

本书采用 5.1.45 版本，下载完成之后的压缩包名为 mysql-connector-java-5.1.45.zip，将其解压缩至硬盘，目录下名为 mysql-connector-java-5.1.45-bin.jar 的文件就是 JDBC 驱动。将该文件复制到 Tomcat 服务器所使用的 JDK 扩展目录中（就是第 1 章 1.2.1 节中配置 JDK 环境变量时，设置的 java_home 环境变量值），或者复制到 Tomcat 服务器安装目录的\common\lib 文件夹中。

这样就可以保证在 JSP 页面或 Servlet 等 Java 类中顺利地调用 JDBC 程序，并且所有网站都可以共享该文件。

成功安装驱动器之后，使用 Class.forName 方法加载一个驱动程序，例如：

```
String driverName = "com.mysql.jdbc.Driver";
Class.forName(driverName);
```

上述语句直接加载了 MySQL 数据库的驱动程序，由驱动程序负责向 DriverManager 登记。在与数据库连接时，DriverManager 将试图使用此驱动程序。

为了与特定的数据源或者数据库相连，JDBC 必须加载相应的驱动程序，不同数据库厂商的驱动类名不同。

9.2.2 创建数据库连接

要连接数据库，可以通过 java.sql.DriverManager 获得 java.sql.Connection 对象。

Connection 是数据库连接的具体代表对象，一个 Connection 对象就代表一个数据库连接。可以使用 DriverManager 的 getConneciton()方法传入指定的连接 URL、用户名和密码来获得 Connection 对象，以达到连接数据库的目的。其具体用法如下：

```
String url = "jdbc:mysql://localhost:3306/test";
Connection conn = DriverManager.getConnection(url);
```

上述语句中的 url 定义了连接数据库时的协议、子协议和数据源识别。其形式为：

```
协议:子协议:数据源识别。
```

- 协议在 JDBC 中总是以 jdbc 开始；
- 子协议是桥接的驱动程序或是数据库管理系统名称，使用 MySQL 的话是 mysql；
- 数据源识别标出数据库来源的地址与连接端口，MySQL 数据库服务器默认占用的端口为 3306。

使用 MySQL 时，url 的形式如下：

```
jdbc:mysql://主机名称:连接端口/数据库名称?参数=值&参数=值
```

conn 语句用于与 url 对象指定的数据源建立连接，若连接成功，则返回一个 Connection 类的对象 conn。以后对该数据源的操作都是基于 conn 对象的。getConnection()方法是 DriverManager 类中的静态方法，使用时不用生成 DriverManager 类的对象，直接使用类名调用即可。

上述语句是创建数据库连接最简单的方法，适合于小型数据库。在大型数据库中，常需要给出用户名和密码，其形式如下：

```
getConnection(String url, String user, String password);
```

例如：

```
String url="jdbc:mysql://127.0.0.1/JQE_School";
String user="root";
String password="";
con=DriverManager.getConnection(url,user,password);
```

9.2.3 执行 SQL 语句

要执行 SQL 语句，必须获得 java.sql.Statement 对象，Statement 类型的对象通过引用 Connection 接口类型对象的 createStatement()方法获取，其形式如下所示：

```
Statement stmt = conn.createStatement();
```

获得 Statement 对象之后，可以使用 Statement 对象的 executeUpdate()或 executeQuery()方法来执行 SQL 语句；SQL 语句执行后，返回的结果通常存放在一个 ResultSet 类的对象中，其用法如下：

```
sql = "Select * from Score";
ResultSet rs = stmt.executeQuery(sql);
```

此处的 SQL 语句可以改变数据库内容，如 INSERT、DELETE、UPDATE、CREATE TABLE、DROP TABLE 等。

9.2.4 处理结果

对 ResultSet 对象进行处理后，才能将查询结果显示出来。ResultSet 对象包含一个由查询语句返回的数据表，表中包含所有查询结果。ResultSet 的具体应用将在 9.3.1 节中介绍。

9.2.5 关闭 JDBC 对象

JDBC 对象使用完毕之后一定要关闭，否则会占用大量内存资源，导致内存溢出。关闭的方法为 close()。

在操作数据库时，Statement 对象如果只有创建但没有关闭，则程序对内存的消耗会不断增加，直到内存溢出或者程序执行完毕。所以当要长时间运行数据库连接操作的时候，一个良好的习惯是，Statement 对象以及 Resultset 对象使用之后一定要关闭。

在简单了解了 JDBC 程序访问数据库的步骤后，接下来通过一个实例初步了解其具体使用方法。

【实例 9-1】 本例使用 JDBC 从数据库 JQE_School 中读取 Score 表中的数据，并以表格的形式显示在浏览器上。在 MyEclipse 中新建项目 ch09，之后在项目中新建 JSP 文件 9-1.jsp，并设置其内容如下：

```
<%@ page language="java" import="java.util.*" contentType="text/html;charset=utf-8" %>
<%@ page import="java.sql.*" %>
<html>
  <body>
```

```
<% Connection con;
    Statement sql;
    ResultSet rs;
    try{
    Class.forName("com.mysql.jdbc.Driver"); //加载 MySQL 的 JDBC 数据库驱动程序
    }
    catch(Exception e){
    out.println("没有把 MySQL 数据库的 JDBC 数据库驱动程序复制到 JDK 的扩展
目录中");
    }
    try {String url="jdbc:mysql://localhost:3306/jqe_school";
        String user="root";
        String password="";
        con=DriverManager.getConnection(url,user,password);  //连接数据库
        sql=con.createStatement();                           //创建结果集
        rs=sql.executeQuery("Select * from score");          //读取表数据
        out.print("<table border=1>");                       //输出表格
        out.print("<tr>");
          out.print("<th width=100>"+"编号");
          out.print("<th width=100>"+"学号");
          out.print("<th width=100>"+"课程名");
          out.print("<th width=100>"+"分数");
        out.print("</tr>");
        while(rs.next()){                                    //循环输出表中的数据
         out.print("<tr>");
          out.print("<td>"+rs.getInt("id")+"</td>");
          out.print("<td>"+rs.getInt("stu_id")+"</td>");
          out.print("<td>"+rs.getString("c_name")+"</td>");
          out.print("<td>"+rs.getInt("grade")+"</td>");
        out.print("</tr>");
        }
        out.print("</table>");
        con.close();                                         //关闭连接
    }
```

```
            catch (SQLException e){
                out.print(e);
            }
        %>
    </body>
</html>
```

在浏览器地址栏中输入 http://localhost:8080/ch09/9-1.jsp，按回车键运行页面，效果如图 9-3 所示。

编号	学号	课程名	分数
1	901	计算机	98
2	901	英语	80
3	902	计算机	65
4	902	中文	88
5	903	中文	95
6	904	计算机	70
7	904	英语	92
8	905	英语	94
9	906	计算机	90
10	906	英语	85

图 9-3　运行效果

9.3 通过 Statement 执行 SQL 语句

JSP 网页通过 SQL 的引用，可以进行各种数据库操作，其中包括修改数据库结构和更新与查询数据内容。修改数据库结构包括新增与删除数据表，新增与删除字段，修改字段等；更新数据是新增、删除、修改数据内容；查询数据是根据选择条件从数据库中读取部分数据。

Statement 主要提供运行 SQL 指令的方法，以及设置运行 SQL 后所返回 ResultSet 类型对象的属性，如表 9-1 所示。

表 9-1　Statement 对象的方法

方　法	说　明
void addBatch(String sql)	将给定的 SQL 命令添加到 Statement 对象的当前命令列表中
void close()	立即释放 Statement 对象的数据库和 JDBC 资源，而不是等待该对象自动关闭时发生此操作

续表

方　法	说　明
boolean execute(String sql)	运行给定的 SQL 语句，语句在返回一个布尔值时用于反映 SQL 语句是否执行成功
int[] executeBatch()	运行 SQL 批处理指令
ResultSet executeQuery(String sql)	运行 SQL 查询指令，如 select 指令
int executeUpdate(String sql)	运行给定 SQL 语句，该语句可以为 INSERT、UPDATE 或 DELETE 语句
Connection getConnection()	获取生成 Statement 对象的 Connection 对象
int getMaxRows()	获取由 Statement 对象生成的 ResultSet 对象可以包含的最大行数
void setMaxRows(int max)	将 Statement 对象生成的所有 ResultSet 对象可以包含的最大行数限制设置为给定数

9.3.1　ResultSet

JDBC 提供 Statement 来发送 SQL 语句，Statement 对象通过 createStatement()方法创建，当 Statement 对象调用 executeQuery()方法执行查询 SQL 语句后，返回的结果将存放在 ResultSet 类的对象中。

ResultSet 对象是一个数据集合，它保存着查询结果集，ResultSet 可以看作是一个表，这个表包含由 SQL 语句返回的列名和相应值。ResultSet 对象中维持了一个指向当前行的指针，通过一系列的 getxxx()方法可以检索当前行的各个列。对 ResultSet 对象的处理必须逐行进行，通过 ResultSet 对象的 next()方法可以使指针下移一行，而对于每一行的各个列则可按任意顺序处理。

ResultSet 对象的 getxxx()方法可以将结果集中的 SQL 数据类型转换为 Java 数据类型，例如 getString(String columnName)、getInt(String columnName)等。下面简单介绍 ResultSet 对象的常用方法。

- absolute(int index)：移动指针到第 index 行数据。
- first()：移动指针到第一行数据。
- last()：移动指针到最后一行数据。
- next()：移动指针到下一行数据。
- previous()：移动指针到前一行数据。
- getString(int index)：以 Java 中 String 的形式获取 ResultSet 对象的当前行中指定列的值。

- getString(String name)：以 Java 中 String 的形式获取 ResultSet 对象中字段名称为 name 的列的值。
- getInt(int index)：以 Java 中 Int 的形式获取 ResultSet 对象的当前行中指定列的值。
- getInt(String name)：以 Java 中 Int 的形式获取 ResultSet 对象中字段名称为 name 的列的值。
- close()：结束对象，释放占用资源。

注　意

查询数据库得到的 ResultSet 结果集中，指针最初定位在第一行的前面。

9.3.2　executeQuery()方法

executeQuery()方法用于执行产生单个结果集的 SQL 语句，如 Select 语句。方法格式如下：

```
ResultSet executeQuery(String sql)throws SQLException;
```

下面通过实例加深理解此方法的应用。

【实例 9-2】　本例通过 Statement 对象调用 executeQuery(String sql)方法执行 SQL 查询语句，查询 Student 表中的“姓名”和“系别”字段，将查询结果放进 ResultSet 对象，并在浏览器中输出。

Student 表的内容如图 9-4 所示。

id	name	sex	birth	department	address
901	张老大	男	1985	计算机系	北京市海淀区
902	张老二	男	1986	中文系	北京市昌平区
903	张三	女	1990	中文系	湖南省永州市
904	李四	男	1990	英语系	辽宁省阜新市
905	王五	女	1991	英语系	福建省厦门市
906	王六	男	1988	计算机系	湖南省衡阳市

图 9-4　Student 表的内容

在前面创建的项目 ch09 中新建 JSP 文件 9-2.jsp，其内容如下：

```
<%@page language="java" import="java.util.*" pageEncoding="utf-8"%>
<%@page import="java.sql.*"%>
<html>
```

```
<body>
  <%
   Connection conn = null;
   Statement stmt = null;
            try {
        Class.forName("com.mysql.jdbc.Driver");                //加载驱动器类
        String url = "jdbc:mysql://localhost:3306/jqe_school?characterEncoding=utf-8";
        conn = DriverManager.getConnection(url,"root","");         //建立数据库的连接
        stmt = conn.createStatement();                           //获取 Statement 对象
        String sql = "select name,department from student";
        ResultSet rs = stmt.executeQuery(sql);                    //执行 SQL 语句
        while(rs.next()){                                        //遍历结果集
        String name = rs.getString("name");
        String department = rs.getString("department");
            %>
  姓名：<%=name%>
  系别：<%=department%>
  <br>
  <%
        }
        rs.close();
        stmt.close();
        conn.close();
     } catch (ClassNotFoundException e) {
        // TODO Auto-generated catch block
        e.printStackTrace();
     } catch (SQLException e) {
        // TODO Auto-generated catch block
        e.printStackTrace();
     }
   %>
</body>
</html>
```

运行此 JSP 文件的结果如图 9-5 所示。

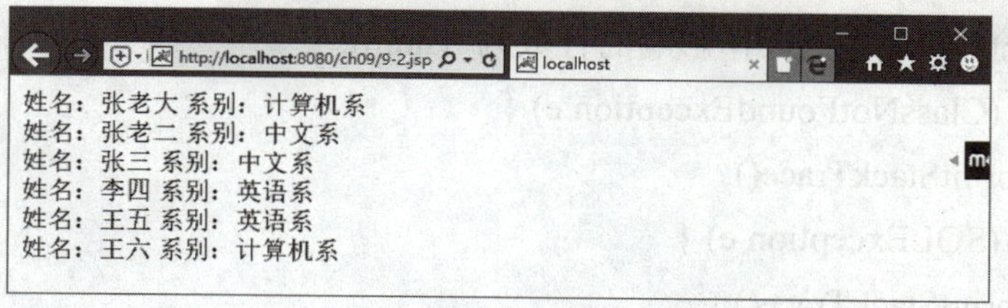

图 9-5 查询结果

9.3.3 executeUpdate()方法

executeUpdate()方法执行的 SQL 语句，可以是插入、修改或删除语句，也可以是始终返回 0 的语句，例如创建表格和删除表格语句。executeUpdate()方法的返回值是整型，代表受影响的行数，方法格式如下：

```
int executeUpdate(String sql)throws SQLException;
```

下面通过实例加深对此方法的理解。

【实例 9-3】 本例依然在表格 Student 中操作，通过 Statement 对象调用 executeUpdate (String sql)方法执行 SQL 插入语句，向 Student 表中插入一行记录，返回结果为一个整数，将其在浏览器中输出。

在项目 ch09 中新建 JSP 文件 9-3.jsp，并设置其内容如下：

```
<%@page language="java" import="java.util.*" pageEncoding="utf-8"%>
  <%@page import="java.sql.*"%>
  <html>
<body>
  <%
   Connection conn = null;
   Statement stmt = null;
         try {
      Class.forName("com.mysql.jdbc.Driver");                //加载驱动器类
      String url = "jdbc:mysql://localhost:3306/jqe_school?characterEncoding=utf-8";
      conn = DriverManager.getConnection(url,"root","");       //建立数据库连接
      stmt = conn.createStatement();
      String sql = "insert into student values(907,'李强','男',1990,'电子系','北京市西城区')";
      int num = stmt.executeUpdate(sql);                      //执行插入语句
      stmt.close();
      conn.close();
```

```
            out.print("插入数据操作影响的行数为"+num);
        } catch (ClassNotFoundException e) {
            e.printStackTrace();
        } catch (SQLException e) {
            e.printStackTrace();
        }
    %>
</body>
</html>
```

运行 JSP 文件，结果如图 9-6 所示。显示影响的行数为 1，说明已成功插入一条数据。

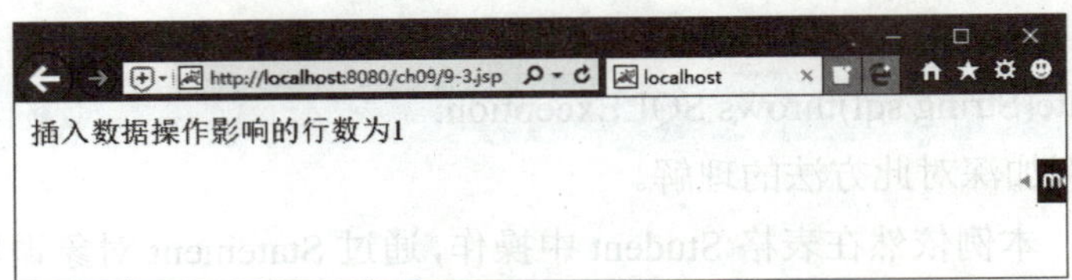

图 9-6 运行结果

在可视化工具中打开数据表，可以看到已成功插入数据，如图 9-7 所示。

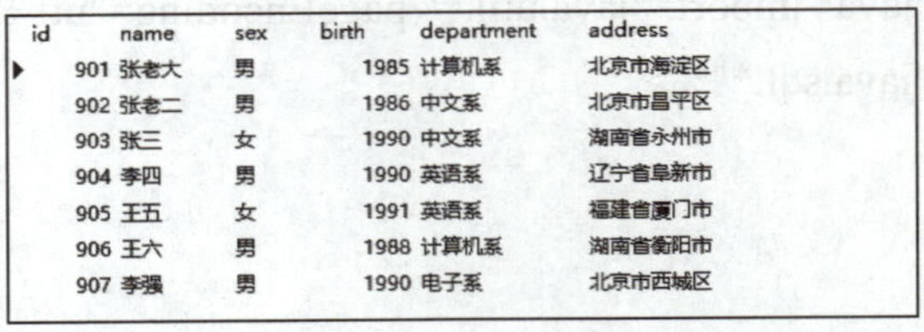

id	name	sex	birth	department	address
901	张老大	男	1985	计算机系	北京市海淀区
902	张老二	男	1986	中文系	北京市昌平区
903	张三	女	1990	中文系	湖南省永州市
904	李四	男	1990	英语系	辽宁省阜新市
905	王五	女	1991	英语系	福建省厦门市
906	王六	男	1988	计算机系	湖南省衡阳市
907	李强	男	1990	电子系	北京市西城区

图 9-7 成功插入数据

可采用上述方法删除或修改表格数据。

删除数据的语句如下：

```
String sql = "delete from student where name = '"+"李强"+"'";
```

修改数据的语句如下：

```
String sql = "update student set name='"+"李明"+"'"+" where name = '王五'";
```

9.4 PreparedStatement

PreparedStatement 接口继承自 Statement，作为 Statement 的子类，它继承了 Statement

的所有功能。下面简单介绍其特点和用法。

9.4.1 预编译功能

PreparedStatement 实例具有预编译功能。默认情况下，当向数据库发送一个 SQL 语句，比如“Select * from score”，数据库中的解释器负责将 SQL 语句生成底层的内部命令，然后执行命令完成数据操作。如果不断向数据库提交 SQL 语句，势必增加解释器的负担，进一步影响执行速度。PreparedStatement 实例能够针对连接的数据库，事先就将 SQL 语句解释为数据库底层的内部命令，然后直接让数据库执行该命令，这样不仅减轻了数据库负担，也提高了访问速度。

实例化 PreparedStatement 对象，需要使用 Connection 连接对象 con 调用 prepareStatement (String sql)方法：

```
PreparedStatement psmt = con.prepareStatement(“update test set a = ? where b = ?”);
```

上述语句对 SQL 语句 update test set a = ? where b = ?进行预编译处理，生成数据库底层的命令，并将命令封装在 PreparedStatement 对象 psmt 中，则对象调用以下方法中的任一个都可以使得该底层内部命令被数据库执行：

```
ResultSet executeQuery()
int executeUpdate()
```

就是说，只要编译好了 PreparedStatement 对象 psmt，该对象就可以随时调用并执行上述方法，这明显提高了数据库访问的速度。

9.4.2 使用通配符

包含于 PreparedStatement 对象中的 SQL 语句可具有一个或多个参数，该语句为每个参数保留一个问号“?”，作为通配符。例如：

```
PreparedStatement psmtInsert = conn.prepareStatement("insert into score values(null,?,?,?)");
```

在该语句执行之前，必须通过调用相应的方法设置通配符“?”代表的具体值。例如：

```
psmtInsert.setString(1, name);
```

上述语句指定预处理语句 psmtInsert 中第 1 个通配符“?”代表的值是 name。通配符按照其在预处理语句中从左至右出现的顺序，分别被称为第 1 个、第 2 个……第 n 个通配符。

使用通配符可以使应用程序更容易动态地改变 SQL 语句中关于字段值的条件。预处理语句常使用以下方法设置通配符的值：

```
void setDate( int parameterIndex,Date x)
void setDouble( int parameterIndex, double x)
```

```
void setFloat( int parameterIndex, float x)
void setInt( int parameterIndex, int x)
void setString( int parameterIndex, string x)
void setLong( int parameterIndex, long x)
```

由于 PreparedStatement 对象预编译过，所以其执行速度要快于 Statement 对象，因此，需要多次执行的 SQL 语句经常被创建为 PreparedStatement 对象，以提高效率。PreparedStatement 对象的 execute()，executeQuery()和 executeUpdate()方法已被更改，以使之不再需要参数。这些方法的 Statement 形式（接受 SQL 语句参数的形式）不应该用于 PreparedStatement 对象。

知识库

PreparedStatement 可以防止 SQL 注入，这是因为 SQL 语句在程序运行前已经进行了预编译，在程序运行时，第一次操作数据库之前，SQL 语句已经被数据库分析，编译和优化，对应的执行计划也会缓存下来并允许数据库以参数化的形式进行查询，当运行时动态地把参数传给 PreprareStatement 时，即使参数里有敏感字符如 or '1=1'，数据库也会把它作为一个参数的属性值来处理而不会作为一个 SQL 指令。

【实例 9-4】 本实例通过 PreparedStatement 实现向数据表 score 中添加数据并动态查询添加结果。实例中共有两个 JSP 文件，分别为 9-4.jsp 和 Select.jsp。其中，9-4.jsp 文件用于向数据库添加数据，Select.jsp 文件用于从数据库中查询添加的数据。

步骤 1▶ 在项目 ch09 中新建 JSP 文件 9-4.jsp，并设置其代码如下：

```
<%@page language="java" import="java.util.*" pageEncoding="utf-8"%>
<%@page import="java.sql.*"%>
<html>
<body>
<form method=get action="">
<table>
输入学生学号：<br/>
<input type=text name=stu_id>
<br/>
输入专业名：
<br/>
<input type=text name=c_name>
<br/>
```

```
输入学生成绩:
<br/>
<input type=text name=grade>
<br/>
<input type=submit value=添加>
</table>
</form>
    <%
    String id = request.getParameter("stu_id");                    //获取表单提交的学生学号
    String name = request.getParameter("c_name");                  //获取表单提交的专业名
    String scoreStr = request.getParameter("grade");               //获取表单提交的成绩
    if(id==null||id.equals("")||name==null||name.equals("")||scoreStr==null||scoreStr.equals(""))
    {
    out.print("请输入数据，并保证数据正确");
    return;
    }
    int stu_id = Integer.parseInt(id);                             //将字符串转为整型
    int grade = Integer.parseInt(scoreStr);                        //将字符串转为整型
     Connection conn = null;
            try {
        Class.forName("com.mysql.jdbc.Driver");                    //加载驱动器类
        String url = "jdbc:mysql://localhost:3306/jqe_school?characterEncoding=utf-8";
        conn = DriverManager.getConnection(url,"root","");         //建立数据库连接
        PreparedStatement psmtInsert = conn.prepareStatement("insert into score
values(null,?,?,?)");
        psmtInsert.setInt(1,stu_id);
        psmtInsert.setString(2,name);
        psmtInsert.setInt(3,grade);
        int num = psmtInsert.executeUpdate();                      //执行插入数据的语句
        if(num>0){
        out.println("添加成功!");
        }else{
        out.println("添加失败!");
        }
```

```
            } catch (ClassNotFoundException e) {
                // TODO Auto-generated catch block
                e.printStackTrace();
            } catch (SQLException e) {
                // TODO Auto-generated catch block
                e.printStackTrace();
            }
        %>
<form method=get action="Select.jsp">
<table>
请输入学生学号查询成绩：
<br/>
<input type=text name=selectid>
<br/>
<input type=submit value=查询>
</table>
</form>
</body>
</html>
```

步骤 2▶ 继续在项目 ch09 中新建 JSP 文件 Select.jsp，并设置其代码如下：

```
<%@ page language="java" import="java.util.*" pageEncoding="utf-8"%>
<%@page import="java.sql.*"%>
<html>
  <body>
    <% String id = request.getParameter("selectid");                    //获取传递的参数
            Connection conn = null;
                try {
            Class.forName("com.mysql.jdbc.Driver");                     //加载驱动器类
            String url = "jdbc:mysql://localhost:3306/jqe_school?characterEncoding=utf-8";
            conn = DriverManager.getConnection(url,"root","");          //建立数据库连接
            PreparedStatement psmtQuery = conn.prepareStatement("select * from score
where stu_id = '"+id+"'");
            ResultSet rs = psmtQuery.executeQuery();                    //执行查询语句
            while(rs.next()){                                           //遍历查询结果
```

```
                int stuid = rs.getInt("stu_id");
                String name= rs.getString("c_name");
                int score= rs.getInt("grade");
                out.println("学号："+id);
                out.println("专业："+name);
                out.println("成绩："+score);
                }
            } catch (ClassNotFoundException e) {
                // TODO Auto-generated catch block
                e.printStackTrace();
            } catch (SQLException e) {
                // TODO Auto-generated catch block
                e.printStackTrace();
            }
        %>
    </body>
</html>
```

步骤 3▶ 在浏览器地址栏中输入 http://localhost:8080/ch09/9-4/9-4.jsp，按回车键运行程序，输入学生的学号、专业和成绩，例如输入：907、数学、99，如图 9-8 所示；单击“添加”按钮，一条学生的信息就被添加进数据库了，如图 9-9 所示。

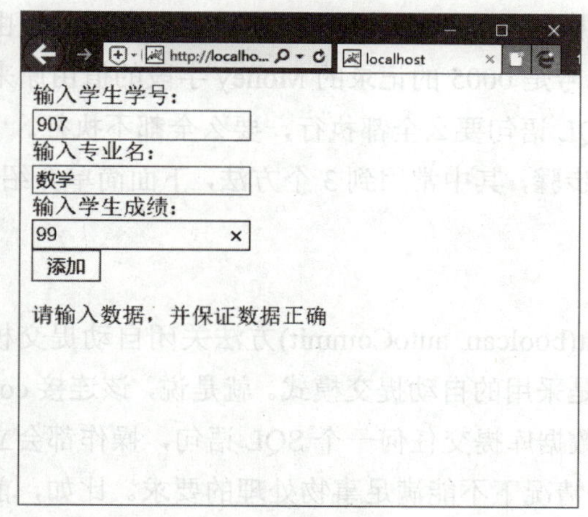

图 9-8　运行程序

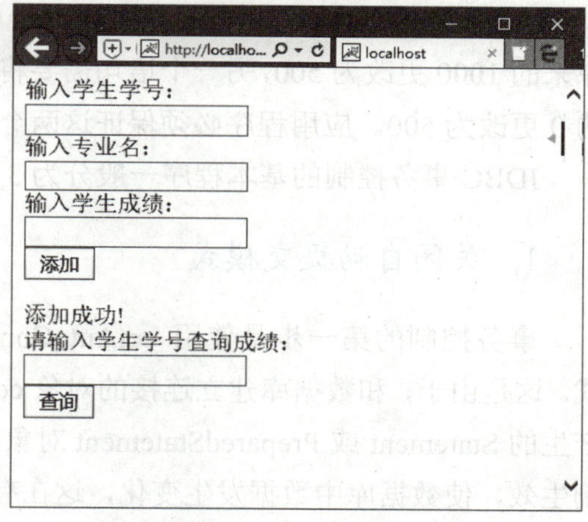

图 9-9　添加信息成功

注 意

此处添加的学号一定要在 Student 表中存在，否则会出错。

可以重复添加多条学生信息。添加成功之后，可以进行查询操作。输入学生学号，单击“查询”按钮，将会以学生学号为查询条件从数据库的 Score 表格中查询学生信息，最后将查询结果展示在浏览器上，如图 9-10 所示。

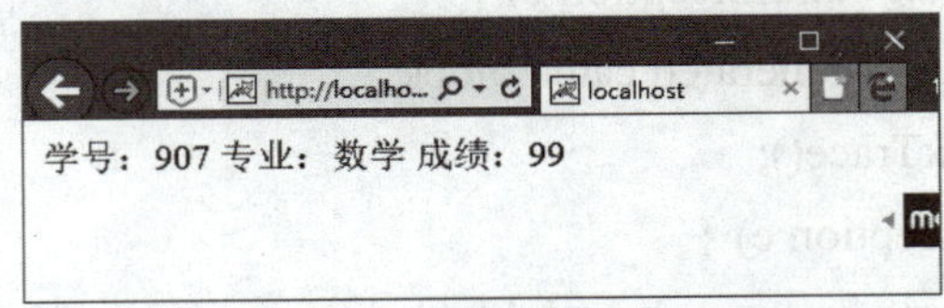

图 9-10 查询数据库结果

9.5 JDBC 事务控制

事务是保证数据库中数据完整性与一致性的重要机制。应用程序和数据库建立连接后，可能使用多个 SQL 语句操作数据库中的一个或多个表。“事务控制”是指应用程序保证事务中的多个 SQL 语句要么全部执行，要么一个都不执行。

比如，一个管理资金转账的应用程序，每完成一个简单的转账业务，可能需要至少两个 SQL 语句，一个语句需要将数据库 user 表中 id 号是 0001 的记录的 Money 字段的值由原来的 1000 更改为 500，另一个语句需要将 id 号是 0005 的记录的 Money 字段的值由原来的 0 更改为 500。应用程序必须保证这两个 SQL 语句要么全都执行，要么全都不执行。

JDBC 事务控制的基本程序一般分为 3 个步骤，其中常用到 3 个方法，下面简单介绍。

1. 关闭自动提交模式

事务控制的第一步是使用 setAutoCommit(boolean autoCommit)方法关闭自动提交模式。这是由于，和数据库建立连接的对象 con 是采用的自动提交模式。就是说，该连接 con 产生的 Statement 或 PreparedStatement 对象对数据库提交任何一个 SQL 语句，操作都会立刻生效，使数据库中数据发生变化，这在有些情况下不能满足事物处理的要求。比如，前面提到的管理资金转账的程序，将用户 A 的 Money 值由原来的 1000 更改为 500 的操作不应该立刻生效，而应等到用户 B 的 Money 值由原来的 0 更改为 500 后一起生效。如果第 2 个 SQL 语句操作没能成功，那么第 1 个 SQL 语句操作就不应该生效。

关闭自动提交模式的方法为，使用连接对象 con 调用 setAutoCommit(boolean autoCommit)方法，将参数 autoCommit 设置为 false，代码如下：

```
con.setAutoCommit(false);
```

2. 让事务中的 SQL 语句全部生效

连接对象 con 调用 setAutoCommit(false)方法后，产生的 Statement 对象对数据库提交任何一个 SQL 语句操作都不会立刻生效。这样就可以让 Statement 对象或 PreparedStatement 对象提交多个 SQL 语句，这些 SQL 语句就构成一个事务。事务中的 SQL 语句要等到连接对象 con 调用 commit()方法才会全部生效。

3. 事务回滚

连接对象 con 调用 commit()方法进行事务控制时，只要事务中有一个 SQL 语句没有生效，都会抛出 SQLException 异常。在处理异常时，必须让 con 调用 rollback()方法，它可以撤销事务中成功执行过的 SQL 语句对数据库所做的修改操作，将数据库中的数据恢复到 commit()方法执行之前的状态。

除上述方法外，还会用到 setSavepoint()方法，它用于在当前事务中创建一个未命名的保存点，并返回表示它的新 SavePoint 对象。

【实例 9-5】 本例通过模拟银行转账，了解事务控制在实际案例中的应用。王五给张三转账，每次 100 元，在王五的账户减去 100 元的同时，给张三的账户加上 100 元，这两个事件必须同时进行。

步骤 1▶ 首先在前面创建的数据库 JQE_School 中创建数据表 bank，并在其中输入数据，如图 9-11 所示。

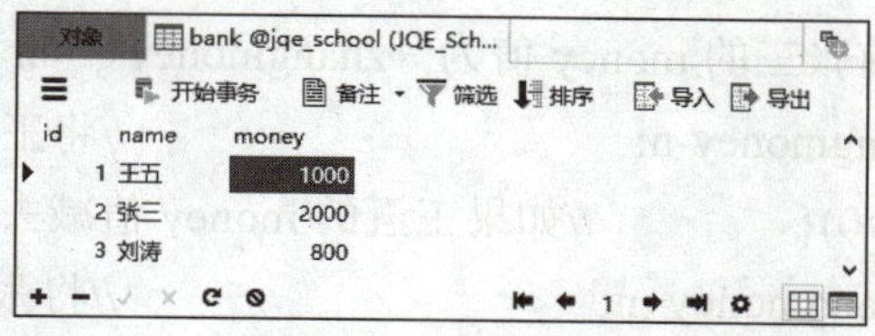

图 9-11 程序运行前

步骤 2▶ 在项目 ch09 中新建 JSP 文件 9-5.jsp，并设置其页面代码如下：

```
<%@ page language="java" import="java.sql.*" pageEncoding="utf-8"%>
<html>
    <body>
    <% Connection conn = null;
```

```
Statement sql;
ResultSet rs;
try{
    Class.forName("com.mysql.jdbc.Driver");                 //加载驱动器类
  }
  catch(ClassNotFoundException e) {}
  try{
  int n=100;                                                //定义整型变量 n
  Class.forName("com.mysql.jdbc.Driver");                   //加载驱动器类
  String url = "jdbc:mysql://localhost:3306/jqe_school?characterEncoding=utf-8";
  conn = DriverManager.getConnection(url,"root","");        //建立数据库连接
  conn.setAutoCommit(false);                                //取消自动提交
  sql=conn.createStatement();                               //创建 Statement 对象
  //执行 SQL 语句
  rs=sql.executeQuery("select money from bank where name='王五'");
  rs.next();
  double wangmoney=rs.getDouble("money");                   //转换字段为 double 类型
  rs=sql.executeQuery("select money from bank where name='张三'");
  rs.next();
  double zhangmoney=rs.getDouble("money");
  //输出转账前王五的 money 值
  out.print("转账前王五的 money 值为"+wangmoney+"<br>");
  //输出转账前张三的 money 值
  out.print("转账前张三的 money 值为"+zhangmoney+"<br>");
  wangmoney=wangmoney-n;                                    //将王五的 money 值减去 n
  if(wangmoney>=0){              //如果王五的 money 值减去 n 后依然大于等于 0
  zhangmoney=zhangmoney+n;                                  //将张三的 money 加上 n
  //执行 SQL 语句，更新王五和张三的 money 值
  sql.executeUpdate("update bank set money = "+wangmoney+" where name='王五'");
  sql.executeUpdate("update bank set money = "+zhangmoney+" where name='张三'");
  conn.commit();                 //开始事务控制，让事务中的 SQL 语句全部生效
   }
   //执行 SQL 语句，读取表格内容
   rs = sql.executeQuery("select * from bank where name='王五'||name='张三'");
```

```
            out.println("转账后的情况如下：<br>");              //输出文字
            while(rs.next()){    //循环输出 bank 表格中符合要求的记录的第 2 个和第 3 个字段
                    out.print(rs.getString(2)+"：");
                    out.print(rs.getInt(3));
                    out.print("<br>");
             }
             conn.close();
             }
            catch(SQLException e){
            try{ conn.rollback();                              //撤销事务控制
            }
            catch(SQLException exp){}
            out.println(e);
            }
        %>
    </body>
</html>
```

步骤 3▶ 运行程序后表数据变更，如图 9-12 所示。

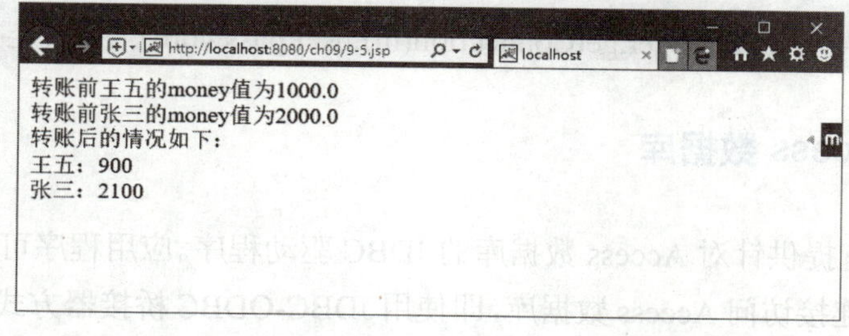

图 9-12　程序运行结果

9.6 使用 JDBC 连接不同数据库

JDBC 访问各种数据库的操作基本相同，不同之处在于连接数据库的方式。本节简单介绍使用 JDBC 连接当前流行的几种数据库的方法，所使用的各种驱动程序在各数据库厂商的网站或 SUN 公司的网站上都可以下载。

9.6.1 连接 Oracle 数据库

JDBC 使用 thin 模式连接 Oracle 数据库，连接代码如下：

```
Class.forName("oracle.jdbc.driver.OracleDriver").newInstance();     //加载驱动器类
String url="jdbc:oracle:thin:@localhost:3306:orc1";                  //orc1 为数据库的 SID
String user="root";                                                  //数据库用户名
String password="";                                                  //数据库密码
Connection con=DriverManager.getConnection(url,user,password);      //连接数据库
```

9.6.2 连接 SQL Server 数据库

JDBC 连接 SQL Server 数据库的代码如下：

```
//加载驱动器类
Class.forName("com.microsoft.sqlserver.jdbc.SQLServerDriver").newInstance();
//jqe 为数据库名
String url="jdbc:microsoft:sqlserver://localhost:3306;DatabaseName=jqe";
String user="root";                                                  //数据库用户名
String password="";                                                  //数据库密码
Connection con=DriverManager.getConnection(url,user,password);      //连接数据库
```

9.6.3 连接 Access 数据库

目前官方没有提供针对 Access 数据库的 JDBC 驱动程序。应用程序可以通过 Microsoft 提供的 ODBC 来连接访问 Access 数据库，即使用 JDBC-ODBC 桥接器方式连接访问 Access 数据库。使用 JDBC-ODBC 桥接器方式的机制是，应用程序建立 JDBC 和 ODBC 之间的连接，就是建立 JDBC-ODBC 桥接器，而和数据库的连接由 ODBC 来完成。具体代码如下：

```
//加载驱动器类
Class.forName("sun.jdbc.odbc.JdbcOdbcDriver");
Connection con=DriverManager.getConnection("jdbc:odbc:数据源名", "loginName",
"password");
```

本章小结

本章介绍了在动态网站中如何进行数据库的连接和访问，包括 JDBC 的基础知识、连接数据库的方法、JDBC 的事务控制等。在学完本章内容后，读者应重点掌握以下内容。

- JDBC 提供 Statement 来发送 SQL 语句，Statement 对象通过 createStatement()方法创建，当 Statement 对象调用 executeQuery()方法执行查询 SQL 语句后，返回的结果将存放在 ResultSet 类的对象中。
- PreparedStatement 接口继承自 Statement，作为 Statement 的子类，它继承了 Statement 的所有功能，可作为在给定连接上执行 SQL 语句的包容器。
- 掌握 JDBC 事务控制的一般步骤，并能够将其应用于实际案例中。

思考与练习

一、填空题

1. ________是一种用于执行 SQL 语句的 Java API，可以为多种关系数据库提供统一访问，它由一组用 Java 语言编写的_____和________组成。

2. 使用 JDBC 数据库驱动程序方式和数据库建立连接需要两个步骤：（1）加载 JDBC 数据库驱动程序；（2）__________________。

3. JDBC 对象使用完毕之后一定要关闭，否则会占用大量内存资源，导致内存溢出。关闭的方法为_________。

4. 查询数据库得到的 ResultSet 结果集中，指针最初定位在__________________。

5. executeQuery()方法用于执行产生单个结果集的 SQL 语句，如__________语句。

6. ________________方法执行的 SQL 语句，可以是插入、修改或删除语句，也可以是始终返回 0 的语句，例如创建表格和删除表格语句。

7. 需要多次执行的 SQL 语句经常被创建为__________________对象，以提高效率。

8. ____________是指应用程序保证事务中的多个 SQL 语句要么全部执行，要么一个都不执行。

二、简答题

1. 简述 JDBC 程序访问数据库的过程。

2. 简述 JDBC 事务控制的基本程序。

第 10 章

JSP 的 XML 操作

尽管数据库有着自己独特的优势，但对于有些 Web 应用，可能并没有用到数据库独有的一些特性（比如数据的关联性），而只是查询数据而已。这种情形下如果使用数据库，这些数据可能占用较大存储空间。

除数据库外，在 JSP 中还可以使用文件来处理数据，并且读取文件的速度要远快于与数据库建立连接的速度。在第 7 章我们学习了使用 Web 应用程序读取文件内容的方法，但是如果要将文件中的特定内容显示出来，就要对文件进行分析处理，解析出需要的内容，然后将其显示给用户。对于要查询的文件，最好具有某种特殊的形式结构，按照一定的标准来组织数据，XML 文件正好符合这些要求。

XML 文件是按照 W3C 的 XML 语言编写的文本文件，有许多专门处理这些文件的 API，这些 API 提供了“XML 解析器”。XML 解析器是 XML 和应用程序之间的一个软件组织，它可以为应用程序从 XML 文件中解析出所需要的数据。

本章使用的 Web 服务目录是 ch10。本章中所有实例源代码均位于本书配套素材“素材与实例\ch10”目录下。在开始本章的学习之前，可以先将“ch10”文件夹拷贝至本地磁盘。

10.1 XML 文件的基本结构

XML 是 Extensible Markup Language 的缩写，称为可扩展标记语言，所谓可扩展是指 XML 允许用户按照 XML 的规则自定义标记。XML 文件是由标记构成的文本文件，简单易懂，是一门既无标签集也无语法的新一代标记语言。它与 HTML 文件不同的是，其标记可自由定义，目的是使 XML 文件能够很好地体现数据的结构和含义。

为便于理解，下面给出一个简单的 XML 文件 persons.xml。

persons.xml 文件的内容如下：

```
<?xml version="1.0" encoding="UTF8"?>
<persons>
        <person id="1" height="175">
           <name>李明</name>
           <age>30</age>
        </person>
        <person id="2">
           <name>王五</name>
           <age>25</age>
        </person>
```

```
</persons>
```

1. XML声明

上面的XML文件包含一个XML声明：

```
<?xml version="1.0" encoding="UTF8"?>
```

XML声明必须是XML文件的首行，在其前面不能有空白、其他的处理指令或注释。XML声明以“<?xml”标记开始，以“?>”标记结束，以下是一个最基本的XML声明：

```
<?xml version="1.0" ?>
```

一个简单的XML声明中可以只包含属性version，属性version可以指出该XML文件使用的XML版本。XML声明中也可以指定encoding属性的值，该属性规定XML文件采用哪种字符集进行编码。如果在XML声明中没有指定encoding属性的值，那么该属性的默认值是UTF8。如果XML使用UTF8编码，那么标记以及标记的内容就可以使用汉字、日文、英文等，XML解析器就能识别这些标记并正确解析标记中的内容。

注 意

> XML文件中的字符编码为UTF8，而不是UTF-8，它与JSP文件中的UTF-8具有同样意义，但是此处必须使用UTF8表示，否则在网页中读取时会出现中文乱码。

2. XML根标记

XML文件有且仅有一个根标记，其他标记都必须封装在根标记中。例如，文件persons.xml的根标记是“<persons> </persons>”，“<persons>”是根标记的开始标记，“</persons>”是根标记的结束标记。

3. XML树型结构

XML文件的根标记可以有若干个子标记（包含于根标记的开始标记和结束标记之间的标记），根标记的子标记还可以有子标记（包含于根标记的子标记的开始标记和结束标记之间的标记），以此类推。

XML文件的标记必须形成树型结构，即一个标记的子标记必须包含于该标记的开始标记和结束标记之间。通俗来说，就是标记之间不允许出现交叉。下面的XML文件是错误的，因为<Flower>…</Flower>标记和<Price>…</Price>标记之间出现了交叉，造成XML文件中的标记没有形成树形结构。

```
<?xml version="1.0" encoding="gb2312"?>
```

```
<Flowers>
    <Flower>
        <Vendor>shop1</Vendor>
        <Name>iris</Name>
        <Price>$4.00
    </Flower>
        </Price>
    <Flower>
        <Vendor>shop2</Vendor>
        <Name>iris</Name>
        <Price>$4.30</Price>
    </Flower>
</Flowers>
```

4. XML 标记

XML 文件是由标记构成的文本文件。标记的名称可以由字母、数字、下划线“_”、点号“.”或连字符“-”组成，但必须以字母或下划线开头。如果 XML 文件使用 UTF8 编码，字母不仅包括通常的拉丁字母 a、b、c 等，也包括汉字、朝鲜文、日文以及其他许多语言的文字。标记名称区分大小写，例如，<age>15</age>与<Age>20</Age>是完全不同的标记。

1）空标记

空标记就是不含有任何内容的标记，即不含有子标记或文本内容。由于空标记不含有任何内容，所以它不需要开始标记和结束标记，空标记以“<”标记开始，以“/>”标记结束。根据空标记是否含有属性，空标记的语法格式为：

```
<空标记的名称 属性列表/>
```

或

```
<空标记的名称/>
```

例如：

```
<people name="jsp"/>
```

在标记“<”和标记名称之间不要含有空格。

2）非空标记

非空标记必须由“开始标记”和“结束标记”构成，“开始标记”与“结束标记”之间是该标记所含有的内容。根据非空标记是否含有属性，非空标记的语法格式可以为：

```
<标记的名称 属性列表>内容</标记的名称>
```

或

```
<标记的名称>内容</标记的名称>
```

例如：

```
<person age="20">李明</person>
```

3）CDATA 字段

CDATA 指的是不应由 XML 解析器进行解析的文本数据（Unparsed Character Data）。

在 XML 元素中，有 5 种特殊字符，左尖括号“<”、右尖括号“>”、符号“&”、单引号“'”和双引号“"”。“<”和“&”会产生错误，因为解析器会把“<”解释为新元素的开始，会把“&”解释为字符实体的开始。

如果要在标记内容中使用这些特殊字符，为避免错误，可以将其定义为 CDATA 段。CDATA 段中的所有内容都会被解析器忽略。

CDATA 段由“<![CDATA[”开始，由“]]>”结束。段开始和段结束之间为 CDATA 段的内容，CDATA 段中的内容可以包含任意字符。但是，CDATA 段中不能嵌套另一个 CDATA 段。以下 XML 文件中含有一个 CDATA 段：

```
<hello>
    <![CDATA[
        boolean bo = true&&false
        <hello>
    ]]>
</hello>
```

CDATA 段的开始标记“<![CDATA[”和结束标记“]]>”之间不可以有空格字符。

4）XML 属性

此处的属性是指标记的属性，可以为标记添加附加信息。例如，前面的文件 persons.xml 中的 id 属性和 height 属性。属性是一个名值对，即属性必须由属性名和其值组成。属性名区分大小写，可以由字母、数字、下划线“_”、点号“.”或连字符“-”组成，但必须以字母或下划线开头。属性值是由单引号或双引号括起来的字符串。

10.2 DOM 解析器

使用 XML 解析器可以从 XML 文件中解析出需要的数据。常用的 XML 解析器有两种，基于 DOM 的解析器和基于事件的解析器。本节介绍基于 DOM 的解析器，简称 DOM 解析器。

10.2.1 应用 DOM 解析器的基本步骤

DOM 解析器是 DocumentBuilder 类的一个实例，该实例由 DocumentBuilderFactory 类负责创建。下面简单介绍使用 DOM 解析器的基本步骤。

步骤 1▶ 使用 javax.xml.parsers 包中的 DocumentBuilderFactory 类调用其方法 newInstance()实例化一个 DocumentBuilderFactory 对象:

```
DocumentBuilderFactory factory = DocumentBuilderFactory.newInstance();
```

步骤 2▶ factory 对象调用 newDocumentBuilder()方法返回一个 DocumentBuilder 对象（称为 DOM 解析器，DocumentBuilder 类在 javax.xml.parsers 包中），例如:

```
DocumentBuilder builder = factory.newDocumentBuilder();
```

步骤 3▶ builder 对象调用 parse(File file)方法解析参数 file 指定的文件，并返回一个实现了 Document 接口的实例（Document 接口在 org.w3c.dom 包中），该实例被称为 Document 对象。例如:

```
Document document = builder.parse(new File("city.xml"));
```

> parse 方法将整个被解析的 XML 文件封装成一个 Document 对象，即将 XML 文件和内存中的 Document 对象相对应。

10.2.2 DOM 解析的原理

文档对象模型（document object model，DOM）是 W3C 制定的一套规范标准。DOM 规范的核心是按照树型结构处理数据。简单来说，DOM 解析器必须按照 DOM 规范在内存中按树形结构组织数据，DOM 解析器通过将整个 XML 文件加载到内存中，建立一个对象树，每一个节点都是一个对象，XML 文件的标记、标记中的文本内容都会和内存中“树”的某个节点相对应。应用程序可以通过操作内存中“树”的节点来处理 XML 文档，并获取需要的数据。

通过 DOM 解析器处理 XML 文件效率高，但是十分消耗内存。

10.2.3 Document 对象

DOM 解析器负责在内存中建立 Document 对象，就是调用 parse 方法返回一个 Document 对象。

1. Document 对象的结构

Document 对象就是一棵“树”，是由实现了 Node 接口的类的实例组成的树型结构数据，这些实例称为 Document 对象中的节点。文件中的标记都和 Document 对象中的某个节点相对应。

Element 类、Text 类和 CDATASection 类都是实现了 Node 接口的类，这些类的对象分别被称为 Document 对象中的 Element 节点、Text 节点和 CDATASection 节点。一个 Element 节点中又可以包含 Element 节点、Text 节点和 CDATASection 节点。Document 对象的根节点就是 Element 类的一个实例，也就是一个 Element 节点。

XML 文件中的根标记和 Document 对象中的根节点相对应。Document 对象可调用 getDocumentElement()方法返回其中的根节点。XML 文件的其他标记都封装在根标记中，相应的，根标记中某级别上的子标记恰好对应 Document 对象中根节点的同级别的某个 Element 子节点。如果 XML 文件的某个标记既含有子标记，又含有文本和 CDATA 段，则该标记在 Document 对象中对应的 Element 节点就会有 Element 子节点、Text 子节点和 CDATASection 子节点。

下面的 XML 文件 root.xml，对应的 Document 对象如图 10-1 所示。

```
<?xml version="1.0" encoding="UTF-8"?>
<root>
  <web-a>
    <we1>
      Welcome to China!
    </we1>
    <we2>
      Welcome to Beijing!
    </we2>
    You are welcome!
  </web-a>
```

```
    <![CDATA[
        x>30&&y>122;
    ]]>
</root>
```

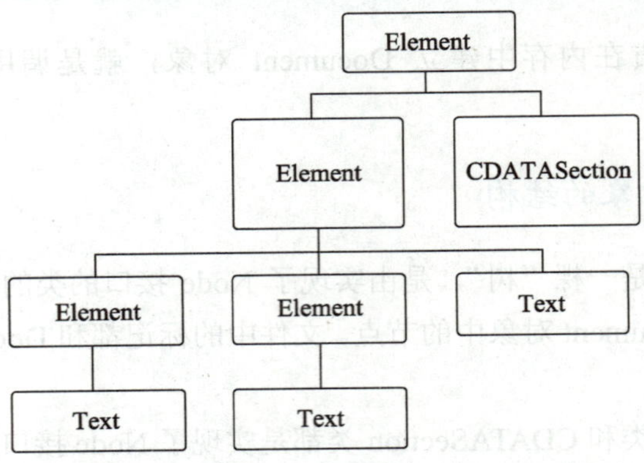

图 10-1 root.xml 文件对应的 Document 对象

2. Document 对象中的节点

由图 10-1 不难看出，Document 对象中的节点主要包括 Element 节点、Text 节点和 CDATASection 节点，下面分别介绍。

1）Element 节点

Element 节点通常使用以下方法获取和该节点相关的信息。

- String getTagName()：返回相应标记名称，该名称就是和该节点相对应的 XML 文件中的标记名称。
- String getTextContent()：返回当前节点相对应的 XML 文件中的标记及其子孙标记中含有的文本内容。
- String getAttribute(String name)：返回该节点中参数 name 指定的属性的值，该属性值是与该节点对应的 XML 文件中的标记的属性值。
- NodeList getChildNodes()：返回一个由当前节点的子节点组成的 NodeList 对象。
- NodeList getElementsByTagName(String name)：返回一个由当前节点的 Element 类型子孙节点组成的 NodeList 对象，这些子孙节点名由参数 name 指定。
- boolean hasAttribute(String name)：判断当前节点是否有名字由参数 name 指定的属性。

2）Text 节点

Text 节点使用 String getWholeText()方法获取该节点中的文本（包括空格）。

3）CDATASection 节点

CDATASection 节点使用 String getWholeText()方法获取该节点中的文本（包括空格）。

10.2.4 DOM 解析器应用实例

本节通过具体实例介绍如何使用 DOM 解析器从 XML 文件中解析出所需要的数据。在制作该实例前需要先在 MyEclipse 中新建项目 ch10，并将项目部署到 Web 服务器，之后在项目中创建 JSP 文件、JavaBean 和 Servlet，并配置 web.xml 文件。

【实例 10-1】 本例通过 DOM 解析器读取 XML 文件中的学生姓名和成绩，共涉及到一个 XML 文件、一个 JSP 文件、一个 JavaBean 和一个 Servlet。

步骤 1▶ 新建 XML 文件。本例使用 XML 文件记录某班学生的语文成绩。可以新建文本文档，在其中输入下方代码，之后选择“文件”>“另存为”菜单，设置“保存位置”为 F 盘根目录，“文件名”为 score.xml，“保存类型”为“所有文件”，在“编码”下拉列表中选择“UTF-8”，单击“保存”按钮即可保存文档。

```
<?xml version="1.0"  encoding="utf8"?>
<studentscore>
  <studentnumber id="001">
          <name>李明</name>
          <grade>85</grade>
  </studentnumber>
  <studentnumber id="002">
          <name>王五</name>
          <grade>67</grade>
  </studentnumber>
  <studentnumber id="003">
          <name>钱二</name>
          <grade>95</grade>
  </studentnumber>
</studentscore>
```

步骤 2▶ 新建 JSP 页面。本例通过 JSP 页面 10-1.jsp（运行效果如图 10-2 所示）显示查询学生成绩的按钮。该页面通过表单提交信息到 ServletDom.java，Servlet 使用 DOM 解析器获取 XML 文件中的指定数据。

新建 JSP 页面 10-1.jsp，并输入如下代码：

```
<%@ page language="java" import="java.util.*" pageEncoding="utf-8"%>
```

```
<html>
  <body>
      <form   action="servletDom" method="get" >
          <input type="submit" value = "查询所有学生成绩">
      </form>
  </body>
</html>
```

步骤 3▶ 新建 JavaBean。本例使用 JavaBean 文件 ScoreBean.java 存储数据对象，文件代码如下：

```
package ch10;
public class ScoreBean {
   private String id;
   private String name;
   private String grade;
   public String getId() {
        return id;
   }
   public void setId(String id) {
        this.id = id;
   }
   public String getName() {
        return name;
   }
   public void setName(String name) {
        this.name = name;
   }
   public String getGrade() {
        return grade;
   }
   public void setGrade(String grade) {
        this.grade = grade;
   }
}
```

步骤 4▶ 新建 Servlet。本例使用 Servlet 文件 ServletDom.java 处理数据，该文件使用 DOM 解析器解析出所需要的数据，文件代码如下：

```
package ch10;
import java.io.File;
import java.io.IOException;
import java.io.InputStream;
import java.io.PrintWriter;
import java.util.ArrayList;
import javax.servlet.ServletException;
import javax.servlet.http.HttpServlet;
import javax.servlet.http.HttpServletRequest;
import javax.servlet.http.HttpServletResponse;
import javax.xml.parsers.DocumentBuilder;
import javax.xml.parsers.DocumentBuilderFactory;
import javax.xml.parsers.ParserConfigurationException;
import org.w3c.dom.Document;
import org.w3c.dom.Element;
import org.w3c.dom.Node;
import org.w3c.dom.NodeList;
import org.xml.sax.SAXException;
public class ServletDom extends HttpServlet{
  @Override
  protected void doGet(HttpServletRequest req, HttpServletResponse resp)
            throws ServletException, IOException {
       req.setCharacterEncoding("utf-8");           //设置请求正文中所使用的字符编码
       resp.setContentType("text/html;charset=utf-8");   //设置响应数据内容的类型
       PrintWriter out = resp.getWriter();               //得到字符型的输出流对象
       try {
       //调用 domParse 方法，传入 File 参数
       ArrayList<ScoreBean> domparse = domParse(new File("f:/score.xml"));
       for(ScoreBean score:domparse){
            out.println("姓名："+score.getName()+"，");
            out.println("成绩："+score.getGrade());
            out.println("</br>");
```

```
}
} catch (ParserConfigurationException e) {
        // TODO Auto-generated catch block
        e.printStackTrace();
} catch (SAXException e) {
        // TODO Auto-generated catch block
        e.printStackTrace();
}
}
public ArrayList<ScoreBean> domParse(File file) throws ParserConfigurationException,
SAXException, IOException{
        //实例化 DocumentBuilderFactory 对象
        DocumentBuilderFactory factory = DocumentBuilderFactory.newInstance();
        //实例化 DocumentBuilder 对象
        DocumentBuilder builder = factory.newDocumentBuilder();
        //解析 XML 文件，并封装成一个 Document 对象
        Document document = builder.parse(file);
        Element element = document.getDocumentElement();      //获取根节点
        //返回根节点的子节点，这些子节点对应 XML 文件中的 studentnumber 标记
        NodeList nodeList = element.getElementsByTagName("studentnumber");
        //实例化集合对象，用来存放解析后的数据
        ArrayList<ScoreBean> list = new ArrayList<ScoreBean>();
        //遍历根节点下的子节点，即 studentnumber 标记
        for (int i = 0; i < nodeList.getLength(); i++) {
            ScoreBean score = new ScoreBean();          //实例化 ScoreBean 对象
            Element item = (Element) nodeList.item(i); //获取根节点下面的具体子节点
            String id = item.getAttribute("id");      //取出 studentnumber 标记中的 id 属性
            score.setId(id);                           //通过 score 对象存储 id 属性
            //获取根节点下面的子节点的子节点
            NodeList childNodes = item.getChildNodes();
            //遍历根节点下面的子节点的子节点
            for (int j = 0; j < childNodes.getLength(); j++) {
                //获取根节点下面的子节点的具体子节点
                Node item2 = childNodes.item(j);
```

```
                //判断node节点的类型
                if(item2.getNodeType()==Node.ELEMENT_NODE){
                    //得到node节点的name属性的值
                    if(item2.getNodeName().equals("name")){
        //得到这个节点的第一个子节点的值（即name属性的值），并保存在score对象中
        score.setName(item2.getFirstChild().getNodeValue());}    else
                        //得到node节点的grade属性的值
                        if (item2.getNodeName().equals("grade")){
        //得到这个节点的第一个子节点值（即grade属性的值），并保存在score对象中
        score.setGrade(item2.getFirstChild().getNodeValue());}
                }
            }
            list.add(score);  //利用集合添加score对象
        }
        return list;  //返回集合
    }
}
```

步骤5▶ 设置部署文件。在web.xml文件中</web-app>标签前面添加以下代码：

```
<servlet>
    <servlet-name>servletDom</servlet-name>
    <servlet-class>com.jqe.example10_1.ServletDom</servlet-class>
</servlet>
<servlet-mapping>
    <servlet-name>servletDom</servlet-name>
    <url-pattern>/servletDom</url-pattern>
</servlet-mapping>
```

步骤6▶ 在浏览器地址栏中输入网址http://localhost:8080/ch10/10-1.jsp，按回车键运行程序，效果如图10-2所示，点击按钮进行DOM解析，最终将score.xml文件的解析结果输出到浏览器上，如图10-3所示。

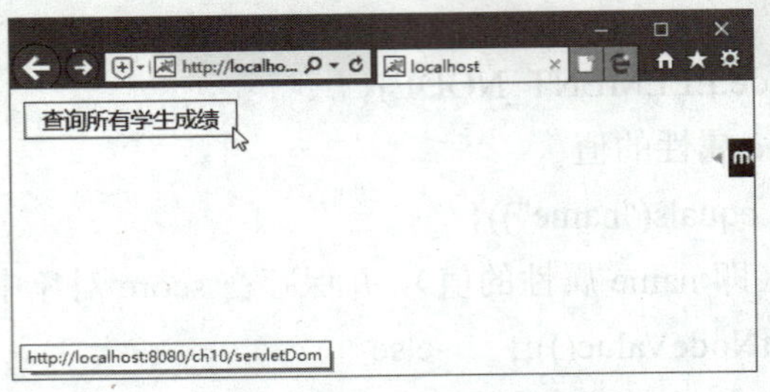

图 10-2 程序运行结果

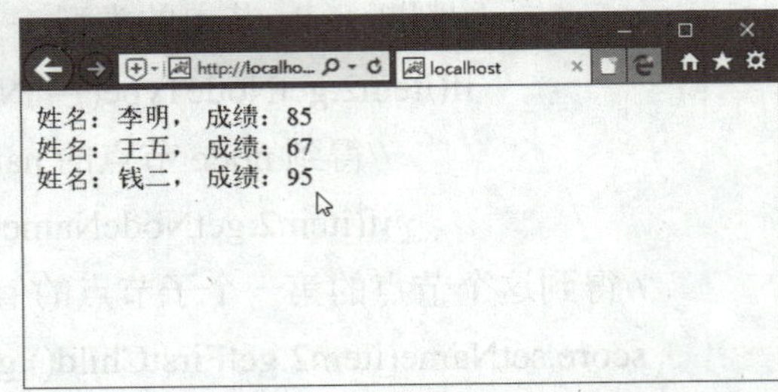

图 10-3 DOM 解析结果

10.3 SAX 解析器

SAX 解析器的核心是事件处理机制，SAX 解析器不在内存中建立和 XML 文件相对应的树型结构数据。与 DOM 解析器相比，SAX 解析器占用的内存少。对于许多应用程序来说，使用 SAX 解析器来获取 XML 数据具有更高的效率。

10.3.1 应用 SAX 解析器的基本步骤

SAX 是 Simple API for XML 的简称，是一种由 JDK 1.5 提供的，用于解析 XML 文件的 API。它可以逐行扫描文件，并一边扫描一边解析。

SAX 解析器是 SAXParser 类的一个实例，该实例由 SAXParserFactory 类负责创建。应用 SAX 解析器的基本步骤如下：

步骤 1▶ 使用 javax.xml.parsers 包中的 SAXParserFactory 类调用方法 newInstance() 实例化一个 SAXParserFactory 对象。例如：

```
SAXParserFactory factory = SAXParserFactory.newInstance();
```

步骤 2▶ SAXParserFactory 对象调用 newSAXParser()方法返回一个 SAXParser 对象，称为 SAX 解析器。例如：

```
SAXParser parser = factory.newSAXParser();
```

步骤 3▶ SAXParser 对象调用 public void parse(File f,DefaultHandler dh)方法解析参数 f 指定的 XML 文件。

10.3.2 SAX 解析的原理

SAX 解析器的核心是事件处理机制，当 SAX 解析器调用 parse 方法解析 XML 文件时，事件处理器（parse 方法的第 2 个参数 DefaultHandler 类型的 dh）会根据所产生的事件调用

相应的方法来处理 XML 文件的数据。

1. 事件处理器

DefaultHandler 是 org.xml.sax.helpers 包中的类，常把该类或其子类的对象称为解析器的事件处理器。

2. 事件的产生与处理

在编写程序时，需要使用 DefaultHandler 类的子类创建一个事件处理器。子类可以重写父类的某些方法，以便处理器可以具体地处理解析器发送的数据。

下面具体介绍几种重要的事件。

1）文件开始事件与结束事件

当解析器开始解析 XML 文件时，就会报告“文件开始”事件给事件处理器，然后再开始其他事件，例如，“开始标记”“文本事件”“结束标记”等，最后报告“文件结束”事件。解析器报告“文件开始”事件时，事件处理器就会调用 startDocument()方法；解析器报告“文件结束”事件时，事件处理器就会调用 endDocument()方法。

2）开始标记事件与结束标记事件

当解析器发现一个标记的开始标记时，就将所发现的数据封装为一个“开始标记”事件，并将该事件报告给事件处理器，事件处理器就会根据该事件调用以下方法：

```
public void startElement(String uri,String localName,String qName,Attributes atts)
```

此方法对发现的数据做出处理。方法中的参数 atts 是解析器发现的标记的全部属性，参数 uri 的取值是解析器发现的标记的命名空间（若没有命名空间，uri 是空字符串，即 uri=" "），localName 是标记名称，qName 是带命名空间前缀的标记名称（如果有命名空间前缀）或不带命名空间前缀的标记名称（如果没有命名空间前缀）。

当事件处理器调用完 startElement()方法后，将陆续收到并执行解析器报告的其他事件，例如“文本事件”，子标记的“标记开始”事件等。由于 XML 文件中的标记一定有结束标记，所以对同一个标记，解析器报告完该标记的“标记开始”事件后，后面一定还会报告该标记的“标记结束”事件，对应的方法如下所示：

```
public void endElement(String uri,String localName,String qName)
```

3）文本数据事件

标记的文本数据是应用程序非常关心的数据，当解析器解析这些数据时，事件处理器就会调用以下方法：

```
public void characters(char[] ch,int start,int length)
```

该方法对解析的数据做出处理，参数字符数组 ch 中存放的是解析器解析出的文本数

据，参数 start 是数组 ch 中存放字符的起始位置，length 是存放的字符的个数。

10.3.3 SAX 解析器应用实例

本节通过具体实例介绍如何使用 SAX 解析器从 XML 文件中解析出所需要的数据。此处依然在前面新建的项目 ch10 中操作，在项目中创建 JSP 文件、JavaBean、SAX 类和 Servlet，并配置 web.xml 文件。

【实例 10-2】 本例通过 SAX 解析器读取 XML 文件中的学生姓名和成绩，共涉及到一个 XML 文件、一个 JSP 文件、一个 JavaBean 文件、一个 SAX 解析器文件和一个 Servlet 文件。

步骤 1▶ 新建 XML 文件。本例使用 XML 文件记录天气情况。可以新建文本文档，在其中输入下方代码，之后选择"文件" > "另存为"菜单，设置"保存位置"为 F 盘根目录，"文件名"为 weather.xml，"保存类型"为"所有文件"，在"编码"下拉列表中选择"UTF-8"，单击"保存"按钮即可保存文档。

```
<?xml version="1.0" encoding="UTF-8"?>
<weather>
  <city id="001">
      <name>北京</name>
      <temp>37</temp>
      <wind>3 级</wind>
  </city>
  <city id="002">
      <name>上海</name>
      <temp>30</temp>
      <wind>5 级</wind>
  </city>
  <city id="003">
      <name>广州</name>
      <temp>28</temp>
      <wind>4 级</wind>
  </city>
</weather>
```

步骤 2▶ 新建 JSP 页面。本例通过 JSP 页面 10-2.jsp（运行效果如图 10-4 所示）显示查询天气情况的按钮。该页面通过表单提交信息到 ServletSax.java，该 Servlet 调用 SAX

解析器获取 XML 文件中的数据。

新建 JSP 页面 10-2.jsp，并输入如下代码:

```
<%@ page language="java" import="java.util.*" pageEncoding="utf-8"%>
<html>
  <body>
        <form    action="ServletSax " method="get" >
              <input type="submit" value = "查询天气情况">
        </form>
  </body>
</html>
```

步骤 3▶ 新建 JavaBean。本例使用 JavaBean 文件 WeatherBean.java 存储数据对象，文件代码如下:

```
package com.jqe.example10_2;
public class WeatherBean {
   private String id;
   public String getId() {
        return id;
   }
   public void setId(String id) {
        this.id = id;
   }
   private String name;
   private String temp;
   private String wind;
   public String getName() {
        return name;
   }
   public void setName(String name) {
        this.name = name;
   }
   public String getTemp() {
        return temp;
   }
   public void setTemp(String temp) {
```

```
        this.temp = temp;
    }
    public String getWind() {
        return wind;
    }
    public void setWind(String wind) {
        this.wind = wind;
    }
}
```

步骤 4▶ 新建 Servlet。本例使用 Servlet 文件 ServletSax.java 处理数据，该文件调用 SAX 解析器解析出所需要的数据，文件代码如下：

```
package ch10;
import java.io.IOException;
import java.io.PrintWriter;
import java.util.ArrayList;
import javax.servlet.ServletException;
import javax.servlet.http.HttpServlet;
import javax.servlet.http.HttpServletRequest;
import javax.servlet.http.HttpServletResponse;
import javax.xml.parsers.ParserConfigurationException;
import org.xml.sax.SAXException;
public class ServletSax extends HttpServlet {
    public void doGet(HttpServletRequest request, HttpServletResponse response)
            throws ServletException, IOException {
        request.setCharacterEncoding("utf-8");        //设置请求正文中所使用的字符编码
        response.setContentType("text/html;charset=utf-8");     //设置响应数据内容的类型
        PrintWriter out = response.getWriter();                  //得到字符型的输出流对象
        Sax_parse sax_parse = new Sax_parse();                   //实例化 Sax_parse 对象
        try {
            //调用 sax_parse 对象的 saxParse 方法
            ArrayList<WeatherBean> weatherList = sax_parse.saxParse();
            for(WeatherBean bean:weatherList){                   //遍历数据集合
                out.println("城市："+bean.getName()+"，");
                out.println("温度："+bean.getTemp()+"，");
```

```
                out.println("风力："+bean.getWind());
                out.println("<br/>");
            }
        } catch (ParserConfigurationException e) {
            // TODO Auto-generated catch block
            e.printStackTrace();
        } catch (SAXException e) {
            // TODO Auto-generated catch block
            e.printStackTrace();
        }
    }
}
```

步骤 5▶ SAX 解析器 Sax_parse.java 文件代码如下：

```
package ch10;
import java.io.File;
import java.io.IOException;
import java.io.InputStream;
import java.util.ArrayList;
import javax.xml.parsers.ParserConfigurationException;
import javax.xml.parsers.SAXParser;
import javax.xml.parsers.SAXParserFactory;
import org.xml.sax.Attributes;
import org.xml.sax.InputSource;
import org.xml.sax.SAXException;
import org.xml.sax.XMLReader;
import org.xml.sax.helpers.DefaultHandler;
public class Sax_parse {
    public ArrayList<WeatherBean> saxParse() throws ParserConfigurationException,
SAXException, IOException{
        //实例化 SAXParserFactory 对象
        SAXParserFactory factory = SAXParserFactory.newInstance();
        SAXParser parser = factory.newSAXParser();          //实例化 SAXParser 对象
        //实例化 Saxhandler 对象（SAX 解析器）
        Saxhandler saxhandler = new Saxhandler();
```

```
        //解析 weather.xml 文件，并传入事件处理器
        parser.parse(new File("f:/weather.xml"),saxhandler);
        ArrayList<WeatherBean> bean = saxhandler.getBean();   //获取解析后的数据集合
        return bean;
    }
    private class Saxhandler extends DefaultHandler{
        private ArrayList<WeatherBean> list;                  //声明集合变量
        private boolean flag=false;                           //设置布尔标记
        private String currentTag;                            //声明字符串变量
        private StringBuilder builder;                        //声明 StringBuilder 变量
        private WeatherBean city;                             //声明 WeatherBean 变量
        public ArrayList<WeatherBean> getBean(){
            return list;                                      //返回数据集合
        }
        @Override
        public void startDocument() throws SAXException {
            super.startDocument();
            list = new ArrayList<WeatherBean>();              //实例化集合对象
        }
        @Override
        public void endDocument() throws SAXException {
            super.endDocument();
        }
        @Override
        public void startElement(String uri, String localName, String qName,
                Attributes attributes) throws SAXException {
            super.startElement(uri, localName, qName, attributes);
            currentTag = qName;                               //获取当前的标记名称
            builder = new StringBuilder();                    //实例化 StringBuilder 对象
            if(currentTag.equals("city")){
                city = new WeatherBean();                     //实例化 WeatherBean 对象
                city.setId(attributes.getValue("id"));        //保存城市的 id
            }
        }
```

```
        @Override
        public void endElement(String uri, String localName, String qName)
                throws SAXException {
            super.endElement(uri, localName, qName);
            if(currentTag.equals("name")){
                String name = builder.toString();            //获取 StringBuilder 中的数据
                city.setName(name);                          //保存城市名称
            }else if(currentTag.equals("temp")){
                String temp = builder.toString();            //获取 StringBuilder 中的数据
                city.setTemp(temp);                          //保存温度
            }else if(currentTag.equals("wind")){
                String wind = builder.toString();            //获取 StringBuilder 中的数据
                city.setWind(wind);                          //保存风力
            }
            if(qName.equals("city")){
                list.add(city);                              //通过集合保存对象
            }
        }
        @Override
        public void characters(char[] ch, int start, int length)
                throws SAXException {
            super.characters(ch, start, length);
            String str = new String(ch,start,length);        //将数据转换成字符串格式
            builder.append(str);                             //将数据存入 StringBuilder 对象
        }
    }
}
```

步骤 6▶ 在 web.xml 文件中</web-app>标签前面添加以下代码:

```
<servlet>
    <servlet-name>ServletSax</servlet-name>
    <servlet-class>com.jqe.example10_2.ServletSax</servlet-class>
</servlet>
<servlet-mapping>
    <servlet-name>ServletSax</servlet-name>
```

```
    <url-pattern>/ServletSax</url-pattern>
</servlet-mapping>
```

运行程序后效果如图 10-4 所示，点击按钮之后开始进行 SAX 解析，最终将 weather.xml 文件的解析结果输出到浏览器上，如图 10-5 所示。

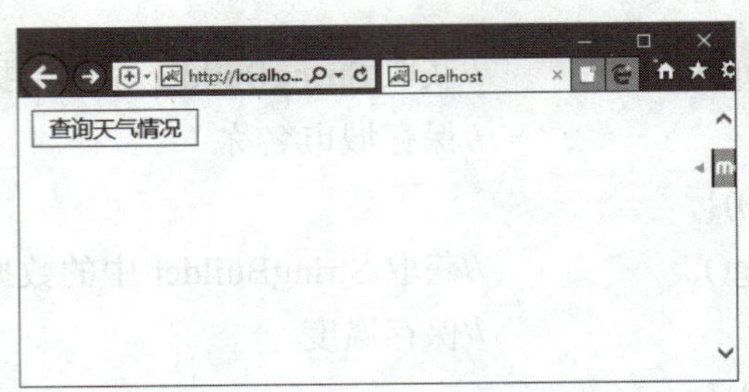

图 10-4　程序运行结果

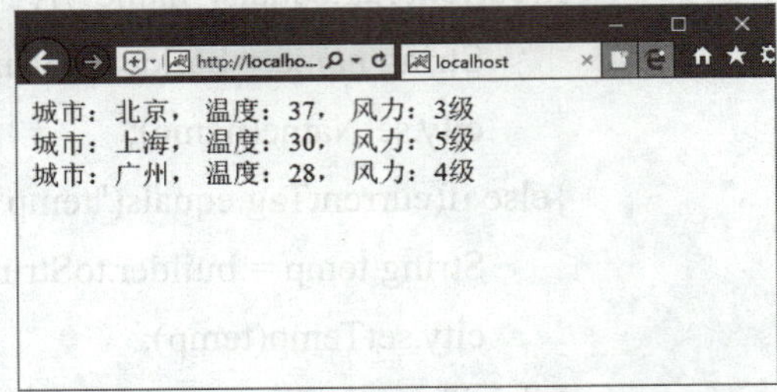

图 10-5　SAX 解析结果

本章小结

本章主要讲解了 XML 文件的基本结构和解析 XML 文件的常用方法，通过对本章的学习，读者应重点掌握以下知识。

- XML 文件是由标记构成的文本文件，是一门既无标签集也无语法的新一代标记语言，其标记可自由定义。XML 文件有且仅有一个根标记，其他标记都必须封装在根标记中。
- XML 文件的根标记可以有若干个子标记，根标记的子标记还可以有子标记，以此类推。XML 文件的标记必须形成树型结构，即一个标记的子标记必须包含于该标记的开始标记和结束标记之间。
- DOM 解析器必须按照 DOM 规范在内存中按树形结构组织数据，DOM 解析器通过将整个 XML 文件加载到内存中，建立一个对象树，每一个节点都是一个对象，XML 文件的标记、标记中的文本内容都会和内存中“树”的某个节点相对应。应用程序可以通过操作内存中“树”的节点来处理 XML 文档，并获取需要的数据。
- SAX 解析器的核心是事件处理机制，当 SAX 解析器调用 parse 方法解析 XML 文件时，事件处理器会根据所产生的事件调用相应的方法来处理 XML 文件的数据。

思考与练习

一、填空题

1．XML 文件有且仅有一个__________，其他标记都必须封装在_________中。

2．CDATA 指的是不应由 XML 解析器进行解析的_________数据。

3．使用 XML 解析器可以从 XML 文件中解析出需要的数据。常用的 XML 解析器有两种，基于_________的解析器和基于_________的解析器。

4．Document 对象中的节点主要包括_________节点、______节点和___________节点。

5．SAX 解析器的核心是________________，SAX 解析器不在内存中建立和 XML 文件相对应的树型结构数据。

二、操作题

1．编写一个关于学生成绩的 XML 文件，内容有学号、姓名、分数和科目。

2．参照实例 10-1，利用 DOM 解析器解析上题编写的 XML 文件，并将解析结果输出到浏览器上。

第 11 章
MVC 模式

MVC 模式的核心思想是有效组合模型、视图和控制器，它将模型、视图和控制器分离开，使这三个角色各司其职，协同工作，因此使系统具有易于维护、方便扩展等特性。

本章共包括两个实例：实例 11-1 和实例 11-2，其中实例 11-1 使用 ch11-1Web 服务目录，实例 11-2 使用 ch11-2Web 服务目录。实例源代码均位于本书配套素材“素材与实例\ch11”目录下。

11.1 MVC 模式简介

模型-视图-控制器（Model-View-Controller），简称为 MVC。它是一种先进的设计模式。使用 MVC 模式的目的是将 M 和 V 的实现代码分离，从而使同一个程序可以使用不同的表现形式。

- 模型（Model）：用于存储数据的对象。
- 视图（View）：向控制器提交所需数据，显示模型中的数据。
- 控制器（Controller）：负责具体的业务逻辑操作，根据视图提出的要求对数据做出处理，将有关结果存储到模型中，并负责让模型和视图进行必要的交互，当模型中的数据变化时，让视图更新显示。

在 MVC 设计模式中，视图、模型和控制器之间是松耦合结构，有助于降低客户端和远程服务器之间的依赖性，便于系统的维护和扩展。

MVC 分层有助于管理复杂的应用程序，因为开发者可以在一个时间段内专门关注一个方面，MVC 分层同时也简化了分组开发。

11.2 JSP 中的 MVC 模式

通过前面章节中的实例可以看出，JSP 页面擅长数据的显示，即适合作为视图，因此应当尽量避免在 JSP 中使用大量的 Java 程序片来处理数据，否则不利于代码的重用。Servlet 擅长数据的处理，因此应尽量避免在 Servlet 中使用 out 流输出大量 HTML 标记来显示数据，否则一旦修改外观界面就要重新编译 Servlet。

在第 5 章我们已经学过在 JSP 页面中调用 JavaBean 来完成对数据的处理，实现代码重用。在 MVC 模式下，首先 Servlet 控制器负责处理数据，然后将有关的结果存储到 JavaBean 中，实现存储与处理的分离，最后负责视图功能的 JSP 页面使用 JavaBean 标记显示 JavaBean 中存储的数据。

在 JSP 技术中，视图、模型和控制器的具体实现如下：

- **模型（Model）**：一个或多个 JavaBean 对象，用于存储数据。JavaBean 主要提供简单的 setXxx 方法和 getXxx 方法，它不涉及对数据的具体处理细节，以便增强模型的通用性。
- **视图（View）**：一个或多个 JSP 页面，其作用是向控制器提交必要的数据和显示数据。JSP 页面可以使用 HTML 标记、JavaBean 标记以及 Java 程序片或 Java 表达式来显示数据。
- **控制器（Controller）**：一个或多个 Servlet 对象，根据视图提交的要求进行数据处理操作，并将处理后的结果存储到 JavaBean 中，然后 Servlet 使用转发或重定向的方式请求视图中的某个 JSP 页面显示数据。

11.3 MVC 模式应用实例

在 11.1 节和 11.2 节，我们简单介绍了 MVC 模式，本节结合案例加深对 MVC 的理解。

11.3.1 使用 MVC 模式制作简易登录模块

在实际应用中，用户需要首先完成注册，在注册成功之后才可以成功登陆。本实例跳过注册步骤，直接制作登录模块。在开始实例制作之前，请先在 MyEclipse 中新建项目 ch11-1，并将其部署到 Tomcat 服务器。

【实例 11-1】 本实例共包括 5 个文件，其中两个 JSP 文件：11-1.jsp 和 show.jsp，一个 JavaBean 文件 User.java，一个类文件 ServletDao.java，一个控制器文件 LoginServlet.java。

步骤 1 在编写程序之前首先需要创建数据表，以用于存储注册用户信息，此处在第 8 章创建的数据库 JQE_School 中创建数据表 login，并输入数据信息，如图 11-1 所示。

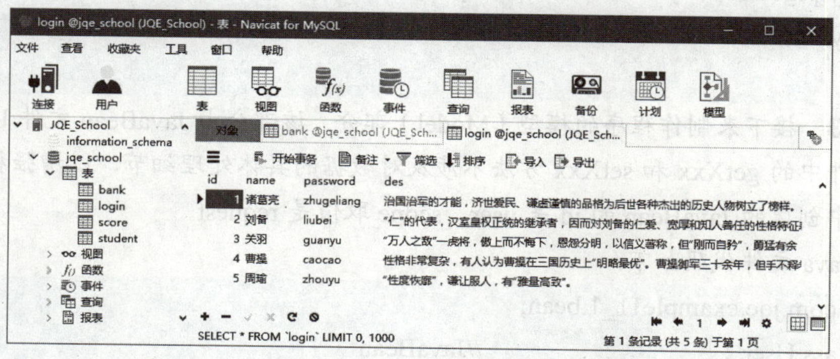

图 11-1 已注册用户

步骤 2 接下来制作程序的视图（View）部分，视图部分由两个 JSP 页面构成，其中 11-1.jsp 页面负责提供输入数据的界面，show.jsp 页面负责提供显示数据的界面。

11-1.jsp 文件代码如下：

```
<%@ page language="java" import="java.util.*" pageEncoding="utf-8"%>
<html>
  <body>
  <form action="LoginServlet" method="get">
      姓名：<input type="text" name="name">
      <br/>
      密码：<input type="password" name="pw">
      <br/>
      <input type="submit" value = "登录">
  </form>
  </body>
</html>
```

show.jsp 文件代码如下：

```
<%@ page language="java" import="java.util.*" pageEncoding="utf-8"%>
<jsp:useBean id = "user" type = "com.jqe.example11_1.bean.User" scope="request"/>
<html>
  <body>
  登录成功!<br/>
      <jsp:getProperty name="user" property="name" />
      <br/>
      <jsp:getProperty name="user" property="des" />
  </body>
</html>
```

步骤 3 接下来制作程序的模型（Model）部分。该部分由 JavaBean 文件 User.java 来完成，文件中的 getXxx 和 setXxx 方法不涉及对数据的具体处理细节，以增强模型的通用性。本例中创建的 JavaBean 的 id 是 user，scope 取值是 request。

User.java 文件代码如下：

```
package com.jqe.example11_1.bean;
public class User {                    //JavaBean
  private String name;
  private String des;
```

```
    public String getName() {
        return name;
    }
    public void setName(String name) {
        this.name = name;
    }
    public String getDes() {
        return des;
    }
    public void setDes(String des) {
        this.des = des;
    }
}
```

注 意

在 MyEclipse 中创建该文件时一定要注意包名与程序中一致，否则在后面用到该文件时还需要修改路径。

步骤 4 接下来制作程序的控制器（Controller）部分。该部分由 ServletDao.java 类文件和 LoginServlet.java 文件组成。其中 ServletDao 类负责与数据库交互，使业务层与数据访问层分离，最终将查询的数据以集合形式返回给 LoginServlet.java。

LoginServlet.java 负责业务的具体处理，它将 JSP 页面传递过来的数据交给 ServletDao.java 进行查询，如果查询成功将数据赋值给 JavaBean，然后请求视图 show.jsp 显示登录成功的数据。如果查询失败，显示登录失败信息。

ServletDao.java 文件代码如下：

```
package com.jqe.example11_1.dao;
import java.sql.Connection;
import java.sql.DriverManager;
import java.sql.PreparedStatement;
import java.sql.ResultSet;
import java.sql.SQLException;
import java.util.ArrayList;
import java.util.List;
```

```
import com.jqe.example11_1.bean.User;
public class ServletDao {
  public List<User> select(String name,String pw) {                  //查询方法
        Connection conn = null;
        PreparedStatement prepareStatement = null;
        ResultSet rs =   null;
        List<User> list = new ArrayList<User>();
        try {
            Class.forName("com.mysql.jdbc.Driver");                   //加载驱动器类
            String url = "jdbc:mysql://localhost:3306/jqe_school?characterEncoding=utf-8";
            conn = DriverManager.getConnection(url,"root","");        //建立数据库连接
            //查询的 SQL 语句
            String sql = "select * from login where name = ? and password = ?";
            //基于本连接对象，创建 PreparedStatement 对象
            prepareStatement = conn.prepareStatement(sql);
            prepareStatement.setString(1, name);                      //设置参数
            prepareStatement.setString(2, pw);                        //设置参数
            rs = prepareStatement.executeQuery();                     //执行 SQL 语句
            while(rs.next()){                                         //遍历查询结果
                String rsName = rs.getString("name");
                String des = rs.getString("des");
                User user = new User();
                user.setName(rsName);
                user.setDes(des);
                list.add(user);                                    //将查询结果保存进集合
            }
         } catch (ClassNotFoundException e) {
             e.printStackTrace();
         } catch (SQLException e) {
             e.printStackTrace();
         }
         return list;
    }
 }
```

LoginServlet.java 文件代码如下:

```
package com.jqe.example11_1.servlet;

import java.io.IOException;
import java.io.PrintWriter;
import java.util.List;
import javax.servlet.RequestDispatcher;
import javax.servlet.ServletException;
import javax.servlet.http.HttpServlet;
import javax.servlet.http.HttpServletRequest;
import javax.servlet.http.HttpServletResponse;
import com.jqe.example11_1.bean.User;
import com.jqe.example11_1.dao.ServletDao;
public class LoginServlet extends HttpServlet{

    private static final long serialVersionUID = 1L;

    @Override
    protected void doGet(HttpServletRequest req, HttpServletResponse resp)
                throws ServletException, IOException {
        resp.setContentType("text/html;charset=utf-8");      //设置响应数据内容的类型
        PrintWriter out = resp.getWriter();                  //得到字符型的输出流对象
        String name = req.getParameter("name");              //从客户端获取参数为 name 的值
        String pw = req.getParameter("pw");                  //从客户端获取参数为 pw 的值
        //实例化 RequestDispatcher 对象
        RequestDispatcher dispatcher = req.getRequestDispatcher("show.jsp");
        ServletDao servletDao = new ServletDao();            //实例化 dao 对象
        List<User> select = servletDao.select(name, pw);     //调用 dao 对象的查询方法
        if(select!=null&&select.size()>0){
            User user = select.get(0);
            req.setAttribute("user", user);                  //将 user 对象存储到 request 中
            dispatcher.forward(req, resp);                   //转发
        }else{
            out.println("姓名或者密码错误，无法登录");
```

```
        }
    }
}
```

步骤 5 配置部署文件。在创建好所有文件后，还需要配置部署文件，才能正常运行网页。

在部署文件 web.xml 中</web-app>标签前面添加以下代码：

```
<servlet>
    <servlet-name>LoginServlet</servlet-name>
    <servlet-class>com.jqe.example11_1.servlet.LoginServlet</servlet-class>
</servlet>
<servlet-mapping>
    <servlet-name>LoginServlet</servlet-name>
    <url-pattern>/LoginServlet</url-pattern>
</servlet-mapping>
```

步骤 6 在浏览器地址栏中输入网址 http://localhost:8080/ch11-1/11-1.jsp，按回车键运行程序，效果如图 11-2 所示。在文本框中输入数据库中的任一用户信息，单击“登录”按钮，将会成功登陆。此处输入关羽的信息，单击“登录”按钮后效果如图 11-3 所示。

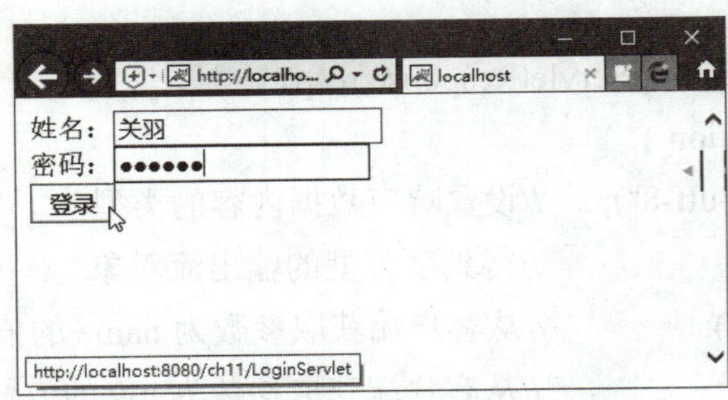

图 11-2 运行程序首页面　　图 11-3 登录成功界面

11.3.2 使用 MVC 模式制作查询模块

本节通过查询模块的实现，进一步介绍 MVC 模式的应用。在开始实例制作之前，请先在 MyEclipse 中新建项目 ch11-2，并将其部署到 Tomcat 服务器。

【实例 11-2】 本实例通过输入书名查询相关信息。共包括 5 个文件，其中两个 JSP 文件：11-2.jsp 和 show.jsp，一个 JavaBean 文件 Book.java，一个类文件 ServletDao.java，一个控制器文件 SelectServlet.java。

步骤 1 在编写程序之前首先需要创建数据表，以存储数据信息。此处在数据库

JQE_School 中创建数据表 book，并输入图书信息，如图 11-4 所示。

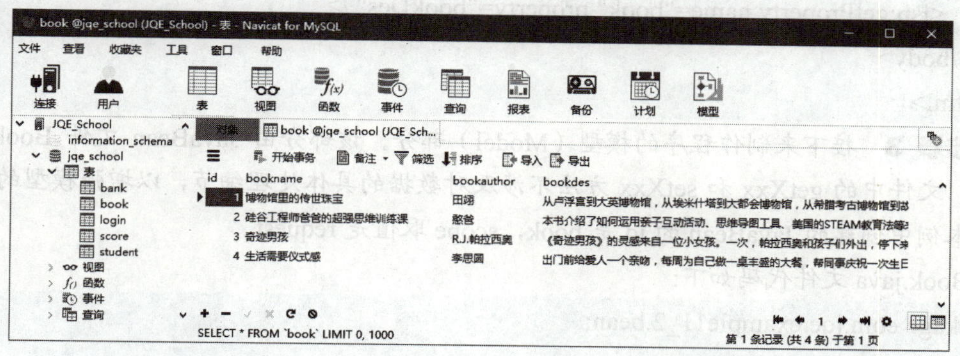

图 11-4 数据内容

步骤 2 接下来制作程序的视图（View）部分，视图部分由两个 JSP 页面构成，其中 11-2.jsp 为供用户输入数据的界面，show.jsp 为显示查询数据的界面。

11-2.jsp 文件代码如下：

```
<%@ page language="java" import="java.util.*" pageEncoding="utf-8"%>
<html>
  <head>
  <body>
   请输入书名：<form action="SelectServlet" method="get">
   <input type="text" name="bookname">
   <input type="submit" value="查询">
   </form>
  </body>
</html>
```

show.jsp 文件代码如下：

```
<%@ page language="java" import="java.util.*" pageEncoding="utf-8"%>
<jsp:useBean id = "book" type = "com.jqe.example11_2.bean.Book" scope="request"    />
<html>
  <body>
      查询成功!<br/>
      <jsp:getProperty name="book" property="bookName" />
      <br/>
    <jsp:getProperty name="book" property="bookAuthor" />
```

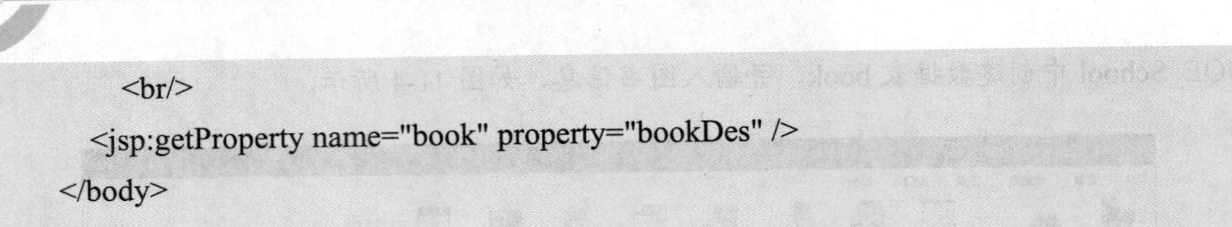

```
        <br/>
      <jsp:getProperty name="book" property="bookDes" />
    </body>
  </html>
```

步骤 3 接下来制作程序的模型（Model）部分。该部分由 JavaBean 文件 Book.java 完成，文件中的 getXxx 和 setXxx 方法不涉及对数据的具体处理细节，以增强模型的通用性。本例中创建的 JavaBean 的 id 是 book，scope 取值是 request。

Book.java 文件代码如下：

```
package com.jqe.example11_2.bean;
public class Book {    //JavaBean
    private String bookName;
    private String bookAuthor;
    private String bookDes;
    public String getBookName() {
        return bookName;
    }
    public void setBookName(String bookName) {
        this.bookName = bookName;
    }
    public String getBookAuthor() {
        return bookAuthor;
    }
    public void setBookAuthor(String bookAuthor) {
        this.bookAuthor = bookAuthor;
    }
    public String getBookDes() {
        return bookDes;
    }
    public void setBookDes(String bookDes) {
        this.bookDes = bookDes;
    }
}
```

步骤 4 接下来制作程序的控制器（Controller）部分。该部分由 ServletDao.java 类文件和 LoginServlet.java 文件组成。其中 ServletDao 类负责与数据库交互，使业务层与数据

访问层分离，最终将查询的数据以集合形式返回给 SelectServlet.java。

SelectServlet.java 负责业务的具体处理，它将 JSP 页面传递过来的数据交给 ServletDao.java 进行查询，如果查询成功将数据赋值给 JavaBean，然后请求视图 show.jsp 显示数据；如果查询失败，显示查询失败信息。

ServletDao.java 文件代码如下：

```
package com.jqe.example11_2.dao;
import java.sql.Connection;
import java.sql.DriverManager;
import java.sql.PreparedStatement;
import java.sql.ResultSet;
import java.sql.SQLException;
import java.util.ArrayList;
import java.util.List;
import com.jqe.example11_2.bean.Book;
public class ServletDao {
    public List<Book> select(String name) {                    //查询方法
        Connection conn = null;
        PreparedStatement prepareStatement = null;
        ResultSet rs =   null;
        List<Book> list = new ArrayList<Book>();
        try {
            Class.forName("com.mysql.jdbc.Driver");              //加载驱动器类
            String url = "jdbc:mysql://localhost:3306/jqe_shool?characterEncoding=utf-8";
            conn = DriverManager.getConnection(url,"root","");   //建立数据库连接
            String sql = "select * from book where bookname = ?"; //查询的 SQL 语句
            //基于本连接对象，创建 PreparedStatement 对象
            prepareStatement = conn.prepareStatement(sql);
            prepareStatement.setString(1, name);                 //设置参数
            rs = prepareStatement.executeQuery();                //执行 SQL 语句
            while(rs.next()){                                    //遍历查询结果
                String bookName = rs.getString("bookname");
                String bookDes = rs.getString("bookdes");
                String bookAuthor = rs.getString("bookauthor");
                Book book = new Book();
```

```
                book.setBookName(bookName);
                book.setBookDes(bookDes);
                book.setBookAuthor(bookAuthor);
                list.add(book);                              //将查询结果保存进集合
            }
        } catch (ClassNotFoundException e) {
            e.printStackTrace();
        } catch (SQLException e) {
            e.printStackTrace();
        }
        return list;
    }
}
```

SelectServlet.java 文件代码如下：

```
package com.jqe.example11_2.servlet;
import java.io.IOException;
import java.io.PrintWriter;
import java.util.List;
import javax.servlet.RequestDispatcher;
import javax.servlet.ServletException;
import javax.servlet.http.HttpServlet;
import javax.servlet.http.HttpServletRequest;
import javax.servlet.http.HttpServletResponse;
import com.jqe.example11_2.bean.Book;
import com.jqe.example11_2.dao.ServletDao;
public class SelectServlet extends HttpServlet{
    @Override
    protected void doGet(HttpServletRequest req, HttpServletResponse resp)
            throws ServletException, IOException {
        resp.setContentType("text/html;charset=utf-8");          //设置响应数据内容的类型
        PrintWriter out = resp.getWriter();                      //得到字符型的输出流对象
        //从客户端获取参数为 bookname 的值
        String name = req.getParameter("bookname");
        //实例化 RequestDispatcher 对象
```

```
        RequestDispatcher dispatcher = req.getRequestDispatcher("show.jsp");
        ServletDao servletDao = new ServletDao();              //实例化 dao 对象
        List<Book> select = servletDao.select(name);           //调用 dao 对象的查询方法
        if(select!=null&&select.size()>0){
            Book book = select.get(0);
            req.setAttribute("book", book);                    //将 user 对象存储到 request 中
            dispatcher.forward(req, resp);                     //转发
        }else{
            out.println("书名错误或无此书信息");
        }
    }
}
```

步骤 5 配置部署文件。在创建好所有文件后，还需要配置部署文件，才能正常运行网页。

在部署文件 web.xml 中</web-app>标签前面添加以下代码：

```
<servlet>
    <servlet-name>SelectServlet</servlet-name>
    <servlet-class>com.jqe.example11_2.servlet.SelectServlet</servlet-class>
</servlet>
<servlet-mapping>
    <servlet-name>SelectServlet</servlet-name>
    <url-pattern>/SelectServlet</url-pattern>
</servlet-mapping>
```

步骤 6 在浏览器地址栏中输入网址 http://localhost:8080/ch11-2/11-2.jsp，按回车键运行程序，效果如图 11-5 所示。在文本框中输入数据库中的任一图书名，单击“查询”按钮，将会输出该图书的相关信息。此处输入“奇迹男孩”，单击“查询”按钮后效果如图 11-6 所示。

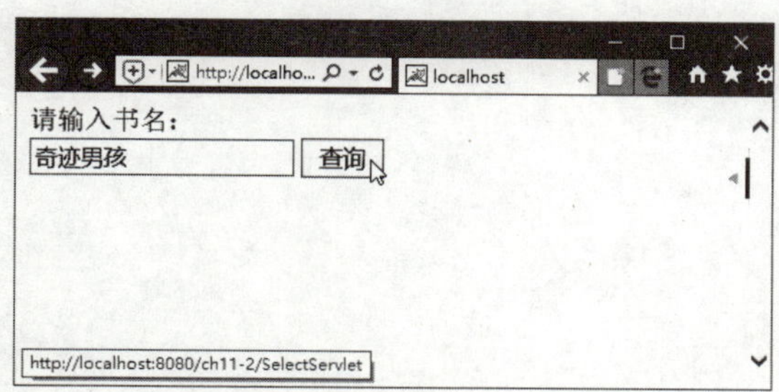

图 11-5 程序运行效果

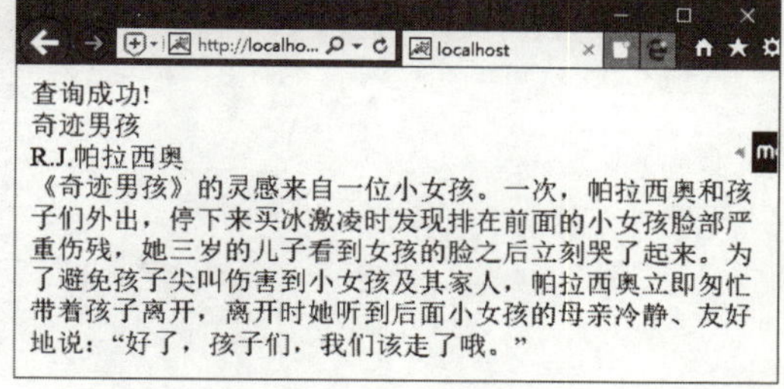

图 11-6 查询结果

本章小结

本章简单介绍了 MVC 模式的概念及其应用，在学完本章内容后，读者应重点掌握以下知识。

- MVC 模式的核心思想是有效组合“视图”“模型”和“控制器”。
- 在 JSP 中，视图为一个或多个 JSP 页面，其作用是向控制器提交数据，为模型提供数据显示；模型是一个或多个 JavaBean 对象，用于存储数据；控制器是一个或多个 Servlet 对象，它根据视图提交的要求进行数据处理操作，并将处理结果存储到 JavaBean 中，然后 Servlet 通过重定向方式请求视图中的某个 JSP 页面进行更新显示。

思考与练习

一、填空题

1. 在 JSP 中，MVC 模式的数据模型由____________担当。
2. 在 JSP 中，MVC 模式的视图角色由__________担当。
3. 在 JSP 中，MVC 模式的控制器角色由____________担当。

二、简答题

简述 MVC 模式的优点。

第 12 章

开发企业网站

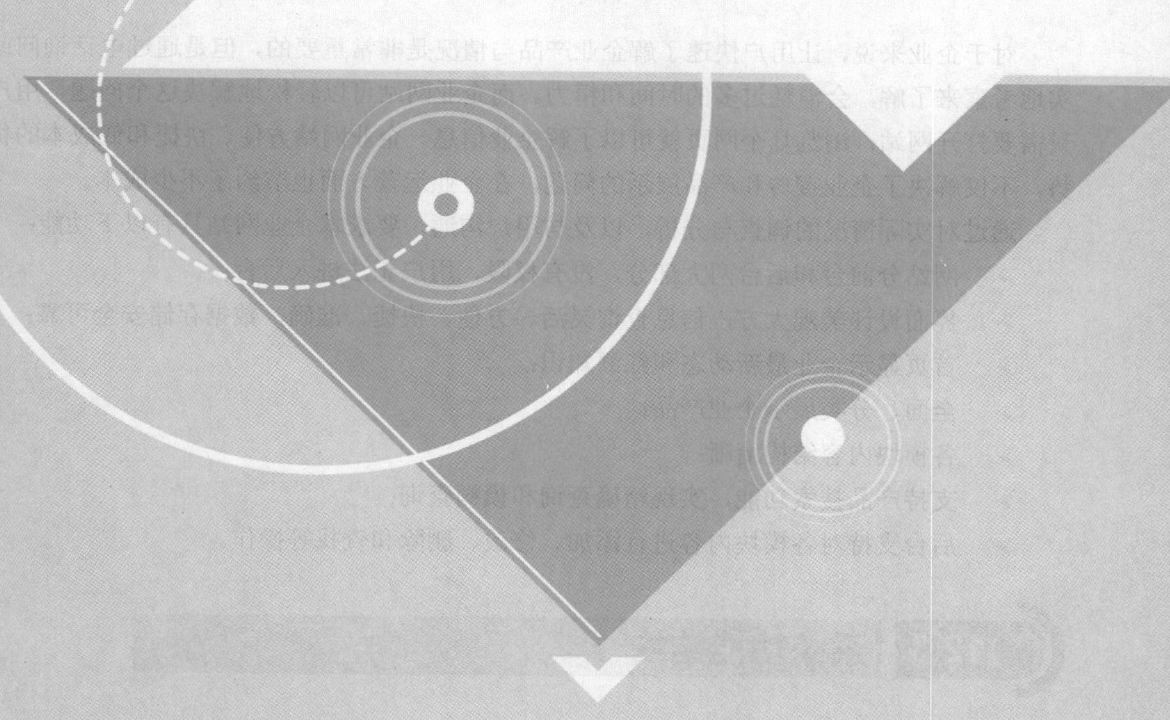

12.1 开发背景

随着信息时代的到来，网站已成为企业宣传品牌，展示产品和公司实力的平台与窗口。企业网站是企业在互联网上进行网络营销和形象宣传的平台，相当于企业的网络名片，不仅可以宣传企业形象，还有助于企业进行产品宣传和销售。

本章中实例源代码与数据库备份文件均位于本书配套素材“素材与实例\ch12\red_wine”目录下。本章使用 red_wine Web 服务目录，读者可在创建 Web 服务目录后直接将素材中的文件拷贝到其中，也可以直接使用素材中的数据库备份文件恢复数据库。

12.2 需求分析

对于企业来说，让用户快速了解企业产品与情况是非常重要的，但是通过电话询问或实地考察来了解，会消耗过多的时间和精力。而企业网站可以轻松地解决这个问题，用户只需要打开网站，浏览几个网页就可以了解企业信息。企业网站方便、快捷和低成本的优势，不仅解决了企业宣传和产品展示的问题，在企业运营方面也节约了不少成本。

通过对实际情况的调查与分析，以及与用户沟通，要求本企业网站具有以下功能：

- 网站分前台和后台两大部分，没有权限，用户无法进入后台；
- 界面设计美观大方，信息查询灵活、方便、快捷、准确，数据存储安全可靠；
- 首页显示企业最新动态和红酒知识；
- 全面、分类展示企业产品；
- 各模块内容结构清晰；
- 支持产品搜索功能，实现精确查询和模糊查询；
- 后台支持对各模块内容进行添加、修改、删除和查找等操作。

12.3 系统功能结构

本企业网站由前台和后台两大部分组成，前台主要面向客户，用于展示企业文化、产品、资讯及招聘等信息。前台功能结构如图 12-1 所示。

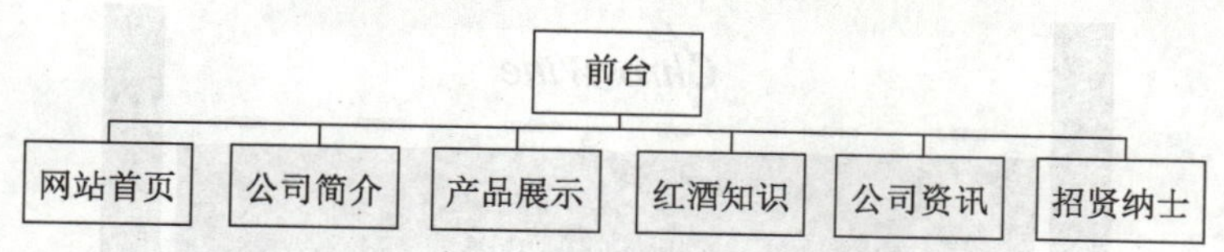

图 12-1 前台功能结构

网站后台一般用于管理网站前台的一系列模块，本企业网站后台的功能结构如图 12-2 所示。由功能结构图可知，本企业网站后台主要由 8 个模块组成，其中登录模块用于管理员登录后台；招贤纳士、红酒分类、产品管理、红酒知识、公司资讯和管理员模块用于编辑相关模块信息，它们都包括查看、搜索、添加、修改和删除操作；公司简介模块用于编辑公司简介信息，由于只有一条信息，所以没有搜索功能。

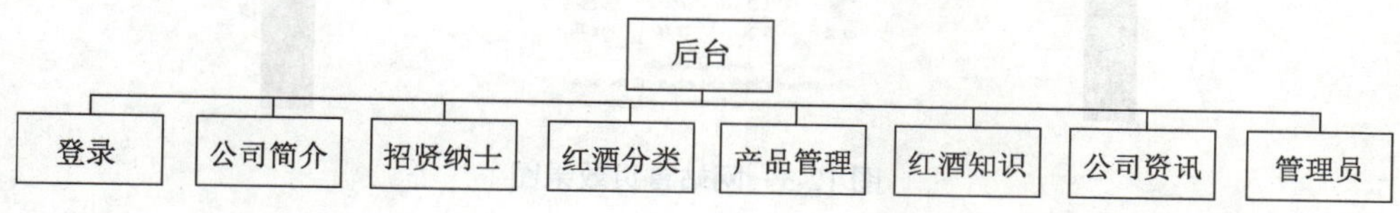

图 12-2 后台功能结构

12.4 系统功能概览

本企业网站由多个功能模块组成，为了让读者对本系统有个初步的了解和认识，下面列出几个典型页面，其他页面可参考源文件。

网站首页由网站 Logo、网站导航、轮播广告、最新动态、红酒知识和版权声明等部分组成，其在本机的运行路径为 http://localhost:8080/red_wine/Home/，运行效果如图 12-3 所示。

产品展示模块用于展示企业产品的分类，每个分类中包含的产品，以及每个产品的详细信息。产品展示页面的运行效果如图 12-4 所示，单击产品图片可打开相应产品的详细信息。

登录模块用于验证管理员身份，验证通过即可登录成功，并对后台数据进行操作。登录界面在本机的运行路径为 http://localhost:8080/red_wine/sys/，运行效果如图 12-5 所示，用户名和密码默认为 admin，登录后进入的后台首页如图 12-6 所示。

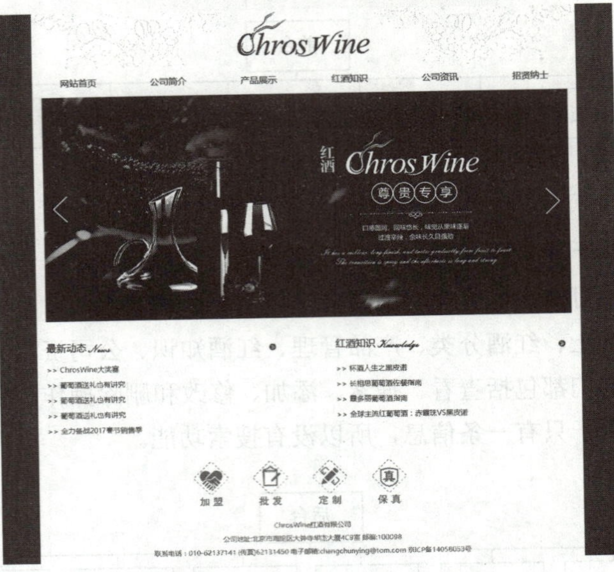

图 12-3　网站首页效果图

图 12-4　产品展示页面

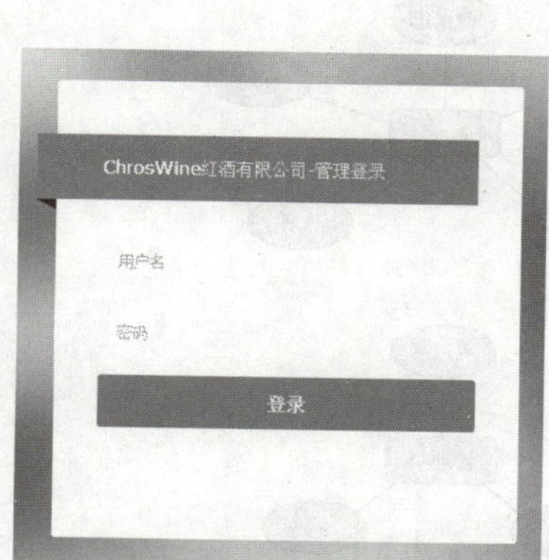

图 12-5　管理员登录界面

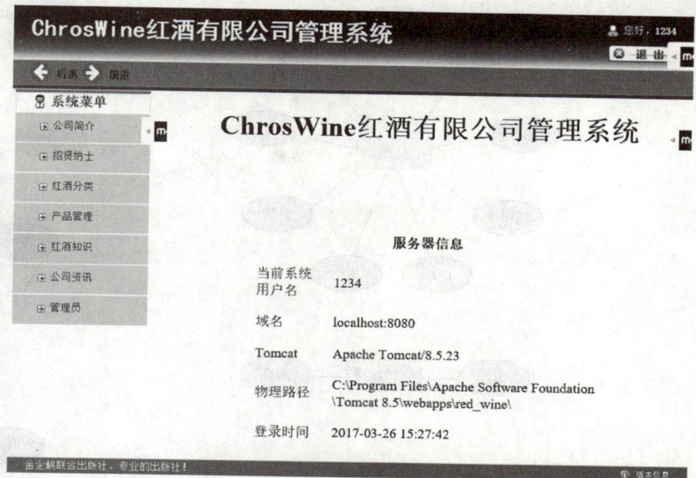

图 12-6　后台首页

12.5 数据库设计

任何系统功能的实现，都离不开对数据的操作和使用，所以在开发之前一定要先做好对数据库的分析、设计和创建。合理的数据库、表及表间关系对整个项目的开发非常重要。本站属于展示型企业网站，无论是从成本、性能、安全上考虑，还是从易操作性上考虑，MySQL 都是最佳选择。

12.5.1　数据库概念设计

设计数据库结构之前要先分析系统需求和功能结构，然后画出系统的实体及 E-R 图，再根据 E-R 图创建数据表。

通过分析系统需求和功能结构，本站规划出产品信息实体、产品分类实体、公司资讯实体、公司简介实体、管理员实体、红酒知识实体和招贤纳士实体，如图 12-7 所示。

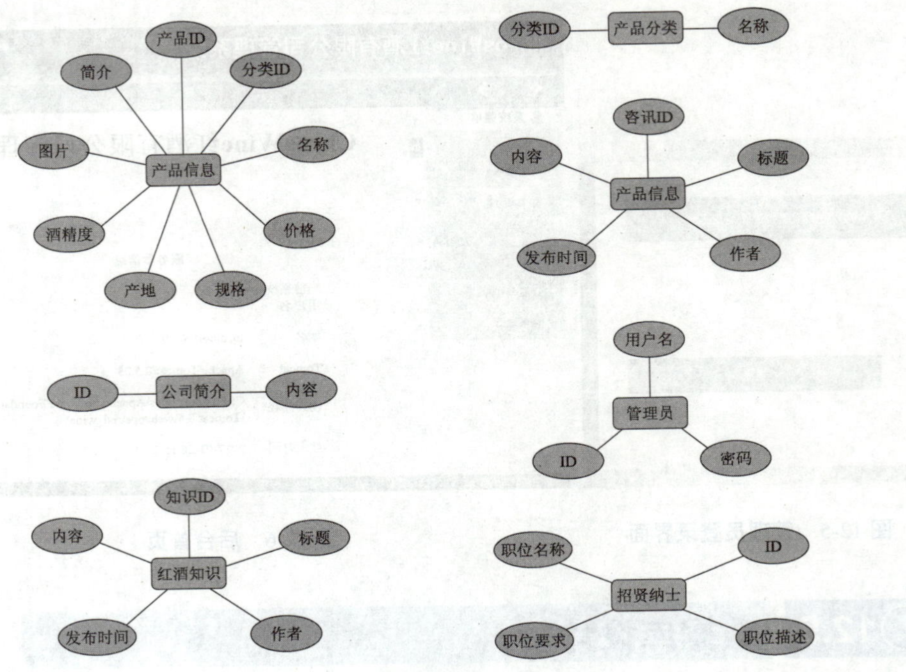

图 12-7 数据库 E-R 图

12.5.2 数据库物理结构设计

根据 E-R 图，在图形化管理工具 Navicat for MySQL 中创建数据库 red_wine，并在其中创建 7 个数据表。表 12-1 列出了需要创建的数据表。

表 12-1 需创建数据表

表 名	类 型	排序规则	说 明
administrators	MyISAM	utf8_general_ci	管理员表
commodity	MyISAM	utf8_general_ci	产品信息表
commodity_class	MyISAM	utf8_general_ci	产品分类表
company_profile	MyISAM	utf8_general_ci	公司简介表
information	MyISAM	utf8_general_ci	公司资讯表
knowledge	MyISAM	utf8_general_ci	红酒知识表
recruit	MyISAM	utf8_general_ci	招贤纳士表

下面来具体看一下这 7 张表的结构设计。

1. administrators（管理员表）

管理员表用于存储管理员信息，包括用户名和密码，数据表结构如表 12-2 所示。

表 12-2 管理员表

字 段 名	数据类型	长 度	说 明
id	int	10	管理员 ID（主键）
name	varchar	16	用户名
password	varchar	16	密码

2. commodity（产品信息表）

产品信息表用于存储产品详情，包括分类 ID、名称、价格、规格、产地、酒精度、图片名称和简介等，数据表结构如表 12-3 所示。

表 12-3 产品信息表

字 段 名	数据类型	长 度	说 明
id	int	10	产品 ID（主键）
class_id	int	10	分类 ID
title	varchar	50	名称
price	decimal	10,2	价格
specifications	varchar	10	规格
place	varchar	30	产地
alcohol	varchar	10	酒精度
photo	varchar	255	图片名称
content	text		简介

3. commodity_class（产品分类表）

产品分类表用于存储产品分类的相关信息，包括分类 ID 和分类名称，数据表结构如表 12-4 所示。

表 12-4 产品分类表

字 段 名	数据类型	长 度	说 明
id	int	10	分类 ID（主键）
title	varchar	50	名称

4. company_profile（公司简介表）

公司简介表用于存储公司简介信息，数据表结构如表12-5所示。

表12-5 公司简介表

字段名	数据类型	长度	说明
id	int	10	ID（主键）
content	text		内容

5. information（公司资讯表）

公司资讯表用于存储公司资讯信息，包括咨讯ID、标题、作者、内容和发布时间，数据表结构如表12-6所示。

表12-6 公司资讯表

字段名	数据类型	长度	说明
id	Int	10	咨讯ID（主键）
title	Varchar	50	标题
author	Varchar	30	作者
content	Text		内容
date	Varchar	10	发布时间

6. knowledge（红酒知识表）

红酒知识表用于存储红酒知识相关的信息，包括ID、标题、作者、内容和发布时间，数据表结构如表12-7所示。

表12-7 红酒知识表

字段名	数据类型	长度	说明
id	int	10	ID（主键）
title	varchar	50	标题
author	varchar	30	作者
content	text		内容
date	varchar	10	发布时间

7. recruit（招贤纳士表）

招贤纳士表用于存储招聘信息，包括ID、职位名称、职位描述和职位要求，数据表结构如表 12-8 所示。

表 12-8 招贤纳士表

字 段 名	数据类型	长 度	说 明
id	int	10	ID（主键）
title	varchar	50	职位名称
job_describe	varchar	100	职位描述
requirement	varchar	100	职位要求

12.6 系统实现

本项目采用 JSP+Servlet+JavaBean+Dao 的开发模式，其中 JSP 用于显示和收集数据；Servlet 用于验证数据，实例化 JavaBean，调用 Dao 连接数据库及控制页面跳转；Dao 用于连接数据库及执行数据库操作，如查询、删除和修改数据等；JavaBean 用于数据的封装，方便将查询结果在 Servlet 与 JSP 页面之间传递。

12.6.1 模块公用类

模块公用类就是将多个页面都可能用到的代码封装成单独的类，在使用时只要用 import 将文件引入，即可调用封装的类进行操作，如本项目中的数据库连接类和分页显示类。下面分别介绍这两个公用类的具体实现过程。

1. 数据库连接类

数据库连接类用于连接数据库，它提供的方法能返回一个数据库连接对象，项目中所有与数据库相关的操作都要调用该类。这样不仅减少了代码冗余，也便于对类进行修改。本项目中的数据库连接类位于文件 DBHelper.java 中，具体代码如下（代码位置：素材与实例\ch12\red_wine\src\util\DBHelper.java）：

```
package util;
import java.sql.Connection;
import java.sql.DriverManager;
public class DBHelper
{
   //数据库驱动
   private static final String driver = "com.mysql.jdbc.Driver";
```

```
//连接数据库的 URL 地址
private static final String url="jdbc:mysql://localhost:3306/red_wine?useSSL=false&
                                 useUnicode=true&characterEncoding=UTF-8";
//数据库的用户名
private static final String username="root";
//数据库的密码
private static final String password="";
//私有类型连接对象
private static Connection conn=null;
//静态代码块负责加载驱动
static
{
    try
    {
        Class.forName(driver);
    }
    catch(Exception ex)
    {
        ex.printStackTrace();
    }
}
//单例模式返回数据库连接对象
public static Connection getConnection() throws Exception
{
    if(conn==null)
    {
        conn = DriverManager.getConnection(url, username, password);
        return conn;
    }
    return conn;
}
}
```

2. 分页显示类

数据过多时，不仅在数据库调取数据时会变慢，并且太多数据显示在一个页面上也不便于阅读。为此，很多网站采用分页形式来获取和展示数据。本项目中的分页显示类代码存储于 PageBean.java 中，其代码如下（代码位置：素材与实例\ch12\red_wine\src\util\PageBean.java）：

```
package util;
//封装分页参数
public class PageBean {
    private int currentPage = 1;   //当前页，默认显示第一页
    private int pageCount = 6;     //每页显示的行数（查询返回的行数），默认每页显示 6 行
    private int totalCount;        //总记录数
    private int totalPage;         //总页数=总记录数/每页显示的行数（+1）
    //返回总页数
    public int getTotalPage() {
        if (totalCount % pageCount == 0) {
            totalPage = totalCount / pageCount;
        } else{
            totalPage = totalCount / pageCount +1;
        }
        return totalPage;
    }
    public int getCurrentPage() {
        return currentPage;
    }
    public void setCurrentPage(int currentPage) {
        this.currentPage = currentPage;
    }
    public int getPageCount() {
        return pageCount;
    }
    public void setPageCount(int pageCount) {
        this.pageCount = pageCount;
    }
```

```
    public int getTotalCount() {
        return totalCount;
    }
    public void setTotalCount(int totalCount) {
        this.totalCount = totalCount;
    }
    public void setTotalPage(int totalPage) {
        this.totalPage = totalPage;
    }
}
```

12.6.2 JavaBean 和 Dao

与数据库实体对应，项目中建立了 14 个 Java 类作为各模块的 JavaBean 和 Dao。后台各 JavaBean 和 Dao 管理类的名称与作用如表 12-9 所示。

表 12-9 后台各 JavaBean 和 Dao 管理类的名称与作用

数据库实体名	文 件 名	作 用
管理员（administrators）	Administrators.java	封装管理员信息类
	AdministratorsDAO.java	封装对管理员实体的操作，如：查询、添加等
产品信息（commodity）	Commodity.java	封装产品详情类
	CommodityDAO.java	封装对产品详情实体的操作，如：查询、添加等
产品分类（commodity_class）	Classification.java	封装产品分类类
	ClassificationDAO.java	封装对产品分类实体的操作，如：查询、添加等
公司简介（company_profile）	Profile.java	封装公司简介类
	ProfileDAO.java	封装对公司简介实体的操作，如：查询、添加等
公司资讯（information）	Information.java	封装公司资讯类
	InformationDAO.java	封装对公司资讯实体的操作，如：查询、添加等
红酒知识（knowledge）	Knowledge.java	封装红酒知识类
	KnowledgeDAO.java	封装对红酒知识实体的操作，如：查询、添加等
招贤纳士（recruit）	Recruit.java	封装招贤纳士类
	RecruitDAO.java	封装对招贤纳士实体的操作，如：查询、添加等

本节以公司资讯模块为例，详细介绍该模块的 JavaBean（Information.java）和 Dao（InformationDAO.java）的实现细节。

1. Information.java

Information.java 中有 5 个参数，即 ID、标题、作者、内容和发布时间。这 5 个参数在整个项目中只有这一个类，在开发前台和后台的公司资讯模块时，都可以直接调用该类。Information.java 文件代码如下（代码位置：素材与实例\ch12\red_wine\src\entity\Information.java）：

```
package entity;
public class Information {
    private int id;                          //ID
    private String title;                    //标题
    private String author;                   //作者
    private String content;                  //内容
    private String date;                     //发布时间
    public int getId() {
        return id;
    }
    public void setId(int id) {
        this.id = id;
    }
    public String getTitle() {
        return title;
    }
    public void setTitle(String title) {
        this.title = title;
    }
    public String getAuthor() {
        return author;
    }
    public void setAuthor(String author) {
        this.author = author;
    }
    public String getContent() {
        return content;
    }
```

```
    public void setContent(String content) {
        this.content = content;
    }
    public String getDate() {
        return date;
    }
    public void setDate(String date) {
        this.date = date;
    }
}
```

2. InformationDAO.java

InformationDAO.java 提供了后台对 information 数据表进行操作的功能。对 information 表进行添加、删除、更新和查找等的方法都封装在该类中，后台通过调用它提供的方法实现对 information 数据表的操作。下面简单介绍 InformationDAO.java 中的部分方法（代码位置：素材与实例\ch12\red_wine\src\dao\InformationDAO.java）。

1）获取所有公司资讯的信息

此方法负责分页获取 information 表中的记录，并返回包括分页对象与公司资讯的集合。主要实现代码如下：

```
public Map<String, Object> getAll(PageBean pb) throws Exception {
    PreparedStatement stmt = null;                          //语句对象
    ResultSet rs = null;                                    //数据集
    List<Information> list = new ArrayList<Information>();  //公司资讯集合
    //查询总记录数，设置到 pb 对象中
    int totalCount = this.getTotalCount();
    pb.setTotalCount(totalCount);
    //判断（预防当前页为首页或末页时，单击上一页或下一页出错）
    if (pb.getCurrentPage() <= 0) {
        pb.setCurrentPage(1);                               //把当前页设置为 1
    } else if (pb.getCurrentPage() > pb.getTotalPage()) {
        pb.setCurrentPage(pb.getTotalPage());               //把当前页设置为最大页数
    }
    //获取当前页：计算查询的起始行、返回的行数
```

```
int currentPage = pb.getCurrentPage();                    //当前页
int index = (currentPage - 1) * pb.getPageCount();        //查询的起始行
int count = pb.getPageCount();                            //查询返回的行数
try {
    String sql = "select * from information limit ?,?;";            //SQL 语句
    stmt = DBHelper.getConnection().prepareStatement(sql);  //创建链接对象
    stmt.setInt(1, index);           //设置 SQL 语句第一个参数初始偏移量
    stmt.setInt(2, count);           //设置 SQL 语句第二个参数返回记录行最大数目
    rs = stmt.executeQuery();        //获得公司资讯数据集
    while (rs.next()) {              //循环公司资讯数据集
        Information lists = new Information();  //创建一个 Information 对象
        lists.setId(rs.getInt("id"));                   //将公司资讯 ID 的值加入 lists
        lists.setTitle(rs.getString("title"));          //将公司资讯标题的值加入 lists
        lists.setAuthor(rs.getString("author"));  //将公司资讯作者的值加入 lists
        lists.setContent(rs.getString("content")); //将公司资讯内容的值加入 lists
        lists.setDate(rs.getString("date"));  //将公司资讯发布时间的值加入 lists
        list.add(lists);                                //把一个公司资讯加入集合
    }
    //创建一个 hashMap，key 是 String 类型，value 是 Object 类型（任意类型）
    Map<String, Object> map = new HashMap<String, Object>();
    map.put("PageDate", pb);        //将分页对象 pb 添加到 map 集合中
    map.put("list", list);          //将公司资讯集合对象 list 添加到 map 集合中
    return map;                     //返回 map 集合
} catch (Exception ex) {
    ex.printStackTrace();
    return null;
} finally {
    //释放数据集对象
    if (rs != null) {
        try {
            rs.close();
            rs = null;
        } catch (Exception ex) {
            ex.printStackTrace();
```

```
            }
        }
        //释放语句对象
        if (stmt != null) {
            try {
                stmt.close();
                stmt = null;
            } catch (Exception ex) {
                ex.printStackTrace();
            }
        }
    }
}
```

2）添加新的公司资讯

此方法负责为 information 表添加新的记录，主要实现代码如下：

```
public void add(Information information) {
    //定义 SQL 语句
    String sql = "insert into information(title,author,content,date) values(?,?,?,?);";
    PreparedStatement pstmt = null;                    //语句对象
    try {
        pstmt = DBHelper.getConnection().prepareStatement(sql); //创建连接对象
        //设置 SQL 语句的第一个参数标题的值
        pstmt.setString(1, information.getTitle());
        //设置 SQL 语句的第二个参数作者的值
        pstmt.setString(2, information.getAuthor());
        //设置 SQL 语句的第三个参数内容的值
        pstmt.setString(3, information.getContent());
        //设置 SQL 语句的第四个参数发布时间的值
        pstmt.setString(4, information.getDate());
        pstmt.execute();                                   //执行 SQL 语句
    } catch (Exception e) {
        throw new RuntimeException(e);
    } finally {
        try {
```

```
            pstmt.close();                                      //释放语句对象
        } catch (SQLException e) {
            e.printStackTrace();
        }
    }
}
```

3）更新公司资讯

此方法以 ID 为条件更新 information 表中相应的记录，主要实现代码如下：

```
public void update(Information Information) {
    //定义 SQL 语句
    String sql = "update Information set title=?,author=?,content=?,date=? where id=? ;";
    PreparedStatement pstmt = null;                               //语句对象
    try {
        pstmt = DBHelper.getConnection().prepareStatement(sql);       //创建连接对象
        //设置 SQL 语句的第一个参数标题的值
        pstmt.setString(1, Information.getTitle());
        //设置 SQL 语句的第二个参数作者的值
        pstmt.setString(2, Information.getAuthor());
        //设置 SQL 语句的第三个参数内容的值
        pstmt.setString(3, Information.getContent());
        //设置 SQL 语句的第四个参数发布时间的值
        pstmt.setString(4, Information.getDate());
        //设置 SQL 语句的第五个参数 ID 的值
        pstmt.setInt(5, Information.getId());
        pstmt.execute(); //执行 SQL 语句
    } catch (Exception e) {
        throw new RuntimeException(e);
    } finally {
        try {
            pstmt.close();                                        //释放语句对象
        } catch (SQLException e) {
            e.printStackTrace();
        }
    }
}
```

12.6.3 Servlet

后台各 Servlet 的名称和作用如表 12-10 所示。

表 12-10　后台各 Servlet 的名称和作用

文 件 名	作　用
AdministratorsServlet.java	处理后台管理员模块的添加、查找、删除和更新等请求
ClassificationServlet.java	处理后台商品分类模块的添加、查找、删除和更新等请求
CommodityServlet.java	处理后台商品详情模块的查找和删除等请求
InformationServlet.java	处理后台公司资讯模块的添加、查找、删除和更新等请求
KnowledgeServlet.java	处理后台红酒知识模块的添加、查找、删除和更新等请求
ProfileServlet.java	处理后台公司简介模块的添加、查找、删除和更新等请求
RecruitServlet.java	处理后台招贤纳士模块的添加、查找、删除和更新等请求
UploadServlet.java	处理后台商品详情模块的添加和更新请求（包括图片的上传）

本节以公司资讯相关的 Servlet（InformationServlet.java）为例进行详细描述，其他 Servlet 的实现代码类似，限于篇幅此处不再赘述。

1．配置部署文件 web.xml

Servlet 需要配置部署文件 web.xml，才能在 Tomcat 服务器下使用。

本项目中 InformationServlet.java 在 web.xml 文件中的配置如下，其他 Servlet 在 web.xml 文件中的配置与其类似（代码位置：素材与实例\ch12\red_wine\WebRoot\WEB-INF\web.xml）。

```
<?xml version="1.0" encoding="UTF-8"?>
<web-app>
<!-- 以下为 InformationServlet 的配置 -->
  <servlet>
    <servlet-name>InformationServlet</servlet-name>
    <display-name>This is the display name of my J2EE component</display-name>
    <description>This is the description of my J2EE component</description>
    <servlet-class>servlet.InformationServlet</servlet-class>
  </servlet>
  <servlet-mapping>
    <servlet-name>InformationServlet</servlet-name>
    <url-pattern>/servlet/InformationServlet</url-pattern>
```

```
    </servlet-mapping>
<!-- 以上为 InformationServlet 的配置 -->
</web-app>
```

2. InformationServlet.java

InformationServlet.java 用于接收管理员在后台对公司资讯模块发出的添加、查找等请求，并调用 InformationDAO.java 对数据库中的表做出相关处理。下面简单介绍 InformationServlet.java 中的部分方法（代码位置：素材与实例\ch12\red_wine\src\servlet\InformationServlet.java）。

1）获取公司资讯信息

此方法负责接收后台查看公司资讯页面传递过来的分页数据，并将接收的数据传递给 InformationDAO.java 中的 getAll()方法，通过该方法获取公司资讯页的分页记录，并返回给查看公司资讯页。主要实现代码如下：

```
 public void list(HttpServletRequest request, HttpServletResponse response) throws ServletException,
IOException {
        try{
            //获取“当前页”参数；（当第一次访问当前页为 null）
            String currPage = request.getParameter("currentPage");
            //判断当前页是否为空
            if (currPage == null || "".equals(currPage.trim())) {
                currPage = "1";                         //第一次访问，设置当前页为 1；
            }
            //转换页参数为 int 类型
            int currentPage = Integer.parseInt(currPage);
            //创建 dao 对象，设置当前页参数；
            PageBean pageBean = new PageBean();
            pageBean.setCurrentPage(currentPage);
            //调用 dao 对象的 getAll 方法，得到结果
            InformationDAO dao = new InformationDAO();
            Map<String, Object> result = dao.getAll(pageBean);
            //保存
            request.setAttribute("result", result);
            //跳转路径
```

```
            uri = "/sys/information/information.jsp";
        } catch (Exception e) {
            e.printStackTrace();
        }
        //转发
        request.getRequestDispatcher(uri).forward(request, response);
    }
```

2）添加新的公司资讯

此方法负责接收管理员在添加公司资讯页输入的公司资讯相关字段，并将接收到的数据传递给 InformationDAO.java 中的 add()方法，add()方法完成添加后自动跳转到查看公司资讯页。主要实现代码如下：

```
// a．添加公司资讯
    public void add(HttpServletRequest request, HttpServletResponse response) throws
ServletException, IOException {
        try {
            //1．获取请求数据封装
            //获取标题值并赋给 informationTitle 变量
            String informationTitle = request.getParameter("title");
            //获取作者值并赋给 informationAuthor 变量
            String informationAuthor = request.getParameter("author");
            //获取内容值并赋给 informationContent 变量
            String informationContent = request.getParameter("content");
            //获取发布时间值并赋给 informationDate 变量
            String informationDate = request.getParameter("date");
            Information information = new Information();    //创建一个 Information 对象
            information.setTitle(informationTitle);          //将标题的值加入 Information
            information.setAuthor(informationAuthor);        //将作者的值加入 Information
            information.setContent(informationContent);      //将内容的值加入 Information
            information.setDate(informationDate);         //将发布时间的值加入 Information
            //2．调用 dao 执行添加
            InformationDAO dao = new InformationDAO();
            dao.add(information);
            //3．跳转路径
            uri = "/servlet/InformationServlet?method=list";
```

```
		} catch (Exception e) {
			e.printStackTrace();
		}
		//转发
		request.getRequestDispatcher(uri).forward(request, response);
	}
```

3）更新公司资讯信息

此方法负责接收管理员在更新公司资讯页修改的公司资讯相关字段，并将接收到的数据传递给 InformationDAO.java 中的 update()方法，update()方法完成更新后自动跳转到查看公司资讯页。主要实现代码如下：

```
	public void update(HttpServletRequest request, HttpServletResponse response) throws
ServletException, IOException {
		try {
			//获取 ID 值，转为 int 类型并赋值给 informationId 变量
			int informationId = Integer.parseInt(request.getParameter("id"));
			//获取标题的值并赋值给 informationTitle 变量
			String informationTitle = request.getParameter("title");
			//获取作者的值并赋值给 informationAuthor 变量
			String informationAuthor = request.getParameter("author");
			//获取内容的值并赋值给 informationContent 变量
			String informationContent = request.getParameter("content");
			//获取发布时间的值并赋值给 informationDate 变量
			String informationDate = request.getParameter("date");
			//创建 Information 对象，并将相关数据加入 information
			Information information = new Information();
			information.setId(informationId);
			information.setTitle(informationTitle);
			information.setAuthor(informationAuthor);
			information.setContent(informationContent);
			information.setDate(informationDate);
			//调用 dao 执行更新
			InformationDAO dao = new InformationDAO();
			dao.update(information);
			//跳转路径
```

```
            uri = "/servlet/InformationServlet?method=list";
        } catch (Exception e) {
            e.printStackTrace();
        }
        //转发
        request.getRequestDispatcher(uri).forward(request, response);
    }
```

12.6.4 后台页面的实现

后台是管理员成功登录后，对整个项目信息进行管理的一组界面，包括登录、公司简介、招贤纳士、红酒分类、产品管理、红酒知识、公司资讯和管理员界面。此处以登录模块和公司资讯模块为例进行详细介绍，其他模块的实现与公司资讯模块类似，此处不再赘述（所有后台页面的位置：素材与实例\ch12\red_wine\WebRoot\sys）。表 12-11 列出了本节要介绍的后台页面。

表 12-11 登录模块和公司资讯模块中的主要页面

页 面 名	文 件 名	功 能
后台登录页	login.jsp	管理员登录
后台首页	index.jsp	首页为框架结构，分为上下左右 4 部分
公司资讯页	information/information.jsp	查看所有公司资讯，可以直接执行删除操作
添加公司资讯页	information/add.jsp	添加公司资讯
更新公司资讯页	information/update.jsp	更新公司资讯

1. 后台登录

后台登录会对管理员用户名和密码进行验证，如果输入的用户名或密码有误，则无法进入后台管理系统。该模块由 3 部分组成，分别是 login.jsp，action.jsp 和 loginout.jsp，下面分别介绍。

1）login.jsp

login.jsp 为输入登录信息的页面。用户在该页面输入信息，并单击“登录”按钮后，它将用户输入的信息提交给 action.jsp。主要实现代码如下（代码位置：素材与实例\ch12\red_wine\WebRoot\sys\login.jsp）：

```
<div class="login">
    <div class="message">ChrosWine 红酒有限公司-管理登录</div>
```

```
    <div id="darkbannerwrap"></div>
    <form action="${pageContext.request.contextPath }/sys/action.jsp" method="post">
        <input name="name" placeholder="用户名" required="" type="text">
        <hr class="hr15">
        <input name="password" placeholder="密码" required="" type="password">
        <hr class="hr15">
        <input value="登录" style="width:100%;" type="submit">
    </form>
</div>
```

2）action.jsp

action.jsp 负责接收 login.jsp 提交过来的登录信息，并进行验证。如果验证通过，则将用户名存储在 session 中，并跳转到后台首页。验证失败则返回后台登录页 login.jsp。action.jsp 主要实现代码如下（代码位置：素材与实例\ch12\red_wine\WebRoot\sys\action.jsp）：

```
<%
    String name = request.getParameter("name");                    //用户名
    String password = request.getParameter("password");            //密码
    //判断用户名或密码是否为空
    if (name == null || "".equals(name.trim()) || password == null || "".equals(password.trim()))
    {
        System.out.println("用户名或密码不能为空！");
        response.sendRedirect("login.jsp");
        return;
    }

    boolean isValid = false;                              //定义 isValid 变量为布尔值 false
    PreparedStatement stmt = null;                        //语句对象
    ResultSet rs = null;                                  //结果集对象
    try {
        //SQL 语句
        String sql = "select * from administrators where name=? and password=?;";
        stmt = DBHelper.getConnection().prepareStatement(sql);          //创建连接对象
        stmt.setString(1, name);                  //设置 SQL 语句的第一个参数用户名的值
        stmt.setString(2, password);              //设置 SQL 语句第二个参数密码的值
```

```
            rs = stmt.executeQuery();                    //获得数据集
            if (rs.next()) {                             //如果 rs 有值，则执行
                isValid = true;                          //变量 isValid 的值变为 true
            }
        } catch (Exception e) {
            e.printStackTrace();
        } finally {
            //释放数据集对象
            if (rs != null) {
                try {
                    rs.close();
                    rs = null;
                } catch (Exception ex) {
                    ex.printStackTrace();
                }
            }
            //释放语句对象
            if (stmt != null) {
                try {
                    stmt.close();
                    stmt = null;
                } catch (Exception ex) {
                    ex.printStackTrace();
                }
            }
        }
        //判断是否登录成功
        if (isValid) {
            System.out.println("登录成功！");
            session.setAttribute("name", name);
            response.sendRedirect("../sys/index.jsp");
            return;
        } else {
            System.out.println("登录失败！");
```

```
        response.sendRedirect("../sys/login.jsp");
        return;
    }
%>
```

3）loginout.jsp

loginout.jsp 为退出登录页，其作用是清除存储在 session 中的管理员信息，并跳转到后台登录页 login.jsp。主要实现代码如下（代码位置：素材与实例\ch12\red_wine\WebRoot\sys\loginout.jsp）：

```
<%
    session.removeAttribute("name");            //清空 session 存储的用户名
    response.sendRedirect("login.jsp");         //跳转到后台登录页
%>
```

2. 后台首页

后台首页（index.jsp）由框架分割成上中下 3 大部分，中间部分又被分为左、右两部分。页面顶部（top.jsp）显示系统名称和管理员信息，提供管理员退出功能；中部左侧（left.jsp）显示系统菜单，提供后台所有功能的列表；中部右侧（right.jsp）显示服务器信息，点击左侧菜单后显示该菜单具体内容；底部（bottom.jsp）显示标语和版本信息，实现效果如图 12-8 所示。

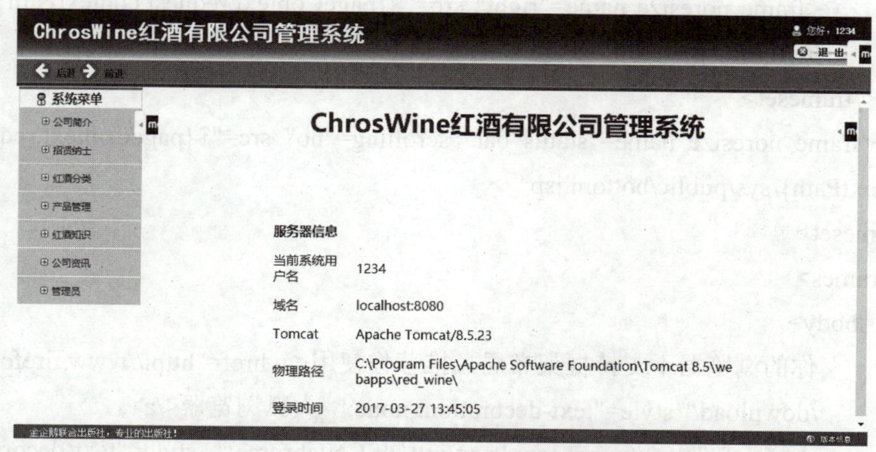

图 12-8　后台首页

具体实现代码如下（代码位置：素材与实例\ch12\red_wine\WebRoot\sys\index.jsp）：

```
<%@ page language="java" import="java.util.*" pageEncoding="UTF-8"%>
```

```
<%
//判断是否登录
if (session.getAttribute("name") == null ) {
   response.sendRedirect("login.jsp");
}
%>
<!DOCTYPE html PUBLIC "-//W3C//DTD HTML 4.01 Transitional//EN"
"http://www.w3.org/TR/html4/loose.dtd">
<html>
<head>
<meta http-equiv="Content-Type" content="text/html; charset=UTF-8">
<title>ChrosWine 红酒有限公司管理系统</title>
</head>
   <frameset rows="100px,*,19px" framespacing="0" border="0" frameborder="0">
        <frame src="${pageContext.request.contextPath }/sys/public/top.jsp" scrolling="no"
        noresize />
        <frameset cols="178px,*">
             <frame noresize src="${pageContext.request.contextPath}/sys/public/left.jsp" scr
             olling="yes" />
             <frame noresize name="right" src="${pageContext.request.contextPath}/sys/pub
             lic/right.jsp" scrolling="yes" />
        </frameset>
        <frame noresize name="status_bar" scrolling="no" src="${pageContext.request.cont
        extPath}/sys/public/bottom.jsp" />
   </frameset>
   <noframes>
        <body>
             你的浏览器不支持框架布局，推荐你使用<a href="http://www.firefox.com.cn
             /download/" style="text-decoration: none;">火狐浏览器</a>,
             <a href="http://www.google.cn/intl/zh-CN/chrome/" style="text-decoration:non
             e;">谷歌浏览器</a>
        </body>
   </noframes>
</html>
```

3. 公司资讯页

单击左侧系统菜单中的“公司资讯”，即可打开公司资讯页。该页面可以分页显示 information 表中的记录，单击某条资讯后面的“删除”按钮可以直接删除该条资讯，页面效果如图 12-9 所示。

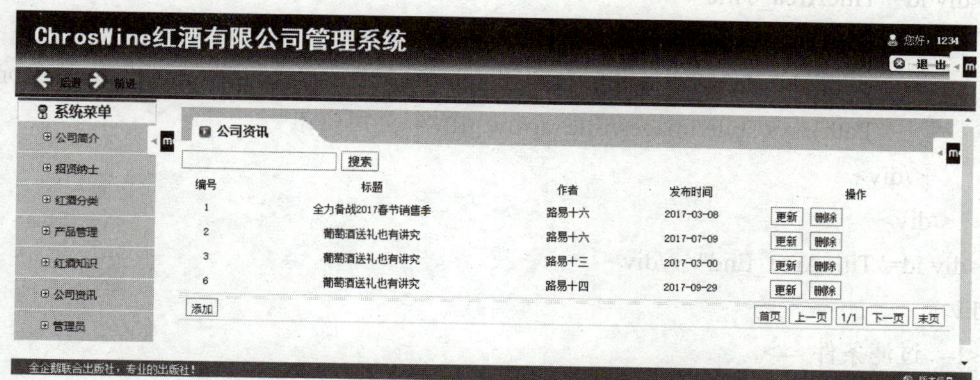

图 12-9 查看公司资讯页

具体实现代码如下（代码位置：素材与实例\ch12\red_wine\WebRoot\sys\information\information.jsp）：

```
<%@ page language="java" import="java.util.*" pageEncoding="UTF-8"%>
<%@taglib uri="http://java.sun.com/jsp/jstl/core" prefix="c"%>
<!DOCTYPE HTML PUBLIC "-//W3C//DTD HTML 4.01 Transitional//EN">
<html>
<head>
<title>ChrosWine 红酒有限公司管理系统</title>
<meta http-equiv="Content-Type" content="text/jsp; charset=utf-8" />
<script src="${pageContext.request.contextPath}/sys/style/js/jquery.js" type="text/javascript
"></script>
<script src="${pageContext.request.contextPath}/sys/style/js/page_common.js" type="text/
javascript"></script>
<link rel="stylesheet" type="text/css" href="${pageContext.request.contextPath}/sys/style
/css/common_style_blue.css" >
<link rel="stylesheet" type="text/css" href="${pageContext.request.contextPath }/sys/style
/css/index_1.css" />
<style type="text/css">.TableDetail1 td{text-align: center}</style>
</head>
```

```
<body>
<!-- 页面标题 -->
<div id="TitleArea">
    <div id="TitleArea_Head"></div>
    <div id="TitleArea_Title">
        <div id="TitleArea_Title_Content">
            <img border="0" width="13" height="13" src="${pageContext.request.context
            Path}/sys/style/images/title_arrow.gif"/> 公司资讯
        </div>
    </div>
    <div id="TitleArea_End"></div>
</div>
    <!-- 过滤条件 -->
    <div id="QueryArea">
        <form action="${pageContext.request.contextPath}/servlet/InformationServlet?id=
        ${result.id}&method=search" method="post">
            <input type="text" name="title" title="请输入公司资讯标题">
            <input type="submit" value="搜索">
        </form>
    </div>
<!-- 主内容区域（数据列表或表单显示） -->
<div id="MainArea">
    <table class="MainArea_Content" align="center" cellspacing="0" cellpadding="0">
        <!-- 表头-->
        <thead>
            <tr align="center" valign="middle" id="TableTitle">
                <td>编号</td>
                <td>标题</td>
                <td>作者</td>
                <td>发布时间</td>
                <td>操作</td>
            </tr>
        </thead>
        <!--显示数据列表，首先判断数据集是否为空，不为空则循环输出公司资讯信息，
```

```
为空则给出相应提示 -->
            <tbody id="TableData">
                <c:choose>
                    <c:when test="${not empty result.list}">
                        <c:forEach var="result" items="${result.list}">
                            <tr class="TableDetail1">
                                <td>${result.id}</td>
                                <td>${result.title}</td>
                                <td>${result.author}</td>
                                <td>${result.date}</td>
                                <td><a
href="${pageContext.request.contextPath}/servlet/InformationServlet?id=${result.id}&method=
Jumpup" class="FunctionButton">更新</a>
                                <a
href="${pageContext.request.contextPath}/servlet/InformationServlet?id=${result.id}&method=
delete" class="FunctionButton">删除</a></td>
                            </tr>
                        </c:forEach>
                    </c:when>
                    <c:otherwise>
                        <tr class="TableDetail1">
                            <td  colspan="5"  style="text-align:center">没有你要找的数
据，请先添加记录再查看！</td>
                        </tr>
                    </c:otherwise>
                </c:choose>
            </tbody>
        </table>
        <!-- 其他功能超链接 -->
        <div id="TableTail" align="center">
            <div class="FunctionButton">
                <a href="${pageContext.request.contextPath }/sys/information/add.jsp">添加</a>
            </div>
            <div class="page_box">
```

```
            <a href="${pageContext.request.contextPath}/servlet/InformationServlet?
            entPage=1&method=list">首页</a>
            <a href="${pageContext.request.contextPath}/servlet/InformationServlet?
            currentPage=${result.PageDate.currentPage-1}&method=list">上一页</a>
            <a>${result.PageDate.currentPage}/${result.PageDate.totalPage}</a>
            <a href="${pageContext.request.contextPath}/servlet/InformationServlet?
            currentPage=${result.PageDate.currentPage+1}&method=list">下一页</a>
            <a href="${pageContext.request.contextPath }/servlet/InformationServlet?
            currentPage=${result.PageDate.totalPage}&method=list">末页</a>
        </div>
    </div>
</div>
</body>
</html>
```

4. 添加公司资讯页

单击公司资讯页左下角的“添加”按钮，可跳转到添加公司资讯页，输入各项信息后单击“添加”按钮，可以添加新的公司资讯，页面效果如图 12-10 所示。

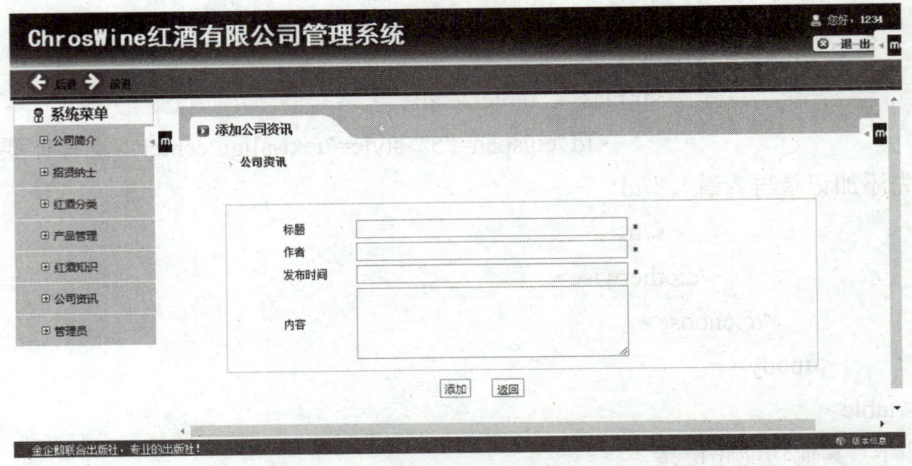

图 12-10　添加公司资讯页

代码如下（代码位置：素材与实例\ch12\red_wine\WebRoot\sys\information\add.jsp）：

```
<%@ page language="java" import="java.util.*" pageEncoding="UTF-8"%>
<!DOCTYPE HTML PUBLIC "-//W3C//DTD HTML 4.01 Transitional//EN">
```

```
<html>
<head>
<title>ChrosWine 红酒有限公司管理系统</title>
<meta http-equiv="Content-Type" content="text/html; charset=utf-8" />
<script type="text/javascript" src="${pageContext.request.contextPath}/sys/style/js/jquery.js"
></script>
<script type="text/javascript" src="${pageContext.request.contextPath}/sys/style/js/page_co
mmon.js"></script>
<link rel="stylesheet" type="text/css" href="${pageContext.request.contextPath}/sys/style/css/
common_style_blue.css">
<link rel="stylesheet" type="text/css" href="${pageContext.request.contextPath}/sys/style/
css/index_1.css"/>
</head>
<body>
<!-- 页面标题 -->
<div id="TitleArea">
    <div id="TitleArea_Head"></div>
    <div id="TitleArea_Title">
        <div id="TitleArea_Title_Content">
            <img border="0" width="13" height="13" src="${pageContext.request.context
            Path}/sys/style/images/title_arrow.gif"/> 添加公司资讯
        </div>
    </div>
    <div id="TitleArea_End"></div>
</div>
<!-- 主内容区域（数据列表或表单显示） -->
<div id="MainArea">
  <!-- 表单内容 -->
  <form action="${pageContext.request.contextPath}/servlet/InformationServlet?method=ad
  d" method="post" >
      <!-- 本段标题（分段标题） -->
      <div class="ItemBlock_Title">
          <img width="4" height="7" border="0" src="${pageContext.request.contextPath}
          /sys/style/images/item_point.gif"> 公司资讯 
```

```
    </div>
    <!-- 本段表单字段 -->
    <div class="ItemBlockBorder">
        <div class="ItemBlock">
            <div class="ItemBlock2">
                <table cellpadding="0" cellspacing="0" class="mainForm">
                    <tr>
                        <td width="80px">标题</td>
                        <td><input type="text" name="title" class="InputStyle" value
                        =""/> *</td>
                    </tr>
                    <tr>
                        <td>作者</td>
                        <td><input type="text" name="author" class="InputStyle"
                        value=""/> *</td>
                    </tr>
                    <tr>
                        <td>发布时间</td>
                        <td><input type="text" name="date" class="InputStyle"
                        value=""/> *</td>
                    </tr>
                    <tr>
                        <td>内容</td>
                        <td><textarea name="content" class="TextareaStyle ">
                        </textarea></td>
                    </tr>
                </table>
            </div>
        </div>
    </div>
    <!-- 表单操作 -->
    <div id="InputDetailBar">
        <input type="submit" value="添加" class="FunctionButtonInput">
        <a href="javascript:history.go(-1);" class="FunctionButton">返回</a>
```

```
        </div>
    </form>
</div>
</body>
</html>
```

5. 更新公司资讯页

单击公司资讯页中某条资讯后面的“更新”按钮，可跳转到更新公司资讯页，在该页面中可对公司资讯的标题、作者、发布时间和内容进行修改，页面效果如图 12-11 所示。

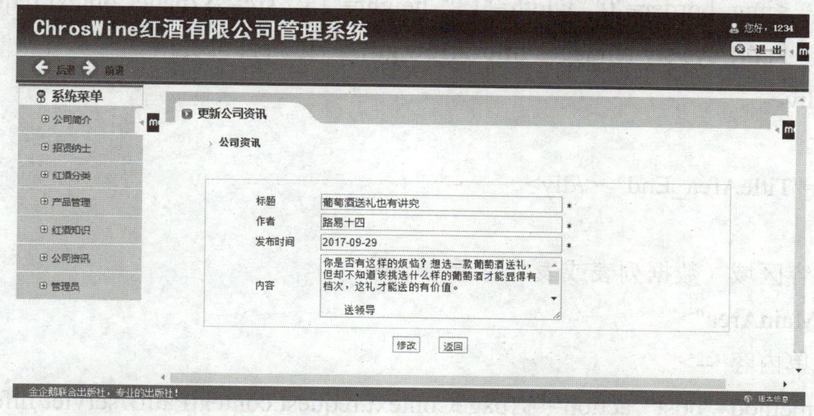

图 12-11 更新公司资讯页

具体实现代码如下（代码位置：素材与实例\ch12\red_wine\WebRoot\sys\information\update.jsp）：

```
<%@ page language="java" import="java.util.*" pageEncoding="UTF-8"%>
<!DOCTYPE HTML PUBLIC "-//W3C//DTD HTML 4.01 Transitional//EN">
<html>
<head>
<title>ChrosWine 红酒有限公司管理系统</title>
<meta http-equiv="Content-Type" content="text/html; charset=utf-8" />
<script src="${pageContext.request.contextPath}/sys/style/js/jquery.js" ></script>
<script   type="text/javascript"   src="${pageContext.request.contextPath}/sys/style/js/page_common.js" type="text/javascript" ></script>
<link      href="${pageContext.request.contextPath}/sys/style/css/common_style_blue.css" rel="stylesheet" type="text/css">
```

```
<link  rel="stylesheet"  type="text/css"  href="${pageContext.request.contextPath}/sys/style/
css/index_1.css" />
</head>
<body>
<!-- 页面标题 -->
<div id="TitleArea">
    <div id="TitleArea_Head"></div>
    <div id="TitleArea_Title">
        <div id="TitleArea_Title_Content">
            <img  border="0"  width="13"  height="13"  src="${pageContext.request.context
            Path}/sys/style/images/title_arrow.gif"/> 更新公司资讯
        </div>
    </div>
    <div id="TitleArea_End"></div>
</div>
<!-- 主内容区域（数据列表或表单显示） -->
<div id="MainArea">
    <!-- 表单内容 -->
    <form  method="post"  action="${pageContext.request.contextPath}/servlet/InformationSer
    vlet?id=${listClass.id}&method=update">
        <!-- 本段标题（分段标题） -->
        <div class="ItemBlock_Title">
            <img  src="${pageContext.request.contextPath}/sys/style/images/item_point.gif"
            width="4" height="7" border="0" > 公司资讯 
        </div>
        <!-- 本段表单字段 -->
        <div class="ItemBlockBorder">
            <div class="ItemBlock">
                <div class="ItemBlock2">
                    <table cellpadding="0" cellspacing="0" class="mainForm">
                        <tr>
                            <td width="80px">标题</td>
                            <td><input type="text" name="title" class="InputStyle" value
                            ="${listClass.title }"/> *</td>
```

```
                        </tr>
                        <tr>
                            <td>作者</td>
                            <td><input type="text" name="author" class="InputStyle"
                            value="${listClass.author }"/> *</td>
                        </tr>
                          <tr>
                            <td>发布时间</td>
                            <td><input type="text" name="date" class="InputStyle"
                            value="${listClass.date }"/> *</td>
                        </tr>
                        <tr>
                            <td>内容</td>
                            <td><textarea name="content" class="TextareaStyle">
                            ${listClass.content}</textarea></td>
                        </tr>
                    </table>
                </div>
            </div>
        </div>
        <!-- 表单操作 -->
        <div id="InputDetailBar">
            <input type="submit" value="修改" class="FunctionButtonInput">
                <a href="javascript:history.go(-1);" class="FunctionButton">返回</a>
        </div>
    </form>
</div>
</body>
</html>
```

12.6.5 前台页面的实现

本企业网站的前台是面向广大用户的展示型页面，项目中为前台单独建立了 Dao（HomeDAO.java 代码位置：素材与实例\ch12\red_wine\src\dao\HomeDAO.java）和 Servlet

（HomeServlet.java 代码位置：素材与实例\ch12\red_wine\src\servlet\HomeServlet.java），其实现方法可参考后台的公司资讯模块。

前台页面包括网站首页、公司简介、产品展示、红酒知识、公司资讯和招贤纳士等页面（所有前台页面的位置：素材与实例\ch12\red_wine\WebRoot\Home）。在此以网站首页和公司资讯模块为例进行详细介绍，其他模块的实现方法与此类似，此处不再赘述。表 12-12 列出了本节要介绍的前台页面。

表 12-12　网站首页和前台公司资讯页面列表

页 面 名	文 件 名	功　能
网站首页	index.jsp	展示网站 Logo，各模块导航，轮播广告，公司资讯和红酒知识中的前 5 条信息及版权信息
公司资讯页	news.jsp	分页显示所有公司资讯
公司资讯详情页	news_detail.jsp	显示某条公司资讯的详情

1．前台页面公用部分

本企业网站的前台页面有 4 个公用部分，分别是网站 Logo、导航栏、轮播广告和底部的版权信息，下面介绍前台页面公用部分的具体实现。

1）顶部公用部分

由于网站 Logo、导航栏和轮播图都在前台页面的顶部，所以将这三部分归为顶部公用部分。前台页面均可直接在 body 标签中写入顶部公用部分代码，然后紧接着这部分代码之后写所属页面的内容即可，实现效果如图 12-12 所示。

图 12-12　前台页面顶部公用部分

顶部公用部分具体实现代码如下：

```
<div class="red_wine_box">
    <!-- 网站 Logo -->
```

```
    <img src="image/header.png" />
    <!-- 导航栏 -->
    <div class="navigation_box">
      <a href="${pageContext.request.contextPath }/Home/index.jsp">网站首页</a>
      <a href="${pageContext.request.contextPath}/Home/company_profile.jsp">
      公司简介</a>
      <a href="${pageContext.request.contextPath}/servlet/HomeServlet?method=commodity">
      产品展示</a>
      <a  href="${pageContext.request.contextPath}/servlet/HomeServlet?method=knowledge">
      红酒知识</a>
      <a href="${pageContext.request.contextPath}/servlet/HomeServlet?method=news">
      公司资讯</a>
      <a href="${pageContext.request.contextPath}/servlet/HomeServlet?method=recruit">
      招贤纳士</a>
    </div>
    <!--轮播-->
    <div class="container">
      <div id="featured">
        <img src="image/banner.jpg" />
        <img src="image/banner2.jpg" />
        <img src="image/banner3.jpg"/>
      </div>
    </div>
  <!--        此处开始写页面其他展示内容        -->
  </div>
```

2）底部公用部分

底部公用部分指底部的版权信息，包括公司地址、联系电话、备案号等信息，这部分代码可以直接写在所属页面的内容之后，实现效果如图 12-13 所示。

图 12-13　前台页面底部公用部分

底部公用部分的具体实现代码如下：

```
<div class="foot">
  <div class="foot_img">
    <img src="image/foot_a.png" />
    <img src="image/foot_b.png" />
    <img src="image/foot_c.png" />
    <img src="image/foot_d.png" />
  </div>
  <p>ChrosWine 红酒有限公司</p>
  <p>公司地址:北京市海淀区大钟寺华杰大厦 4C9 室  邮编:100098</p>
  <p>联系电话：010-62137141 (传真)62131450 电子邮箱:changchunying@tom.com 京
  ICP 备 14058053 号</p>
</div>
```

2. 前台首页

前台首页不仅展示前台页面的公用部分，还展示公司资讯和红酒知识的前 5 条信息，实现效果见图 12-3，核心代码如下（代码位置：素材与实例\ch12\red_wine\WebRoot\Home\index.jsp）：

```
<!--资讯与知识-->
<div class="content_box">
    <!--最新资讯-->
    <div class="news_box">
        <div class="manage_products_title news_title">
            <img   src="image/news_sign.png" />
            <a    href="${pageContext.request.contextPath}/servlet/HomeServlet?method=
            news"><div class="click_div"></div></a>
        </div>
        <ul class="news_list">
        <%
        //创建 HomeDAO 实例
        HomeDAO dao = new HomeDAO();
        //调用 HomeDAO 中的 indexNews()方法得到最新公司资讯结果集
        ArrayList<Information> list = dao.indexNews();
```

```
        //数据集不为空时
        if (list != null && list.size() > 0)
        {
        //循环输出最新公司资讯结果集
          for(int i=0;i<list.size();i++)
          {
               Information result = list.get(i);
         %>
             <a
href="${pageContext.request.contextPath}/servlet/HomeServlet?method=information_detail&id
=<%=result.getId() %>"><li> >>    <%=result.getTitle() %></li></a>
        <%
          }
        }
         %>
        </ul>
    </div>

    <!--红酒知识-->
    <div class="knowledge_box">
        <div class="manage_products_title news_title">
            <img    src="image/knowledge_sign.png" />
            <a
href="${pageContext.request.contextPath}/servlet/HomeServlet?method=knowledge"><div
class="click_div"></div></a>
        </div>
        <ul class="news_list">
            <%
              //调用 HomeDAO 中的 indexKnowledge()方法得到最新红酒知识结果集
              ArrayList<Knowledge> lists = dao.indexKnowledge();
              //数据集不为空时
              if (lists != null && lists.size() > 0)
              {
                  //循环输出最新红酒知识结果集
```

```
                    for(int i=0;i<lists.size();i++)
                    {
                          Knowledge result = lists.get(i);
                %>
                    <a
href="${pageContext.request.contextPath}/servlet/HomeServlet?method=knowledge_detail&id
=<%=result.getId() %>"><li> >>    <%=result.getTitle() %></li></a>
                <%
                    }
                }
                 %>
          </ul>
      </div>
  </div>
```

3. 公司资讯页

前台公司资讯页分为左右两部分，左侧为网站快捷导航菜单，右侧分页显示 information 表中标题和发布时间的记录，实现效果如图 12-14 所示。

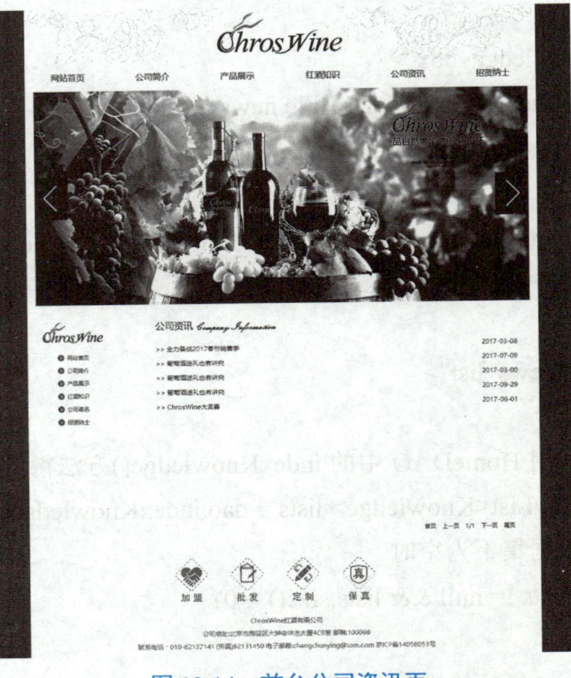

图 12-14　前台公司资讯页

主要实现代码如下（代码位置：素材与实例\ch12\red_wine\WebRoot\Home\ news.jsp）：

```
<!--内容部分-->
<div class="content_boxs">
   <!--左侧导航-->
   <div class="nav_left" style="height: 500px">
         <!--经营产品-->
         <div class="manage_products_title">
               <img src="${pageContext.request.contextPath}/Home/image/logo.png" />
         </div>
         <ul class="manage_products_list">
               <a href="${pageContext.request.contextPath}/Home/index.jsp">
               <li class="manage_products_unchecked">网站首页</li></a>
               <a href="${pageContext.request.contextPath}/Home/company_profile.jsp">
               <li class="manage_products_unchecked">公司简介</li></a>
               <a  href="${pageContext.request.contextPath}/servlet/HomeServlet?method=com
               modity">
               <li class="manage_products_unchecked">产品展示</li></a>
               <a  href="${pageContext.request.contextPath}/servlet/HomeServlet?method=kno
               wledge">
               <li class="manage_products_unchecked">红酒知识</li></a>
               <a  href="${pageContext.request.contextPath}/servlet/HomeServlet?method=new
               s">
               <li class="manage_products_unchecked">公司咨讯</li></a>
               <a  href="${pageContext.request.contextPath}/servlet/HomeServlet?method=recr
               uit">
               <li class="manage_products_unchecked">招贤纳士</li></a>
         </ul>
   </div>
   <!--右侧展示部分-->
   <div class="right_box" style="height: 500px">
         <!--标题-->
         <div class="manage_products_title" style="width: 850px">
            <img src="${pageContext.request.contextPath }/Home/image/company_news.png"/>
         </div>
```

```
<!--列表-->
<ul class="news_list_boxs">
<c:choose>
    <!-- 判断数据集不为空时 -->
    <c:when test="${not empty result.list}">
        <!-- 循环输出公司资讯内容 -->
        <c:forEach var="result" items="${result.list}">
            <li><a href="${pageContext.request.contextPath}/servlet/HomeServlet?
                method=information_detail&id=${result.id}" class="list_a">
                >>   ${result.title}        <span>${result.date}</span></a></li>
        </c:forEach>
    </c:when>
    <!-- 数据集为空时，给出相应提示 -->
    <c:otherwise>
        <li>当前数据为空！</li>
    </c:otherwise>
</c:choose>
</ul>
<!--分页-->
<div class="page_box">
    <ul>
        <li class="page_choice"><a class="list_a"href="${pageContext.request.contextPath}/
servlet/HomeServlet?currentPage=1&method=news">首页</a></li>
        <li class="page_choice"><a class="list_a" href="${pageContext.request.contextPath}/
servlet/HomeServlet?currentPage=${result.PageDate.currentPage-1}&method=news"> 上 一 页
</a></li>
        <li    class="page_num">${result.PageDate.currentPage}/${result.PageDate.
totalPage}</li>
        <li class="page_choice"><a class="list_a" href="${pageContext.request.contextPath}/
servlet/HomeServlet?currentPage=${result.PageDate.currentPage+1}&method=news"> 下 一 页
</a></li>
        <li class="page_choice"><a class="list_a" href="${pageContext.request.contextPath}/
servlet/HomeServlet?currentPage=${result.PageDate.totalPage}&method=news">尾页</a></li>
    </ul>
```

```
        </div>
    </div>
</div>
```

4. 公司资讯详情页

单击“公司资讯”页中某条资讯的“标题”或“发布时间”，即可跳转到该条资讯的详情页，该页面的具体实现代码如下：

```
<!--资讯详情-->
<div class="news_detail_title">
    <h3>${result.title}</h3>        <!-- 标题 -->
    <span>发布作者：${result.author}</span>
    <span>    发布时间：${result.date}</span>
</div>
<div class="news_detail_content">${result.content}</div>    <!-- 内容 -->
<div class="news_page_box">
  <ul>
    <a href="${pageContext.request.contextPath }/servlet/HomeServlet?method=news">
      <li> << 返回列表</li></a>
  </ul>
</div>
```

参考文献

[1] 殷立峰. JSP Web 应用开发 [M]. 北京：清华大学出版社，2015.

[2] 马建红，李占波. JSP 应用与开发技术 [M]. 第 2 版. 北京：清华大学出版社，2016.

[3] 耿祥义，张跃平. JSP 实用教程 [M]. 第三版. 北京：清华大学出版社，2016.

[4] 谷志峰. JSP 程序设计实例教程 [M]. 北京：电子工业出版社，2017.

[5] 王石磊. Java Web 开发技术详解 [M]. 北京：清华大学出版社，2014.